U0039037

日本建筑集成

床之间的意匠

林理蕙光 —— 编著

华中科技大学出版社
http://www.hustp.com

有书至美
BOOK & BEAUTY

中国·武汉

目录

床之间的意匠 — 日本建筑集成

伴邸

奥座敷……9

深见邸

奥座敷……13

一力

大控间……16

表座敷……18

新西间……19

表座敷控间和茶室……20

美浓幸

二层东大广间……21

二层西大广间……23

一层八叠之间和旧广间……24

法螺贝之间……26

瓢箪之间……28

茶室……29

俵屋

富士之间……30

瓢亭

"四叠半"……31

主座敷控间……33

炭屋

十五番之间和控间……34

阪口

七叠之间和主座敷……36

北村邸

立礼之间……38

听竹居

接待间……39

设计图详解（一）

伴邸
奥座敷……42

深见邸
奥座敷……45

一力
大控间……48
表座敷……51
表座敷控间……53
新西间……54
茶室……56

美浓幸
二层东大广间……57
二层西大广间……61
一层八叠之间……64

法螺贝之间……66
瓢箪之间……68
旧广间……71
茶室……71

俵屋
富士之间……75

瓢亭
"四叠半"……78
主座敷控间……80

炭屋
十五番之间……82
控间……82

阪口
主座敷……85
七叠之间……86

北村邸
立礼之间……88

听竹居
接待间……90

清水
信乐之间……93
九谷之间……94

秀明
鼓之间……95
扇之间和控间……96

滩万山茶花庄
花桐之间……98
紫之间……100
葵之间……101

江户千家
广间……102

山翠楼
吹上之间……104
丰之间……106
泉之间……109
白兰之间……111

八胜馆八事店
竹之间……112
御幸之间……114

八胜馆中店
菊之间……116
松之间……118
樱之间……120

河文
新用亭……122
葵之间……123
西上间……124
西下间……126
菊之间……128

坐渔庄
一层座敷……129

谷庄
店之间和奥座敷……130

富贵楼
座敷……132

桥本
座敷……133

八芳园
锦之间和茶室……134

中野邸
一层座敷……136
二层广座敷……137

大和
松之间……139

设计图详解（二）

清水
信乐之间……142
九谷之间……144

秀明
鼓之间……147
扇之间……148

滩万山茶花庄
花桐之间……150
紫之间……152
葵之间……152

江户千家
广间……155

山翠楼
吹上之间……158
丰之间……160
泉之间……162
白兰之间……164

八胜馆八事店
竹之间……166
御幸之间……169

八胜馆中店
松之间……174
菊之间……176

河文
新用亭……179
葵之间……182
西上间……184
西下间……187
菊之间……190

坐渔庄
一层座敷……193

谷庄
店之间和奥座敷……195

富贵楼
座敷……198

桥本
座敷……199

八芳园
锦之间……202
茶室……206

中野邸
一层座敷……210
二层广座敷……212

大和
松之间……215

结语……218

※座敷：座敷指日式建筑中的榻榻米房间，一般用作客厅或起居室。奥座敷一般指内厅。
※床之间指日式壁龛，本书中均保留"床之间"的说法。

伴邸

奥座敷
床之间和床胁

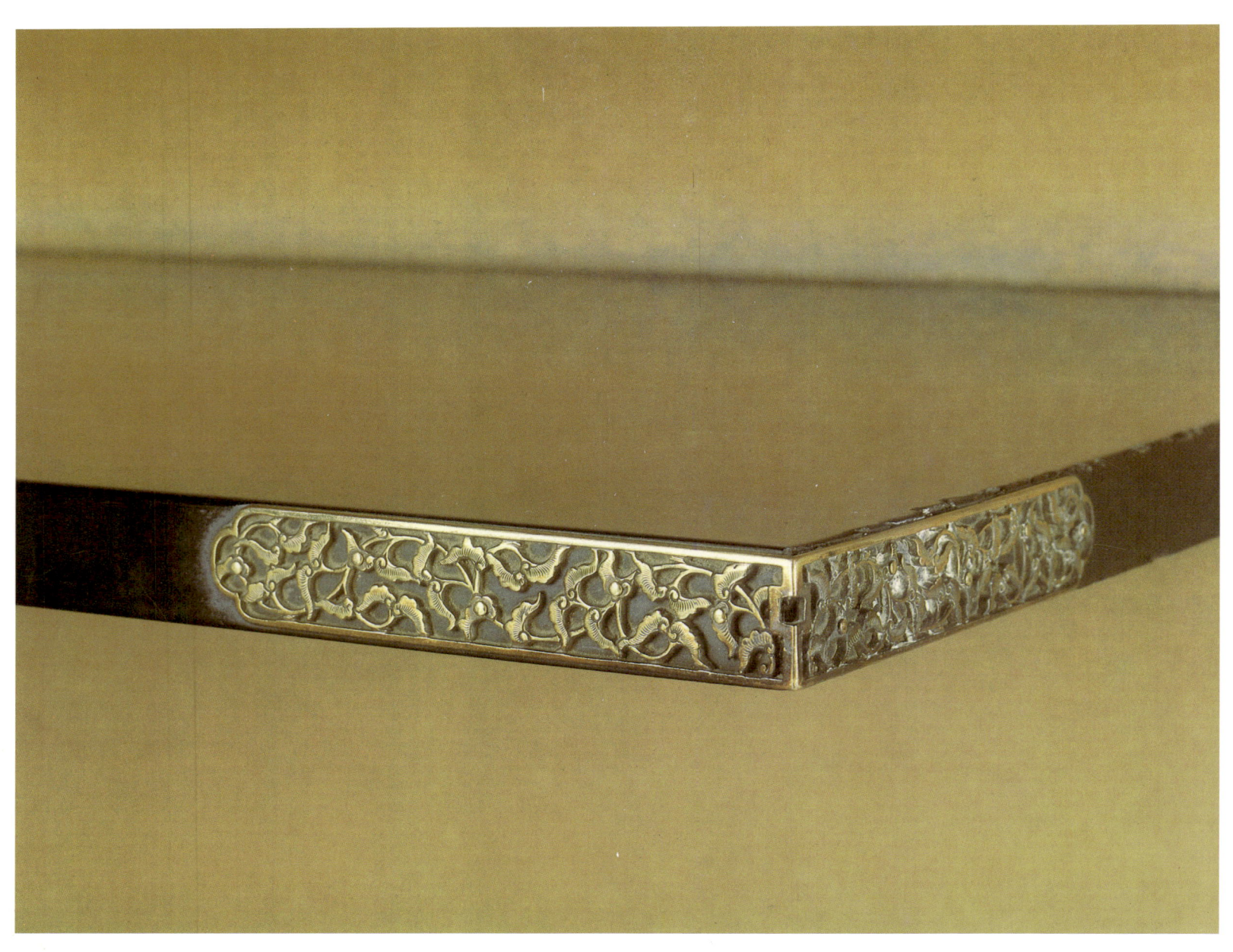

奥座敷
上＝违棚（展示架）的装饰金具（金属物件）
右＝床柱（床之间处的柱子）和长押（装饰用横木）

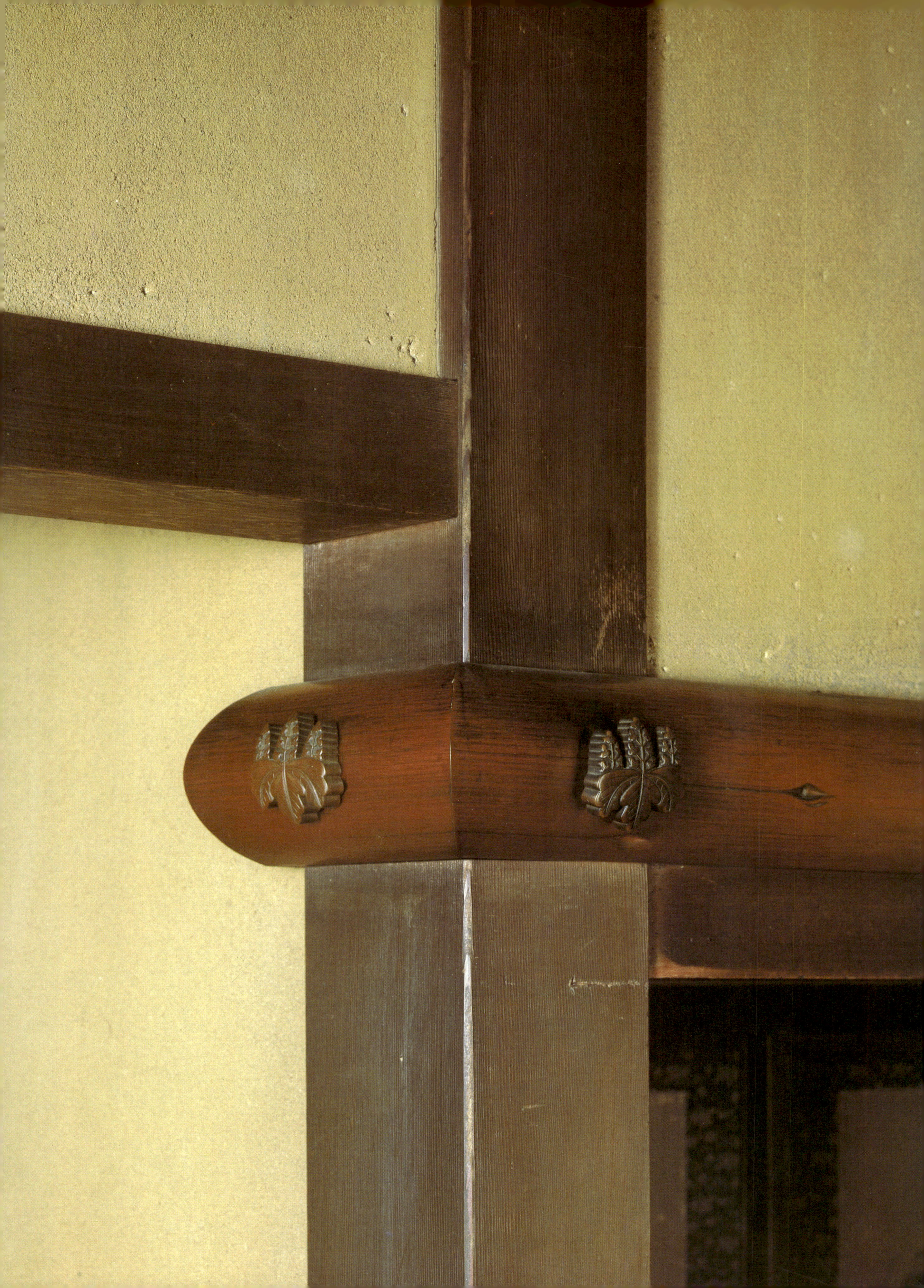

奥座敷 床之间和平书院（书院指床之间和走廊相接处的结构，带有障子窗，一般分平书院和付书院等形式）

深见邸

奥座敷　上＝床之间和床胁（床之间旁边的装饰性空间）　下＝床胁

奥座敷
上＝天袋（相当于顶橱）和小壁（顶棚与门窗等之间的墙壁）
下＝地袋（低矮的地橱）的把手
右＝床柱和长押

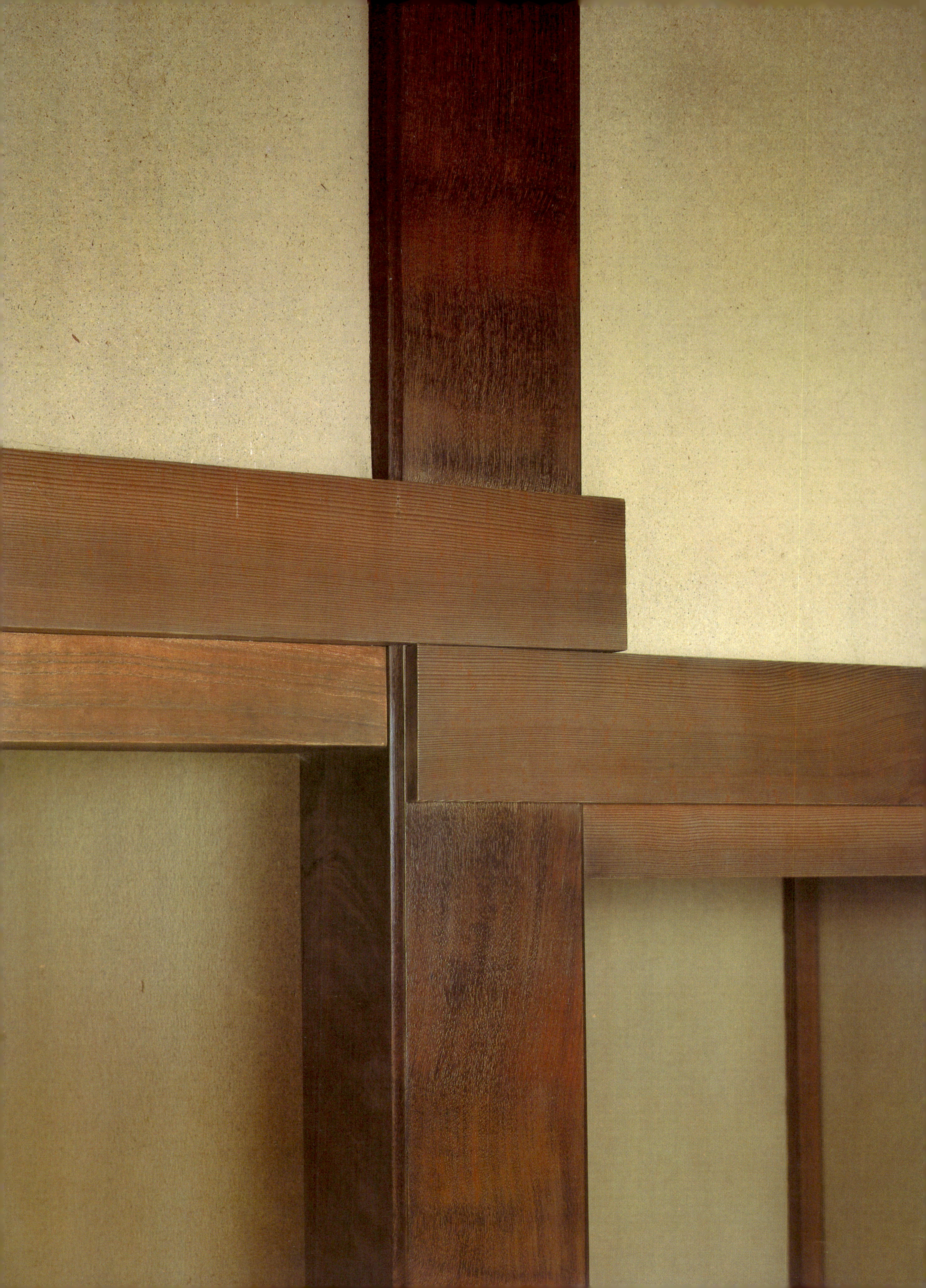

一力

大控间（控间是指主屋等主要房间旁边的小房间）
上＝床之间和床胁　下＝付书院凸窗　右＝床胁

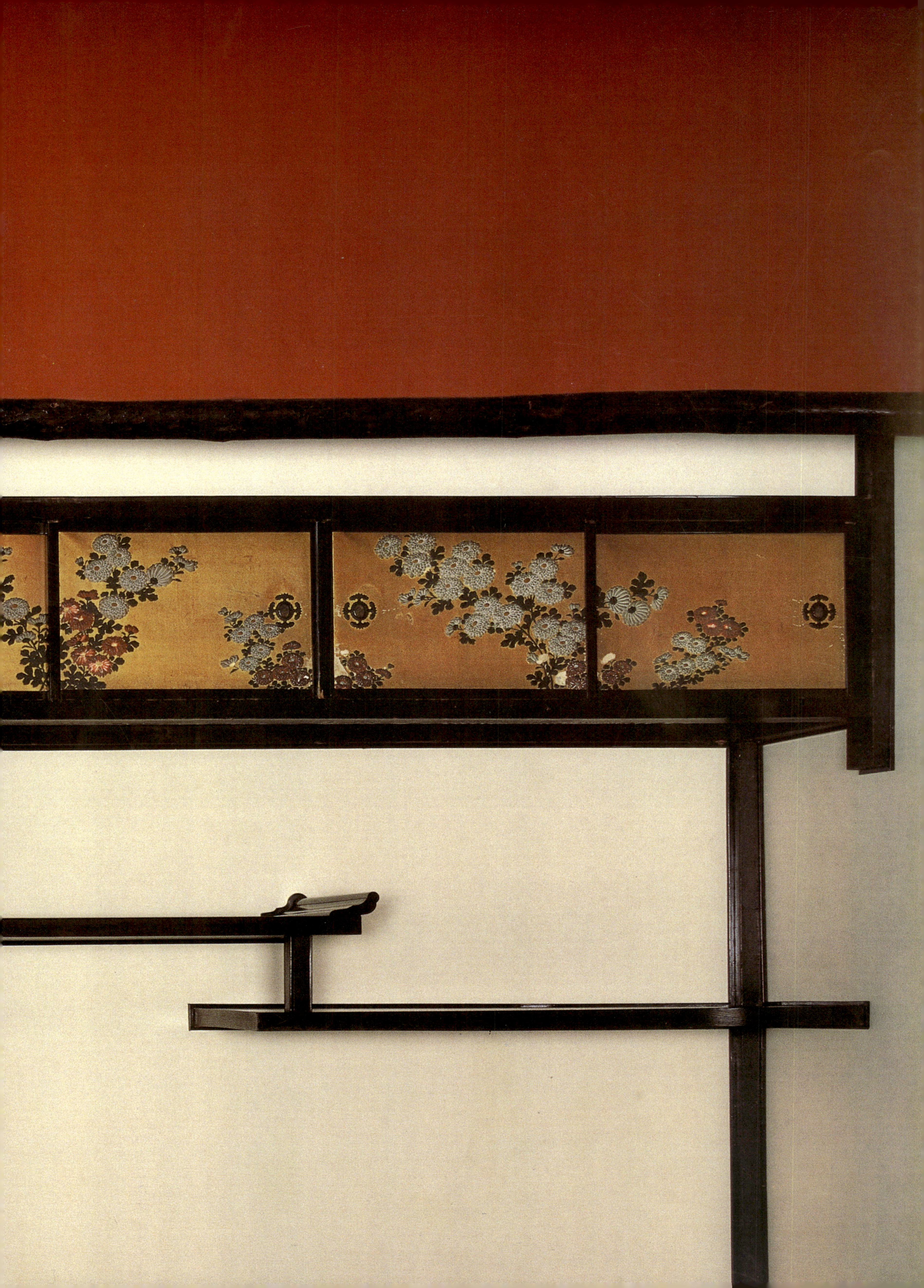

表座敷（前厅）
上＝床之间和床胁　下＝棚（架子或柜子等置物处）的细节

新西间
上＝床之间和床胁　下＝床胁处的大面积挖空处理

表座敷控间和茶室
上＝表座敷控间 床之间　下＝茶室 床之间

美浓幸

二层东大广间 床之间

二层东大广间
上＝床之间正面
下＝床柱和床框（指床之间下方与床柱相接的横木）

二层西大广间
上＝床之间和床胁　下＝床胁

一层八叠之间和旧广间
上＝一层八叠之间（1叠约等于1.62平方米） 床之间和床胁
下＝旧广间 床之间和床胁
右＝旧广间 床柱和床框

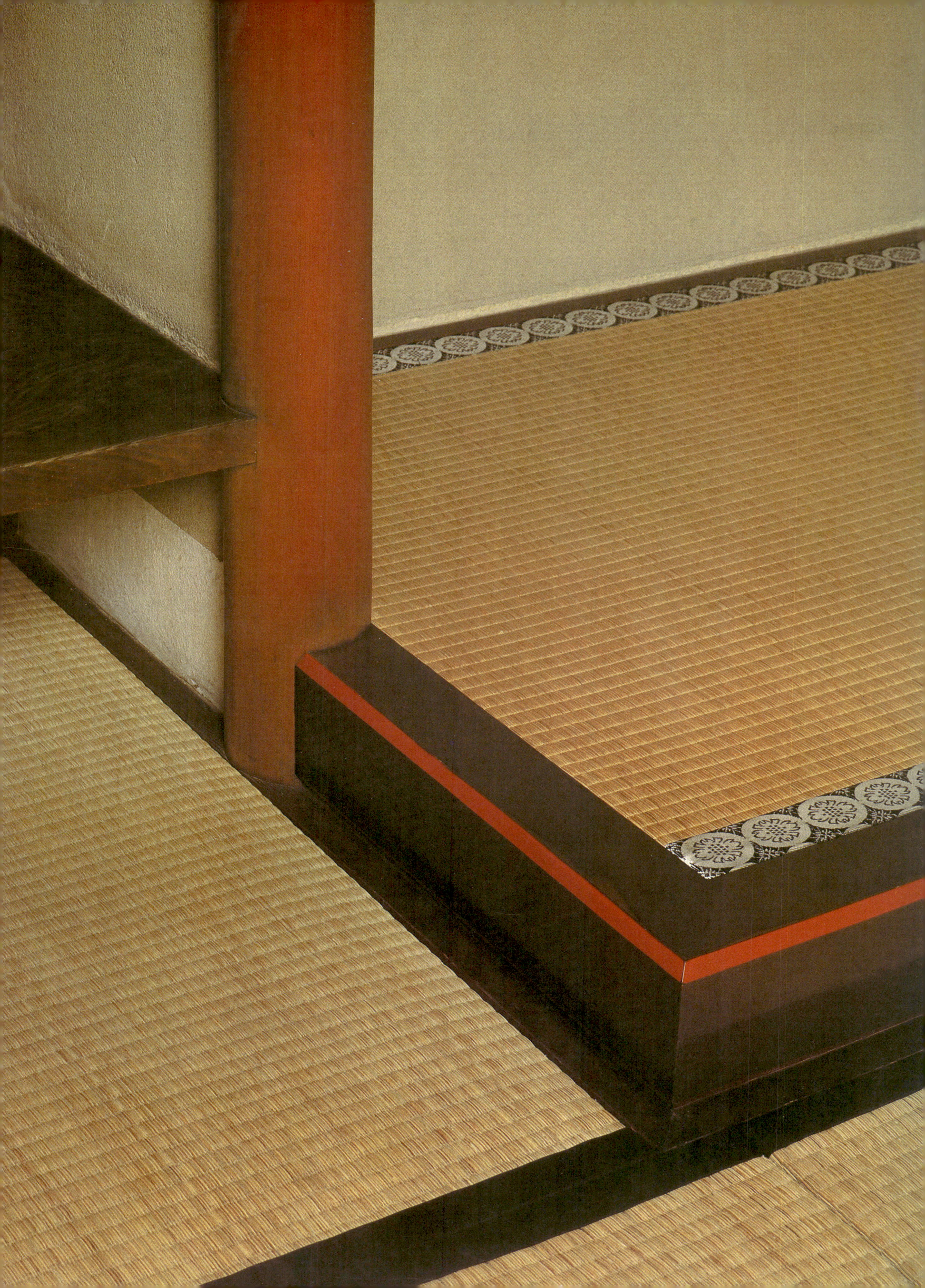

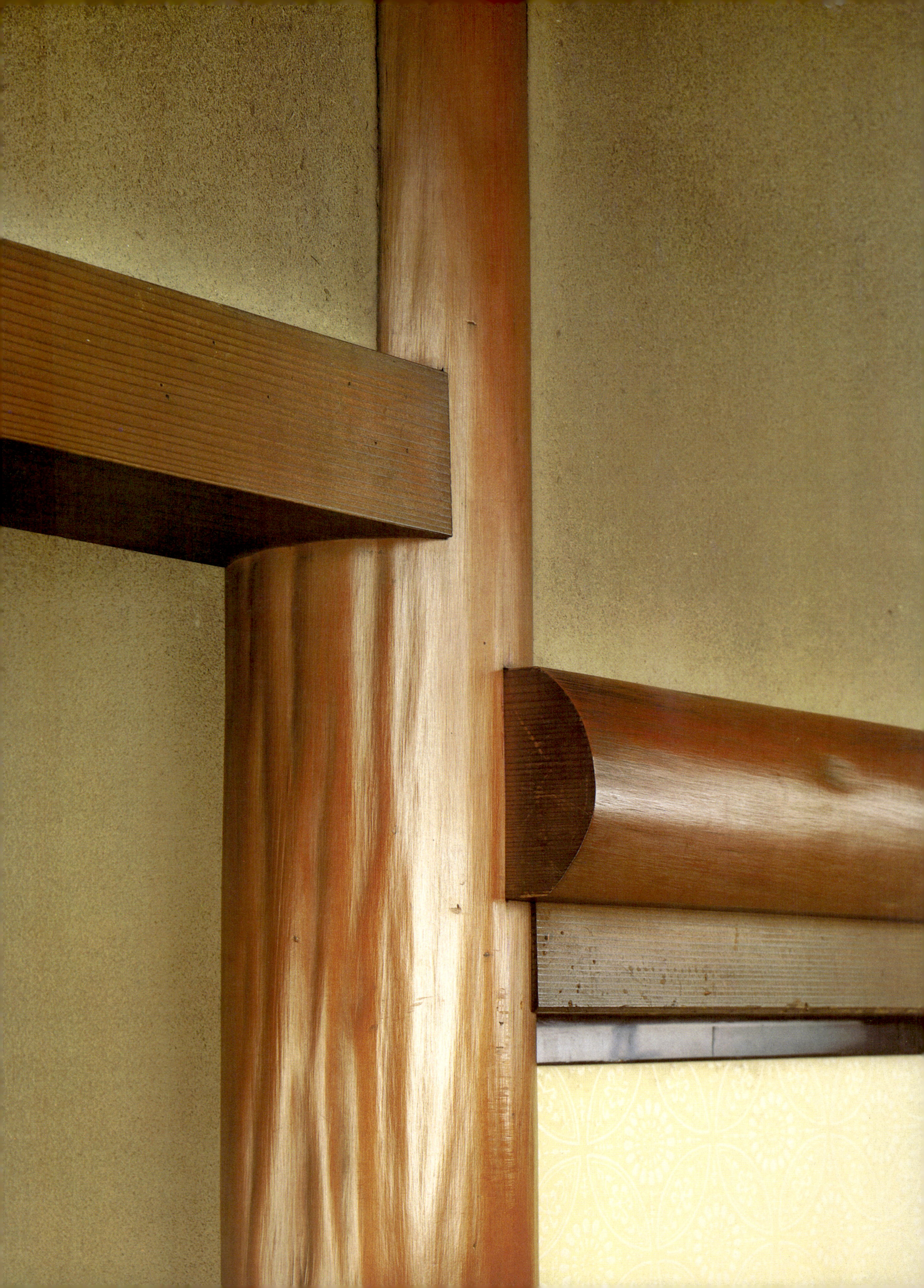

法螺贝之间
左＝床柱和长押　上＝床之间正面　下＝棚和窗

瓢箪之间
上＝床之间正面
下＝落挂（与床框相对应、位于床之间上部的横木）和小壁

茶室
上＝床之间正面
下＝墨迹窗（在床之间设置的窗户，大部分都是下地窗的形式）

俵屋

富士之间
上＝床之间和平书院　下＝床之间侧面

瓢亭

"四叠半"棚

"四叠半" 床之间

主座敷控间
上＝床之间　下＝入隅（墙壁阴角）

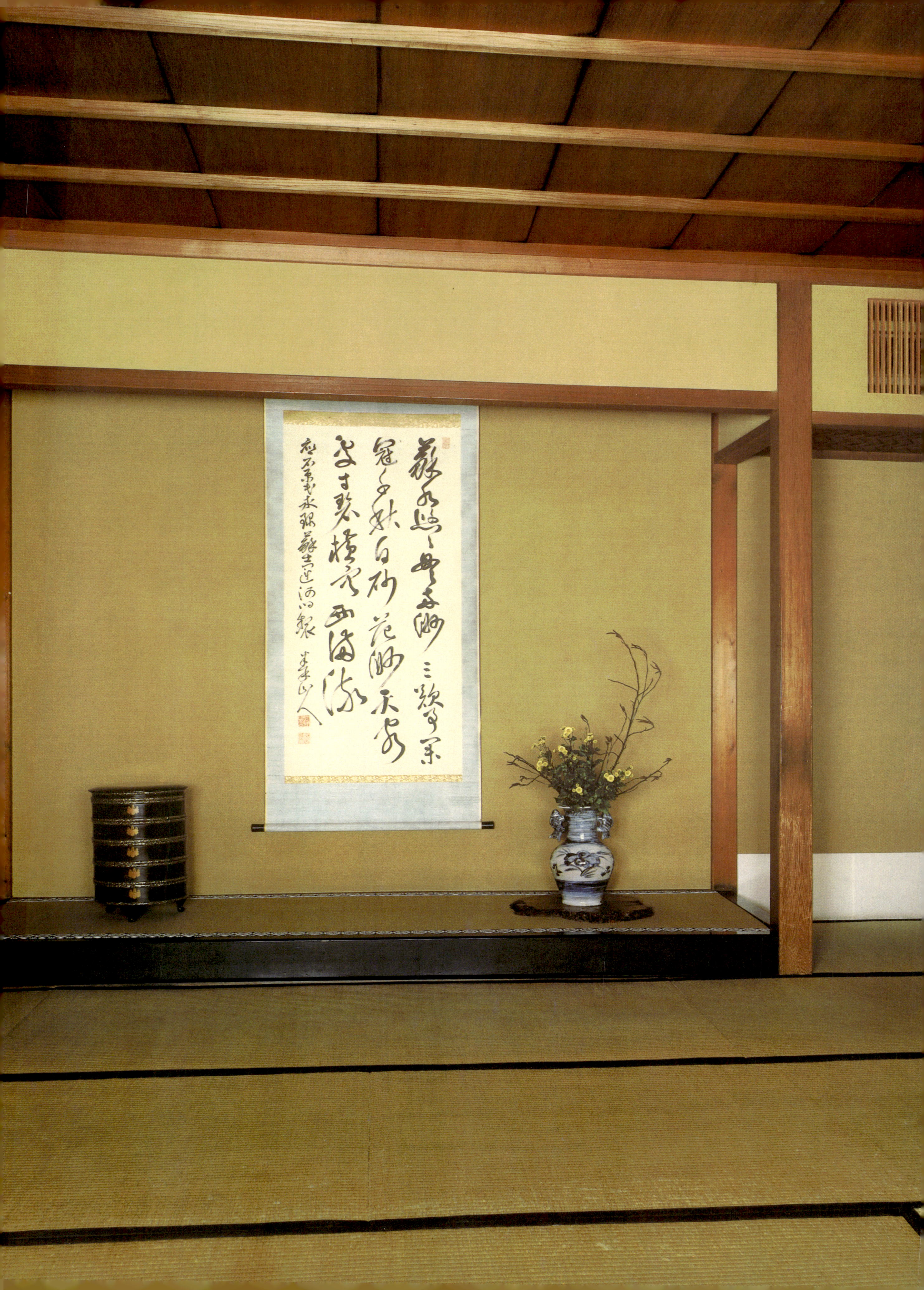

炭屋

十五番之间和控间
上＝控间 吊床之间（上部直接挂在顶棚上，从外观上看很像锯掉下半截的床之间）
左＝十五番之间 床之间

日本建筑集成　床之间的意匠

阪口

七叠之间和主座敷
上＝七叠之间　床之间
右＝主座敷　床之间和床胁

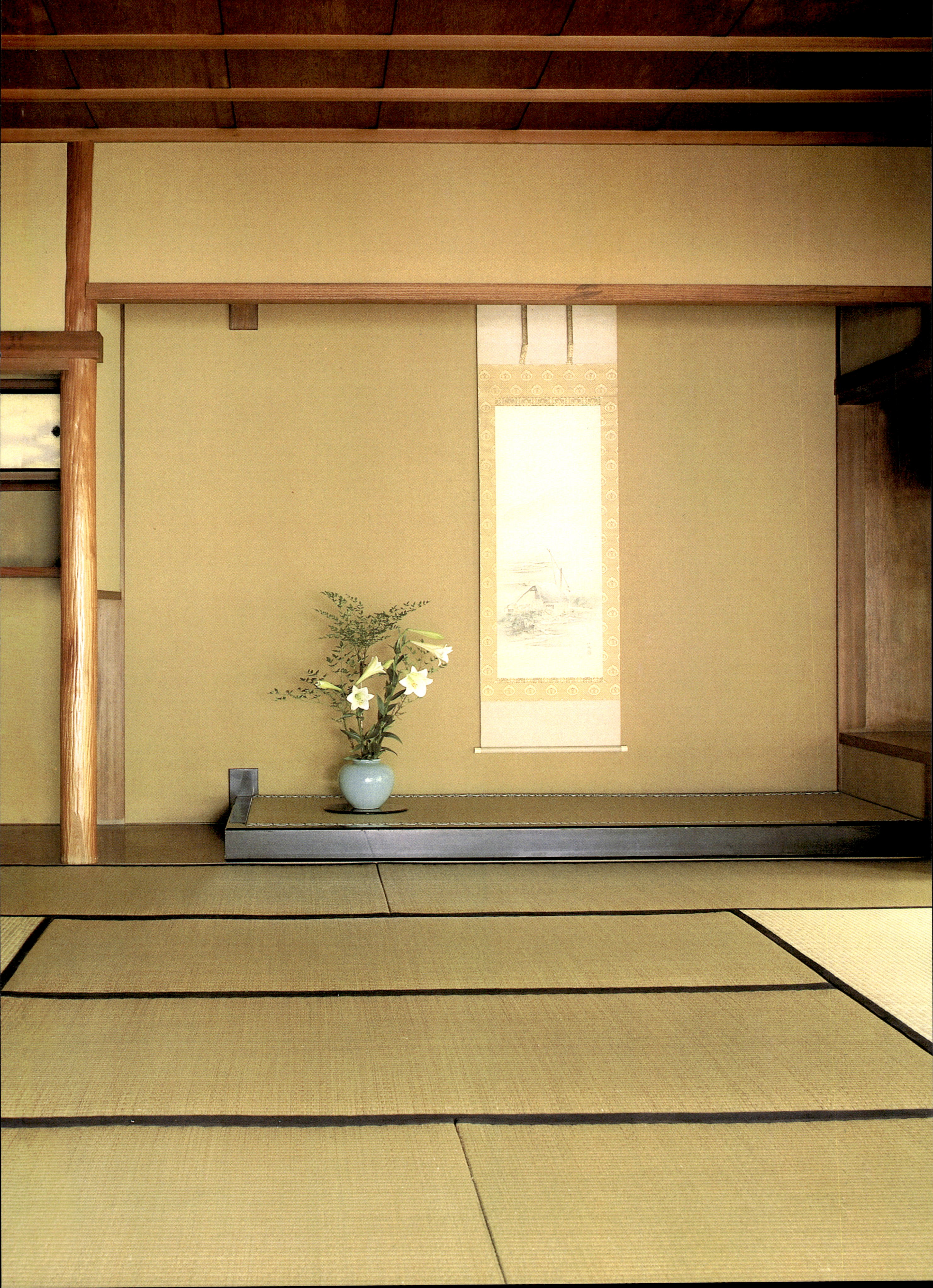

北村邸

立礼之间
上＝床之间　下＝床柱和床框

听竹居

接待间
上＝床之间和床肋　下＝床肋处小窗

接待间 床胁

设计图详解（一）

伴邸

奥座敷

所有者 伴实
所在地 京都市中京区

建造时间 1865年
设计 不明
施工 不明

伴邸是京都中京区的伴家在"元治兵火"火灾中被殃及烧毁后立即于庆应元年（1865年）重建的建筑。当时的民房形式大多是临街住房，这间10叠大小的奥座敷就正对着内院。

这个房间将角柱（方柱）和丸柱（圆柱）结合使用，并采用了圆木制成的长押。座敷的正面便为床之间。床柱采用松木，呈四方柾纹样，加上真涂（涂黑漆）的床框，整体感觉极其正式。同时，书院采用平书院的形式，床胁经过精雕细琢，使房间整体的格调变得柔和。关于棚的位置，在较低的地袋和天袋之间的位置设有黑涂一重棚（只有一层的架子），再根据一重棚的位置确定挖空处理的部分的高度。棚的出隅（阳角）部分装饰有雕刻成唐草（蔓藤）纹样的金属装饰物，长押部分装饰有呈桐纹的钉隐金具，棚的小推拉门处贴有出自池大雅之手的洒脱潇洒的《唐子游戏图》，平书院设有栏间（门上部的间隔构件，相当于门楣），镂刻了极其精妙的桐和凤凰的图样。这种折中的做法使床之间显得既有格调，又透露着庄严。将长押绕三个面收边的做法也体现了高超的技法。

奥座敷 吊束（悬挂支柱）和长押的收边

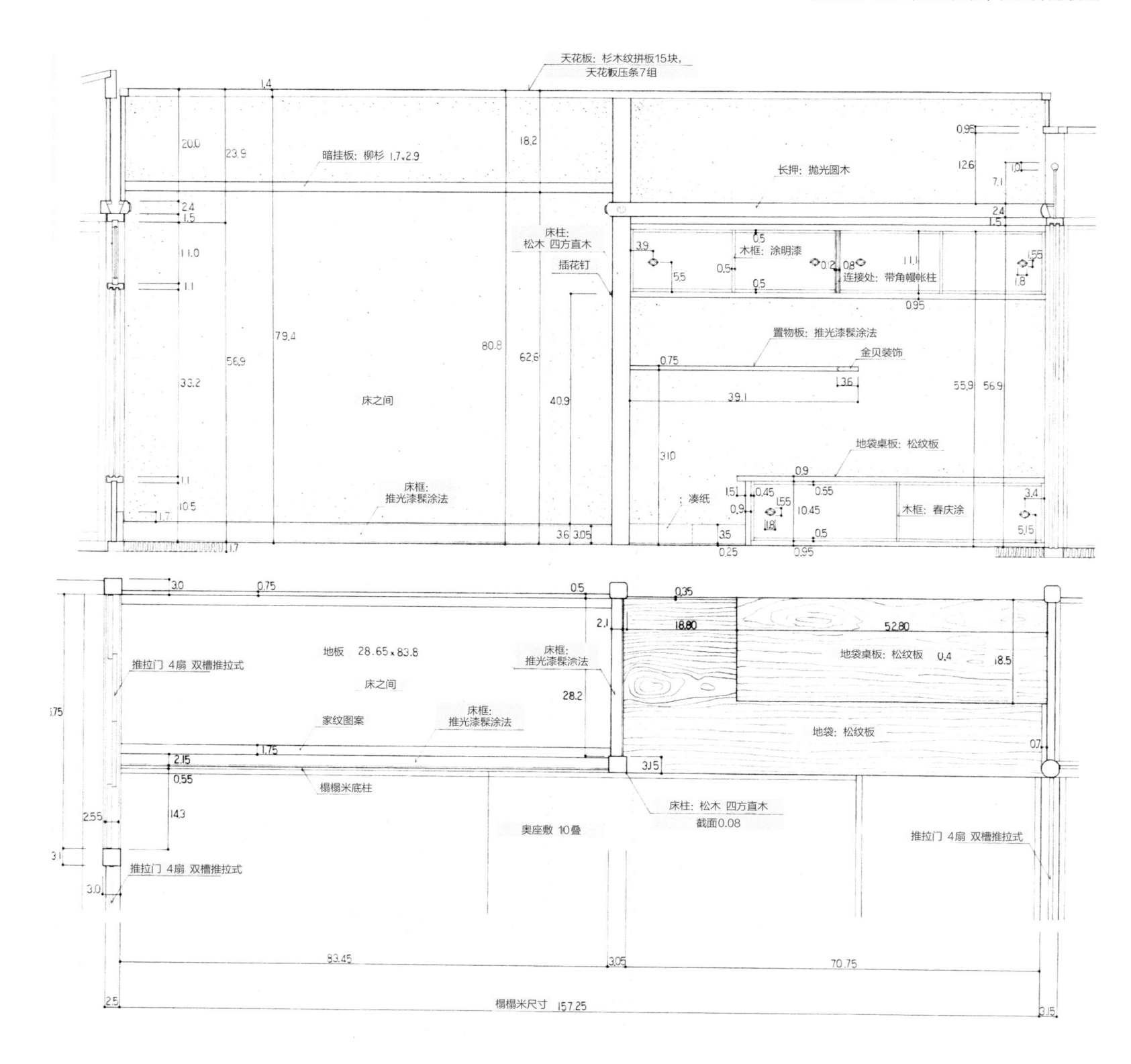

奥座敷 床之间的正面图和平面图　比例尺1:30

伴邸　实测图

平书院栏间透雕花纹
（右上＝正面右侧　左上＝左侧及中部）　比例尺1:3

床胁的截面图　比例尺1:20

奥座敷　床之间的截面图　比例尺1:20

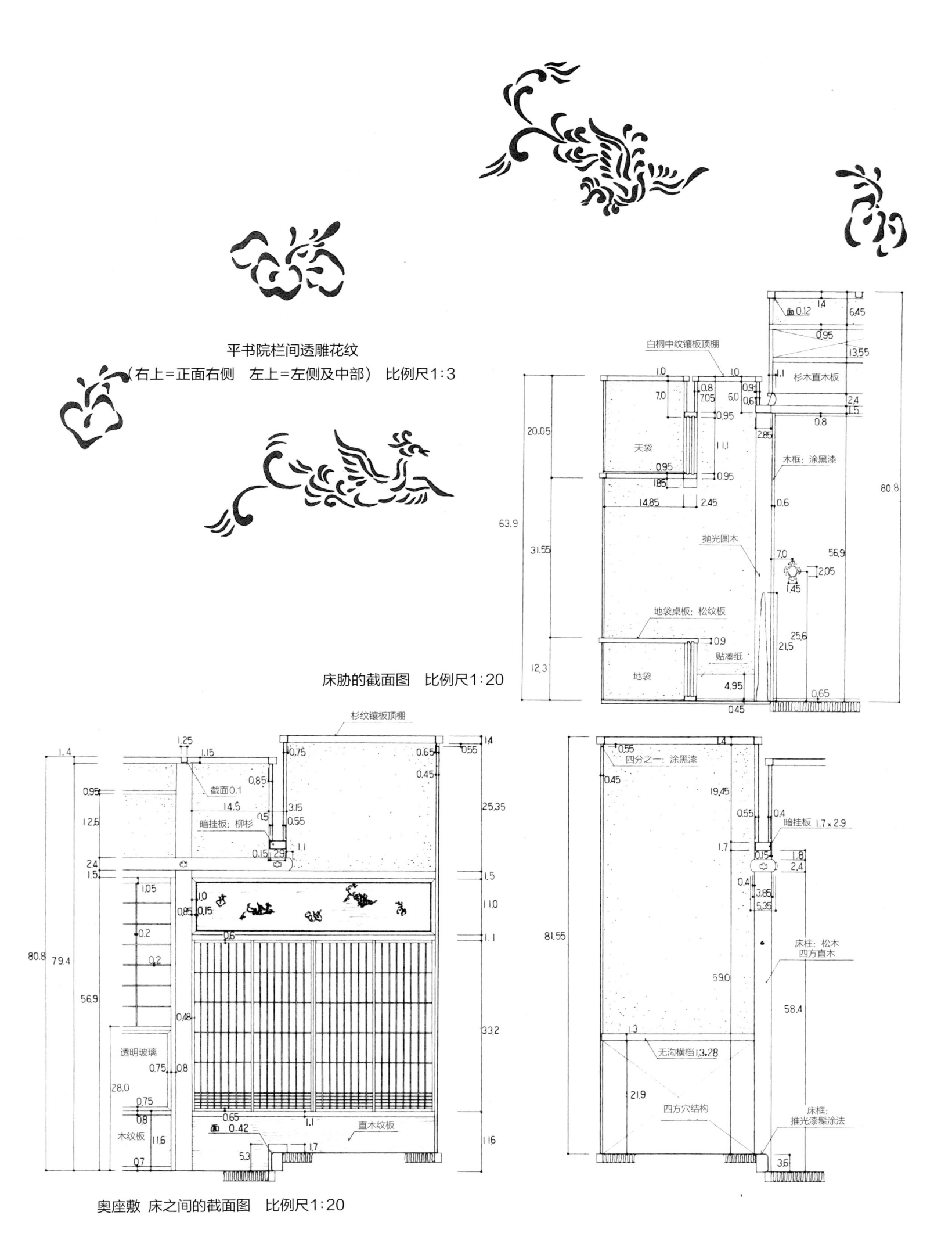

伴邸　实测图

奥座敷 平书院的截面详细图　比例尺1：3

天袋截面详细图　比例尺1：3

地袋的截面详细图　比例尺1：3

伴邸　实测图

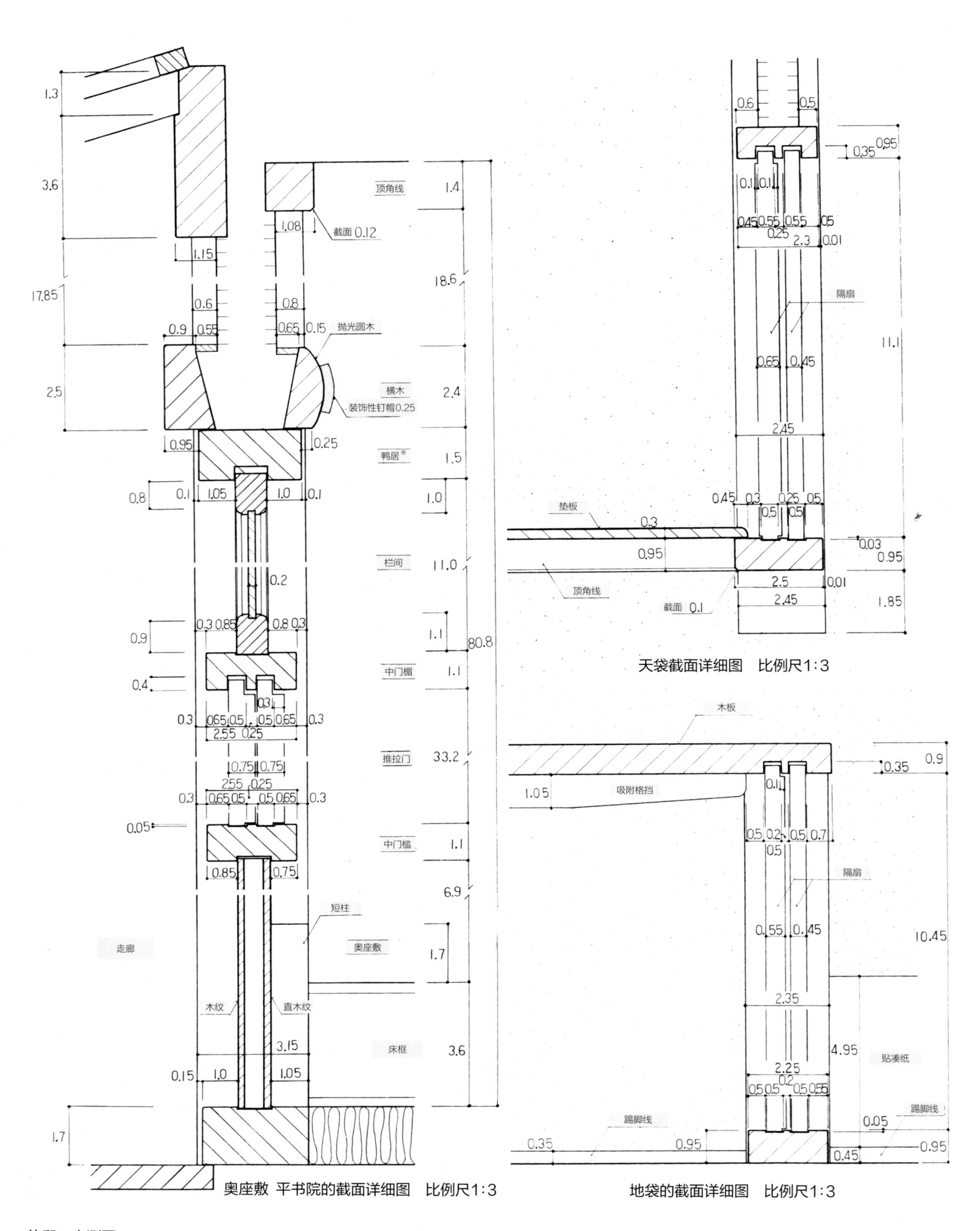

※ 鸭居：推拉门等上方的带沟的横木。

深见邸

所有者 深见芡
所在地 京都市中京区

奥座敷

再建时间 1887年
设计 不明
施工 不明

京都市中京区的深见家致力于保护传统町家（日本传统的连体式建筑）房屋正面结构的风貌。宅邸在元治元年（1864年）的禁门之变中被毁坏后被重建。奥座敷重建于1887年，是正对内院的十五叠主室。

角柱结合长押，三间（间为日本长度单位，一间约为1.818米）长空间的中部为床之间。床胁处设置棚的空间十分宽敞，左边设有付书院（书院形式的一种）。床柱采用紫檀木。引人注目的是床之间部分也加了长押。这是远州在孤篷庵座敷中运用的手法。长押收在床柱的里侧，是因为其与次间交界处的长押不处于同一平面。略高一层的床胁也设有长押，所以才不得不采用这种手法吧。床胁和鸭居同高，所以只设无目（横梁），如果把落挂再提高一些，应该就变为较为常见的形式了。

床胁处设置有地袋和天袋，与床之间隔开一定的距离，加大地板（床之间板）的面积。这样的设计使床胁处看起来更宽阔。

天袋左端使用吊束支撑，壁付的束（支柱）稍长，旁边是墙壁，下端进行曲线圆角处理。地袋出隅（阳角）处进行斧头抛光，立有黑柿木的束，显得十分柔和。

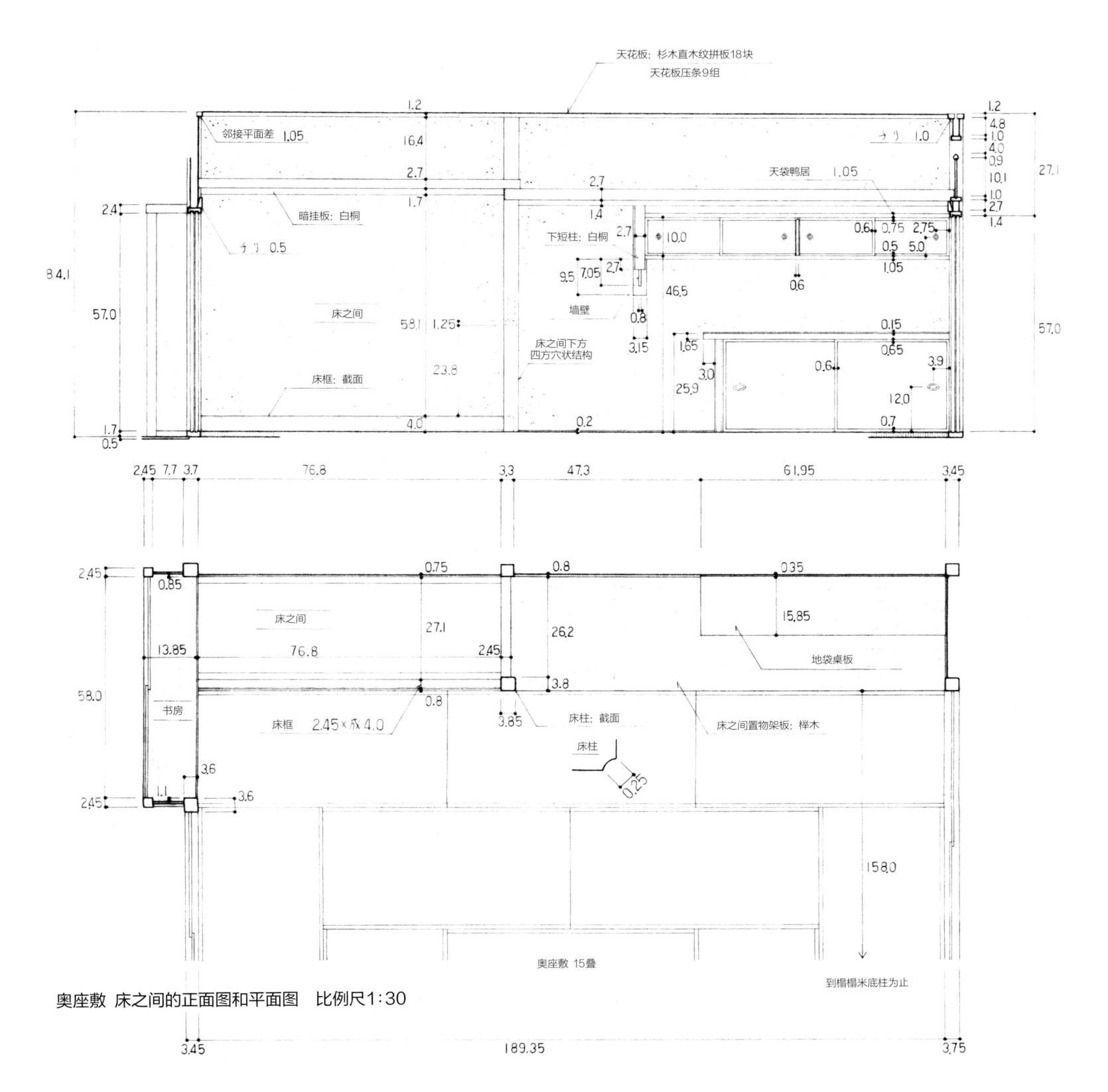

奥座敷 床之间的正面图和平面图　比例尺1:30

深见邸　实测图

日本建筑集成　床之间的意匠　46

奥座敷　床框和付书院底部

奥座敷　床之间和行书院

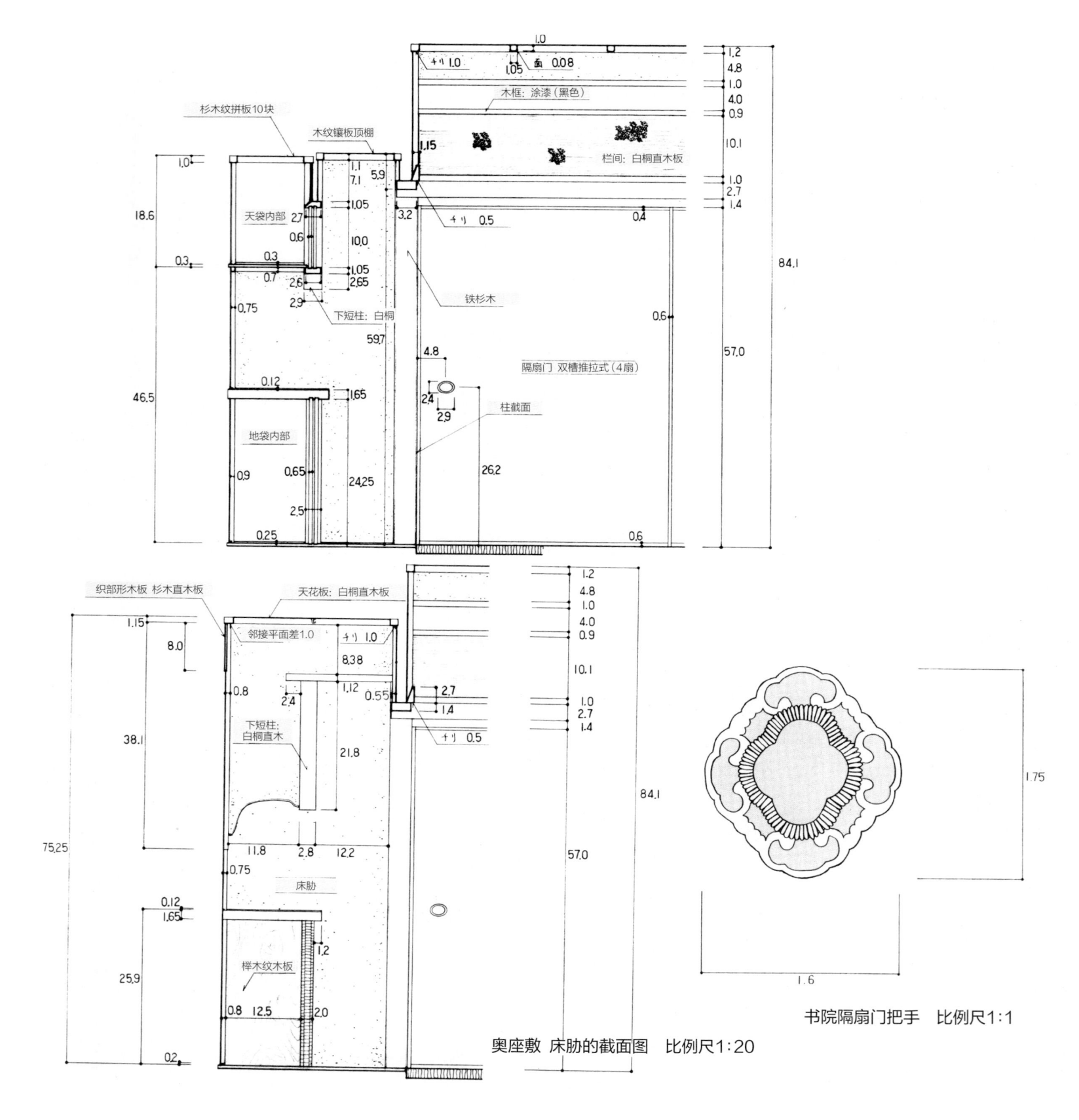

杉木纹拼板10块
木纹镶板顶棚
天袋内部
下短柱：白桐
地袋内部
木框：涂漆（黑色）
栏间：白桐直木板
铁杉木
隔扇门 双槽推拉式（4扇）
柱截面

织部形木板 杉木直木板
天花板：白桐直木板
邻接平面差1.0
下短柱：白桐直木
床肋
榉木纹木板

奥座敷　床肋的截面图　比例尺1:20

书院隔扇门把手　比例尺1:1

深见邸　实测图

奥座敷 付书院截面详细图　比例尺1:3

长押

暗挂板

桌板

白桐直木板

中鸭居

无沟横档

付书院

柱截面0.25

床之间

遮盖板

短柱

截面0.4

隔扇：单扇推拉

床框

榻榻米底柱

缘板

底座横木

深见邸　实测图

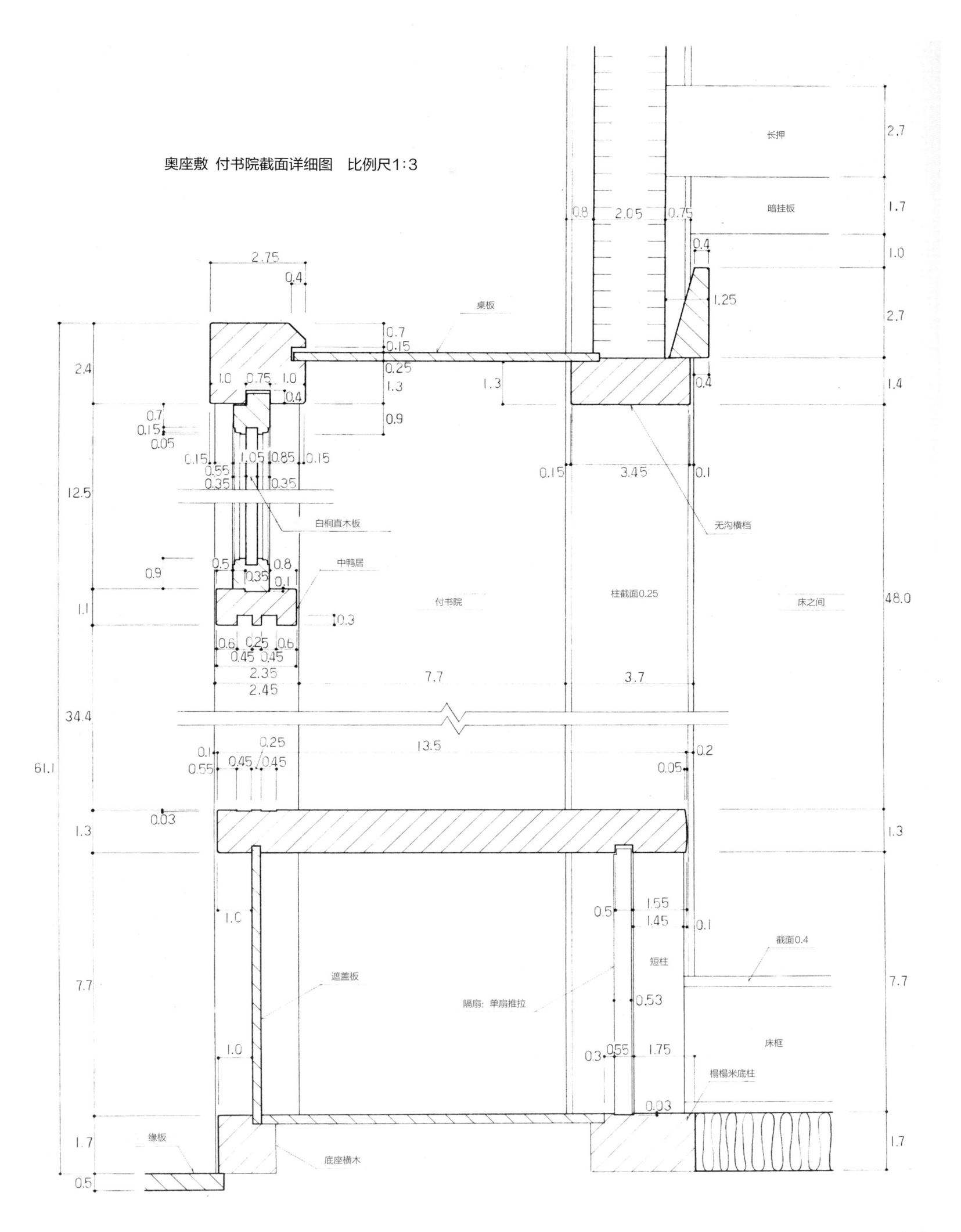

一力

所有者 杉浦治郎右卫门
所在地 京都市东山区

大控间

增建时间 1890年
设计 不明
施工 不明

祇园町一带的建筑曾被毁坏过。一力也是后来重建的。临街一侧的二层建筑于1870年开工，次年9月建成，里侧延伸的平房部分于1890年竣工。

奥座敷的主室部分为20叠，用隔扇门进行分隔，连接着大控间，设有间口为一间的通道。主室北侧有两个房间，分别是佛堂和4.5叠的茶室。大控间也设有附属房间，是5叠大的鞘之间。

奥座敷是该宅邸中最宽敞、华丽的座敷。主室有20叠，在中央设有床之间，两侧设有违棚。

本节所提及的大控间是12.5叠大的次间，与主室一样采用角柱和长押，其正面设有一间半的床之间和一间的床胁，并设有付书院。两个房间的柱、长押等木材部分基本通体着了深色，小壁为深红色。天花板较低，有一种烟熏般的复古感。相较于主室对格调的坚持，这间大控间使用了绞圆木（有波状褶皱的圆木）制成的床柱，床胁的壁留（安装在墙壁上的横木）使用了赤松木，带有树皮，通过这些细节的设计营造出了舒缓放松的氛围。

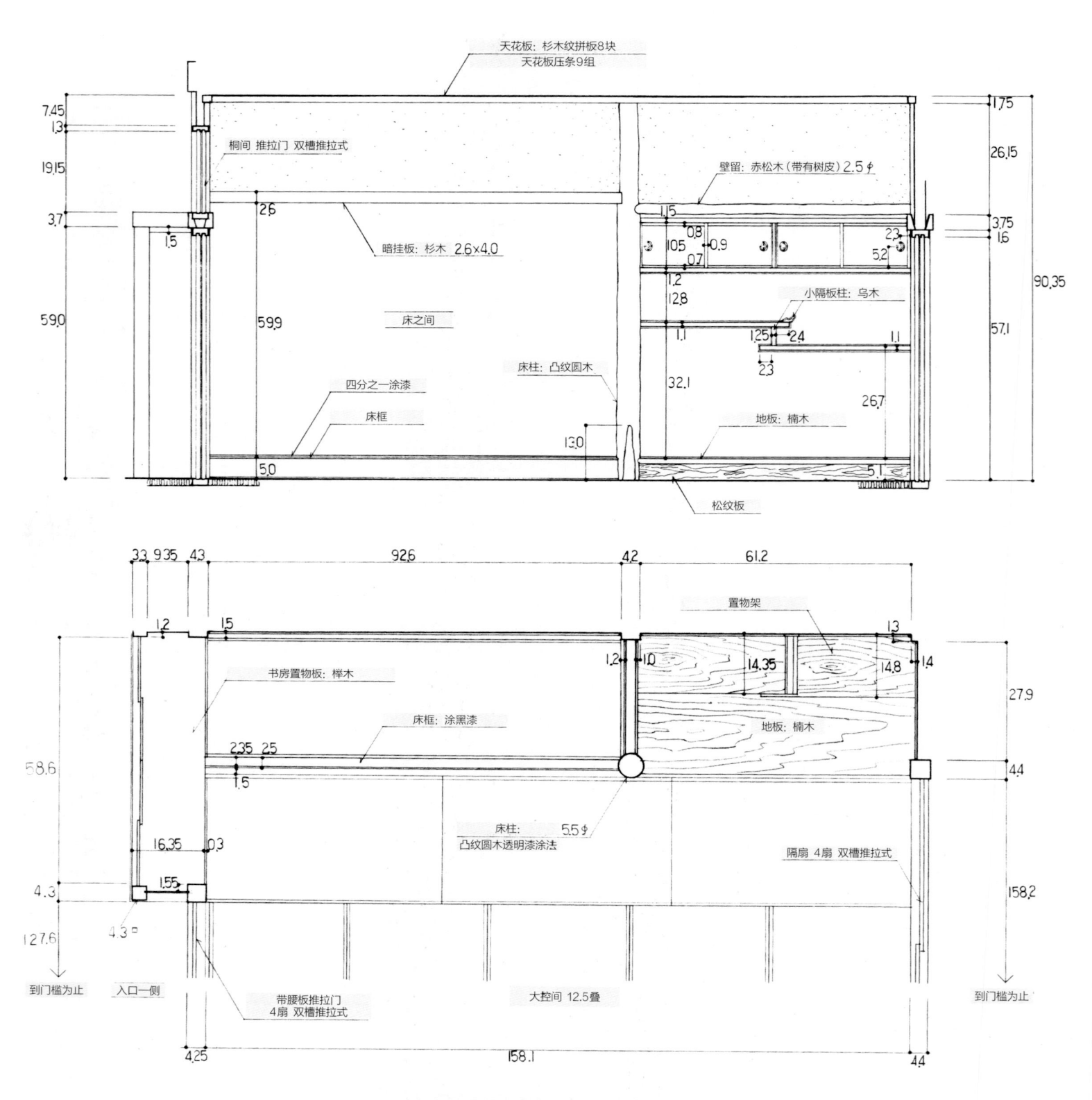

床之间的正面图和平面图　比例尺1:30

一力　实测图

大控间 床之间　　　　　　　　　　　　　　　　奥座敷主室 床之间

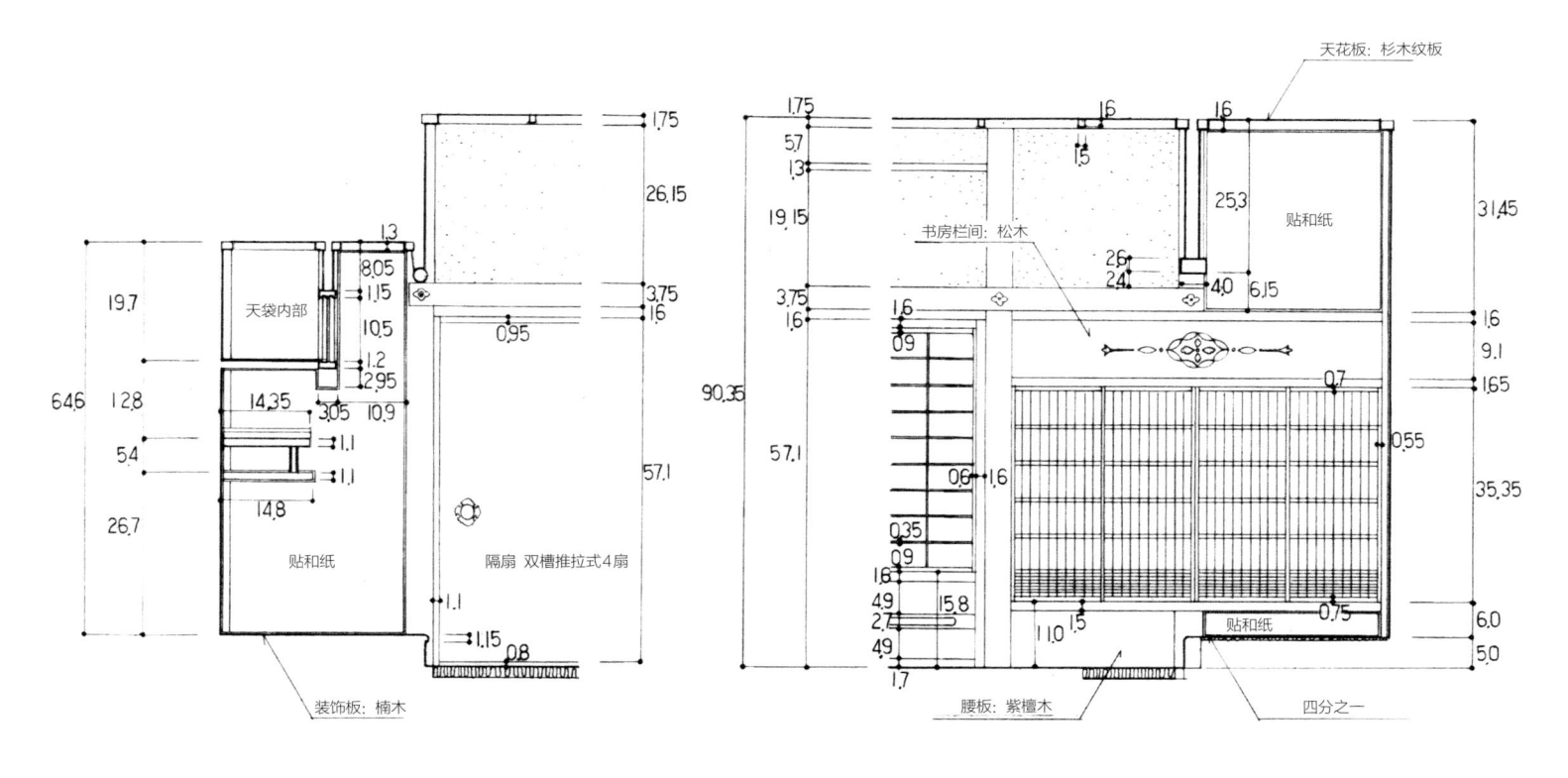

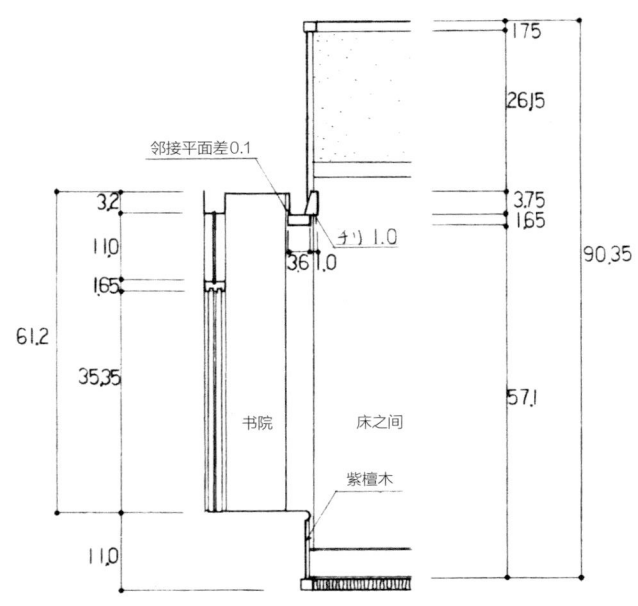

床胁的截面图　比例尺1:30　　　　　　　　　床之间的截面图　比例尺1:30

大控间 狆潜（床之间空隙部分）的正面图　比例尺1:30　　　　付书院的截面图　比例尺1:30

一力　实测图

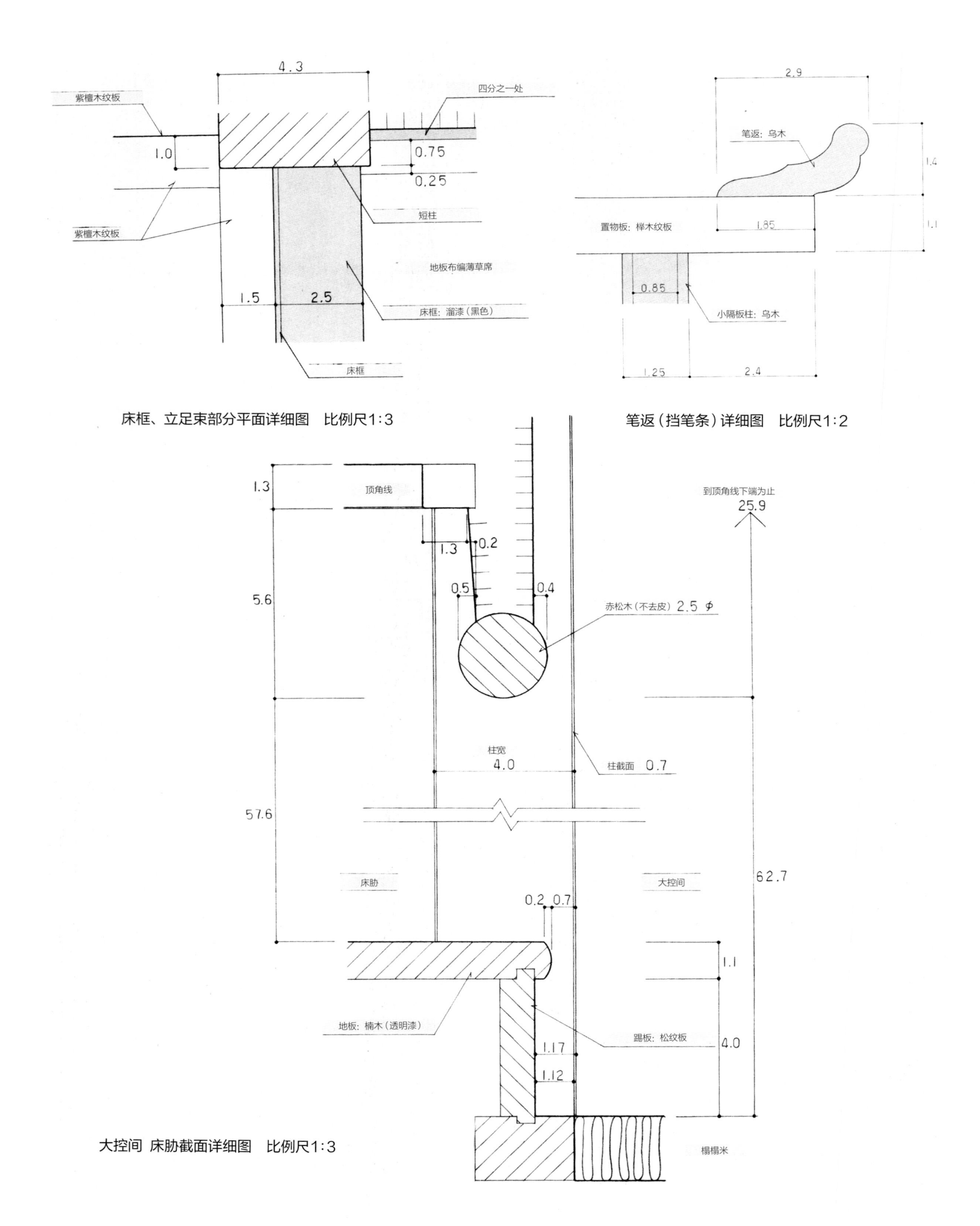

床框、立足束部分平面详细图　比例尺1:3

笔返（挡笔条）详细图　比例尺1:2

大控间　床肋截面详细图　比例尺1:3

一力　实测图

表座敷

建造时间 1890年
设计 不明
施工 不明

在建筑的奥座敷北侧有一个形状细长的坪庭，隔着坪庭，奥座敷的正对面是表座敷。这间11.5叠的座敷就位于大小为15叠的主室的北侧。相较于奥座敷，表座敷采用了数寄屋格调，设计风格分外轻快。

床之间采用踏入式格局（省略了床框，使地板与榻榻米一样高），竖立着曲木做的床柱，墨迹窗为半月形，打破一贯的风格，增添了些许纯粹的意境。床胁铺有一间半的叠敷（榻榻米），小壁的壁留处装饰了竹子。床胁的上方是网代天花板（呈网格状的天花板），高度较低。床胁被设计成类似座敷的延长空间，有一种类似结界的感觉。关于棚的设计，入隅处用竹吊挂一重棚的设计很独特，类似小判棚。独特的手法打破了一贯的床之间格局，让人在轻妙的意境中感受不同于茶室床之间设计的华丽感。

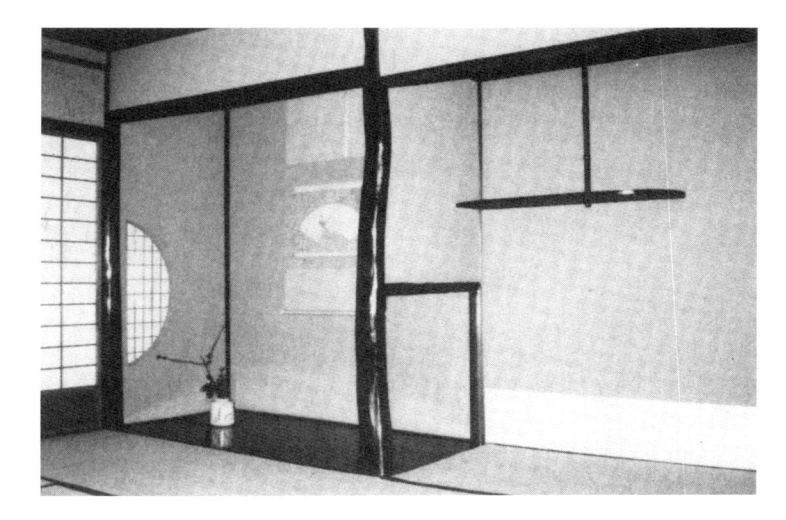

表座敷 床之间

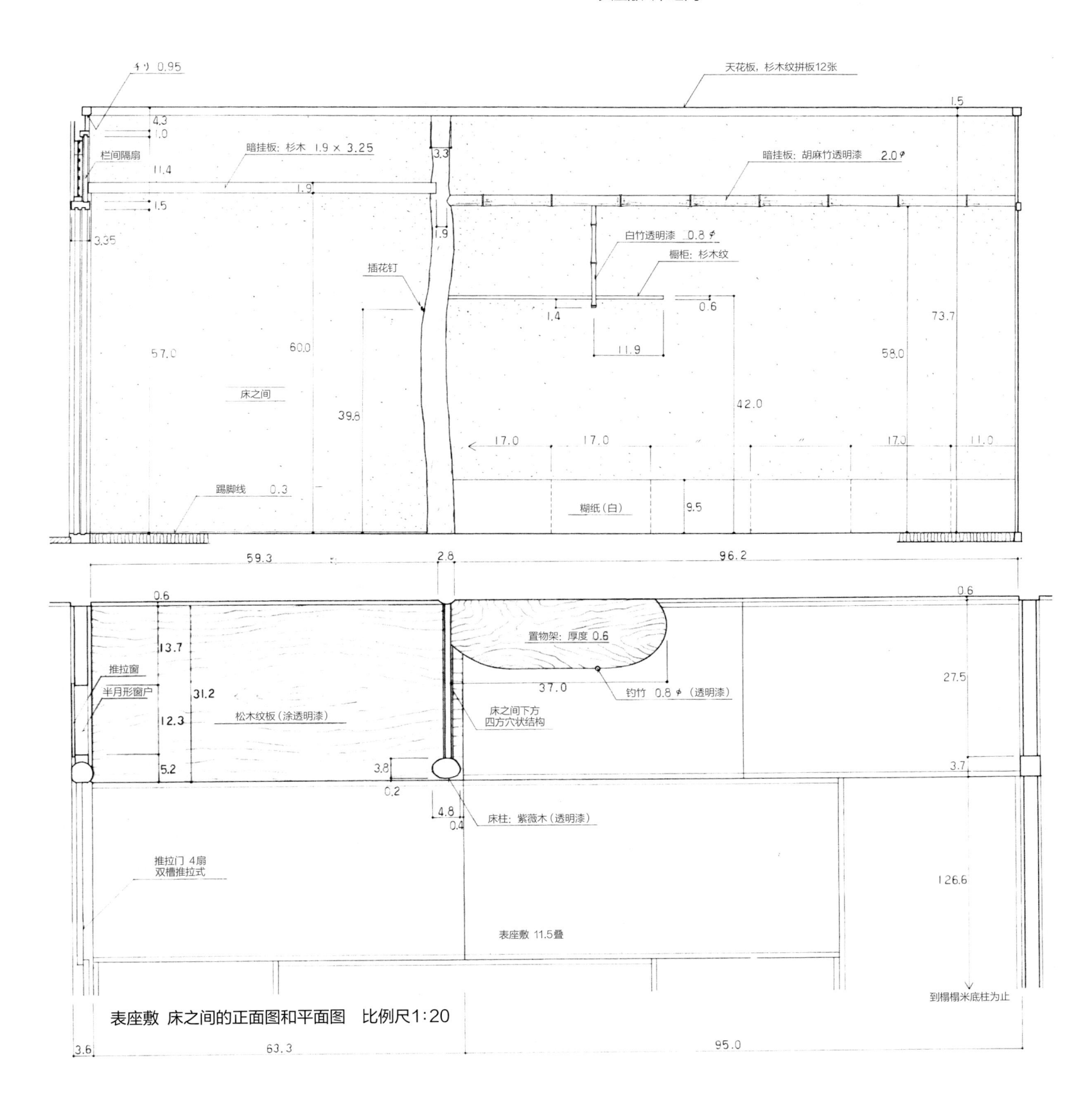

表座敷 床之间的正面图和平面图　比例尺1:20

一力　实测图

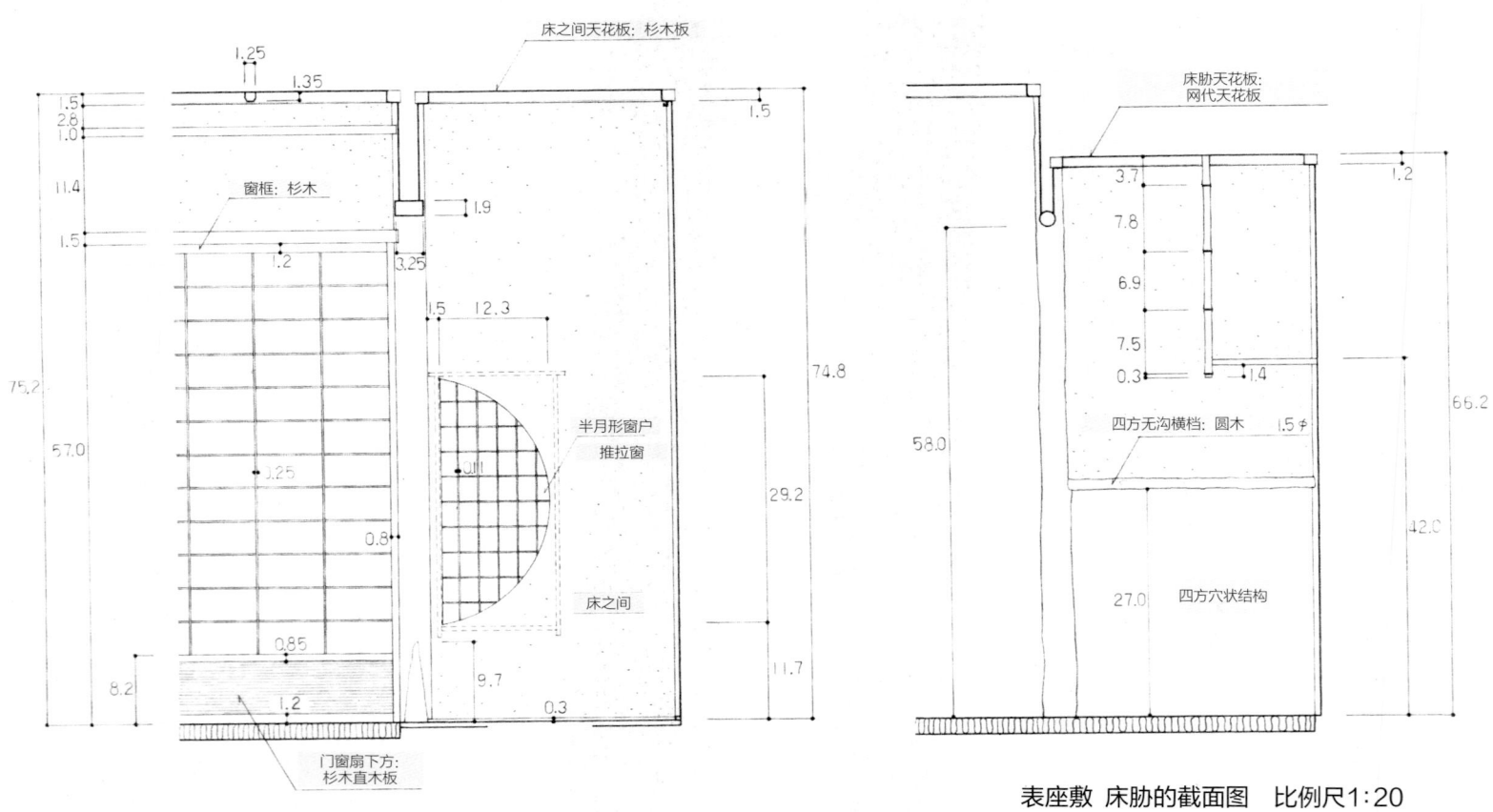

表座敷 床之间的截面图 比例尺1:20

表座敷 床胁的截面图 比例尺1:20

表座敷 床胁垂壁截面详细图 比例尺1:4

一力 实测图

表座敷控间

建造时间 1890年
设计 不明
施工 不明

本节的主题是邻接表座敷西侧的控间的床之间。房间中回缘（墙壁与天花板交界处的横木）的下方一寸处钉有用于挂物的竹钉，展现了织部风格。细长的钉有花钉的圆木柱发挥了床柱的功能。出入口的柱子也采用了圆木，带有较粗的锛子痕。下地窗相当于墨迹窗，但是开的位置偏低。呈直角处没有做腰张（墙的下半截）处理，所以织部风格的床之间也被打造出了进深感。

表座敷控间 床胁的窗户　　　表座敷控间 壁留和吊束

床之间的正面图　比例尺1:20

表座敷控间 床胁的截面图　比例尺1:20

床之间的截面图　比例尺1:20

一力　实测图

新西间

建造时间 1877年
设计 不明
施工 不明

新西间位于二层的正面。该座敷采用了叠敷、角柱，没有使用长押，设有鸭居。床之间为出床之间的形式，但是却设置了小壁。紧挨着床之间的是1.5叠的床胁。天花板也相应调低，在杉板的基础上配置了付皮圆木竿缘（支撑屋顶的横木）。很明显，该创意与建筑中的表座敷如出一辙。但是与表座敷不同的是，此处的床之间没有采用轻快的手法。床柱是赤松木，但是床框采用黑檀木。床胁与付书院相呼应。床胁处墙壁设有木包边，并进行了很高的挖空处理，格外引人注目。

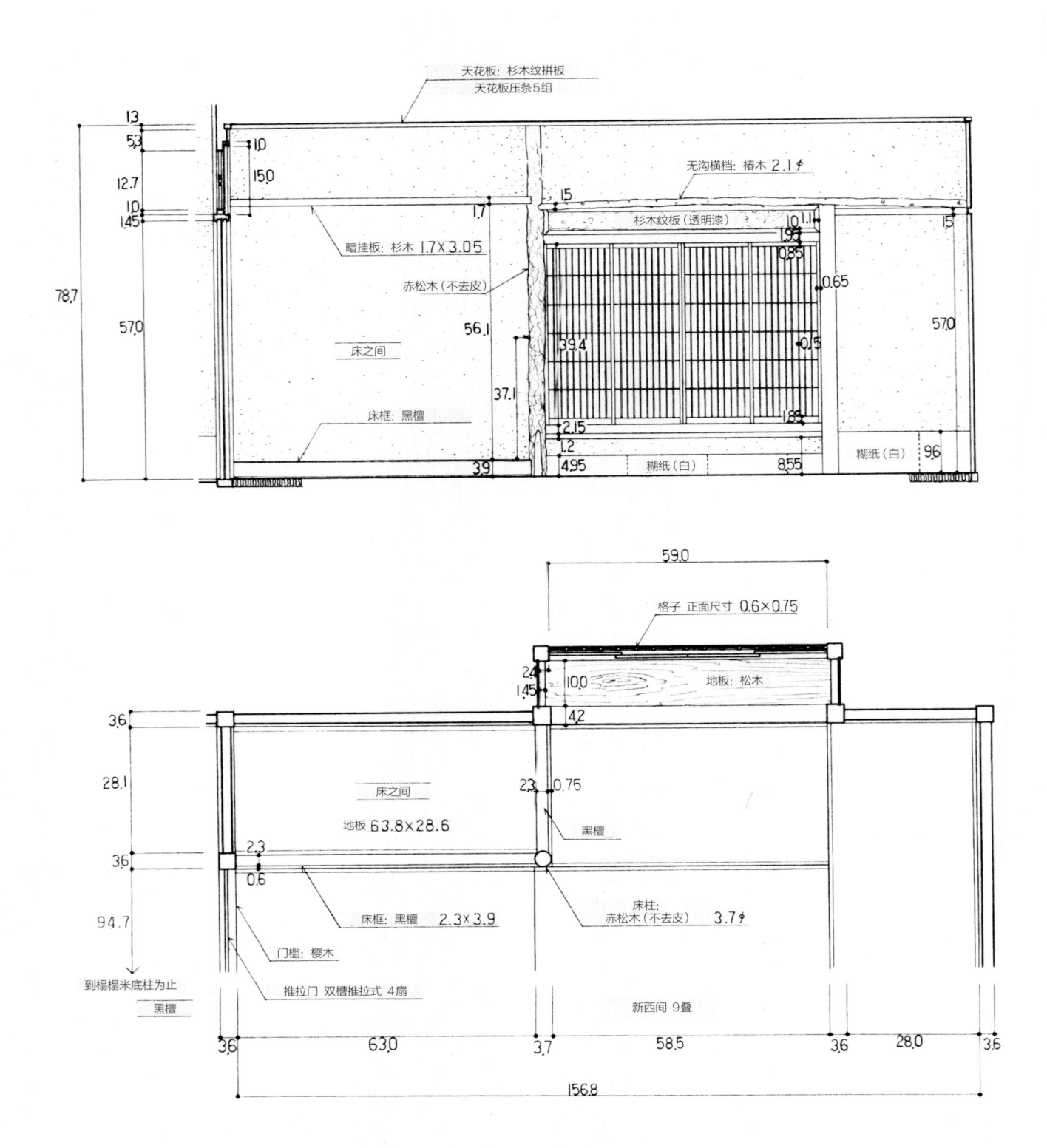

新西间 床之间的正面图和平面图　比例尺 1:30

一力　实测图

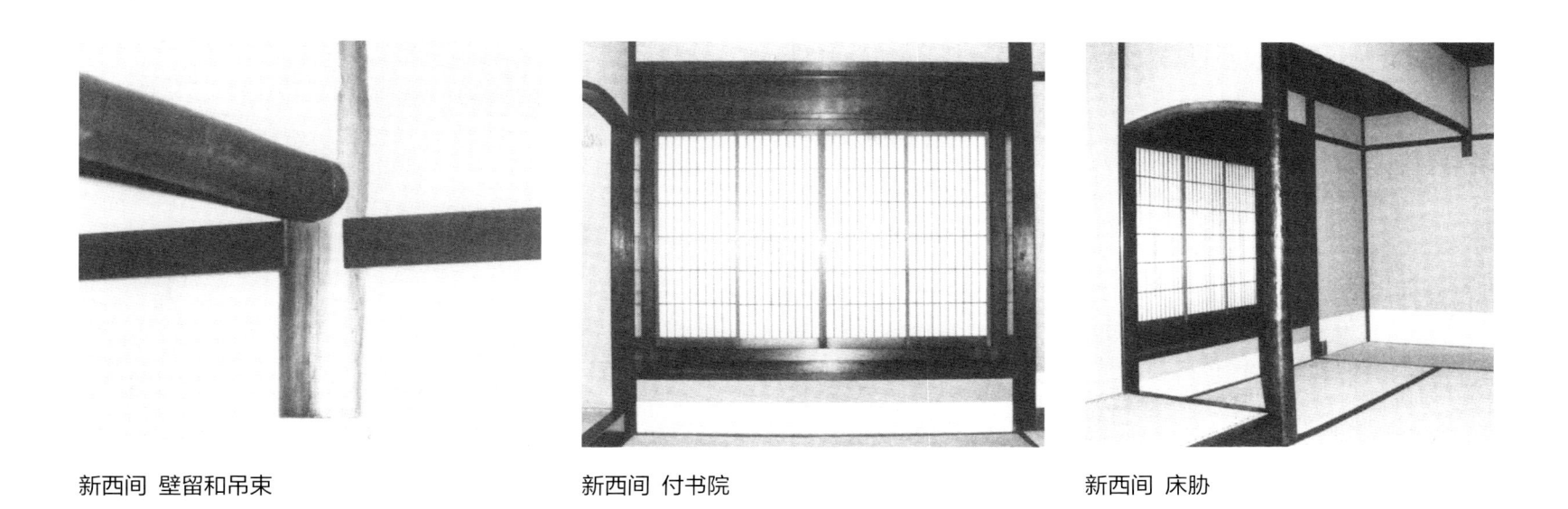

新西间 壁留和吊束　　　　　　　新西间 付书院　　　　　　　新西间 床胁

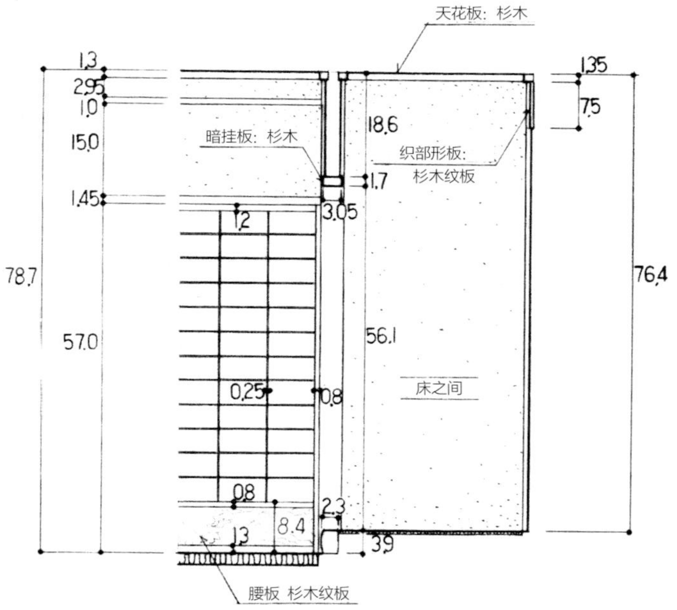

床之间的截面图　比例尺1:30 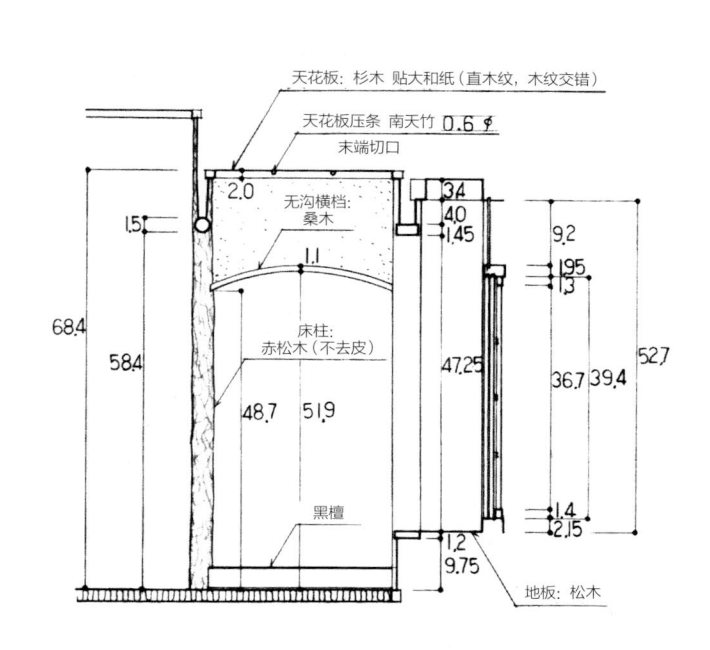　　　　　　床胁的截面图　比例尺1:30

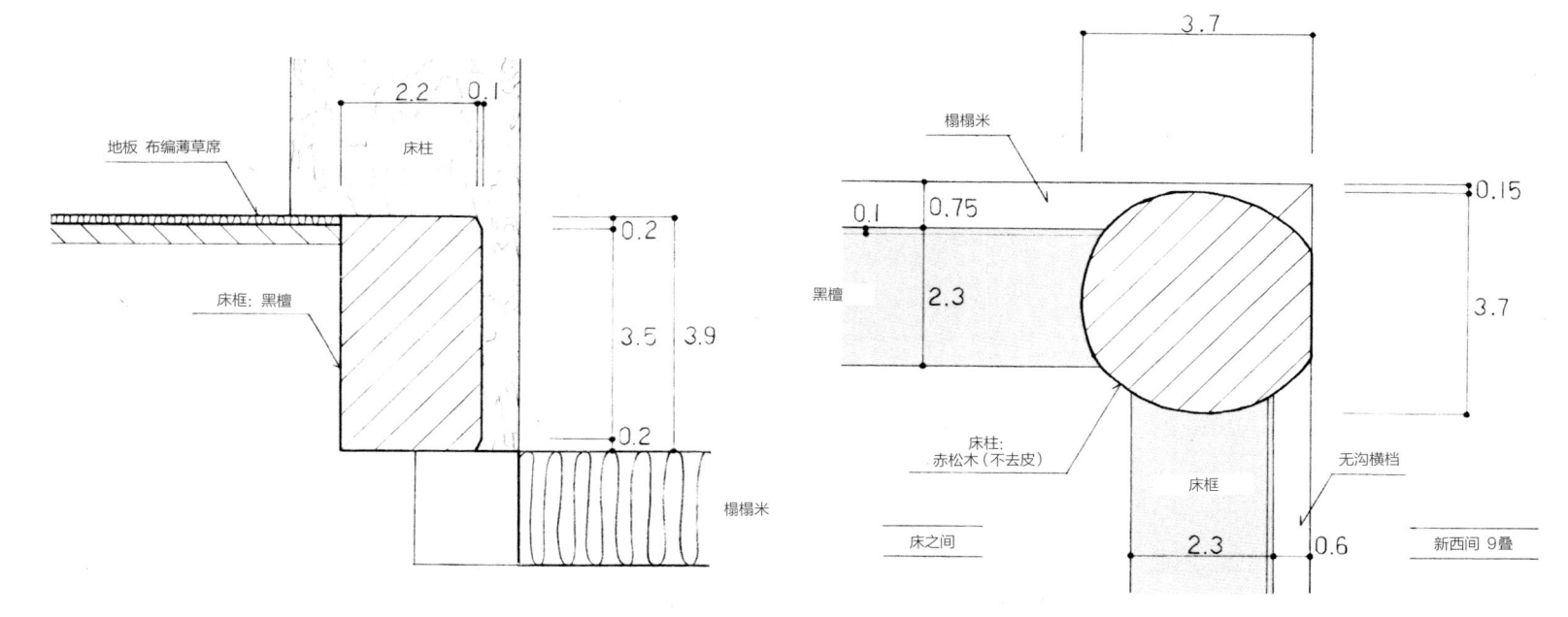

新西间 床柱下部截面图和平面详细图　比例尺1:3

一力亭 床之间 实测图

茶室

建造时间 1890年
设计 不明
施工 不明

附属于奥座敷的4.5叠大小的茶室中设置有织部风格的床之间。壁留处的赤松木起到了床柱的作用。房间内布置着竹子，其下钉有竹钉，以竹钉挂着挂轴。此处省略了织部板，用竹的分隔来替代织部板。这种形式特别适合茶室的化妆屋根里天花板。

这个床之间形式十分自由，散发着自然气息，并不张扬，极其和谐。

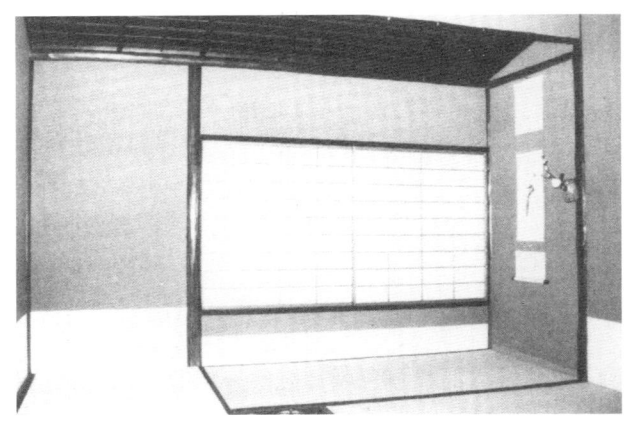

茶室内部

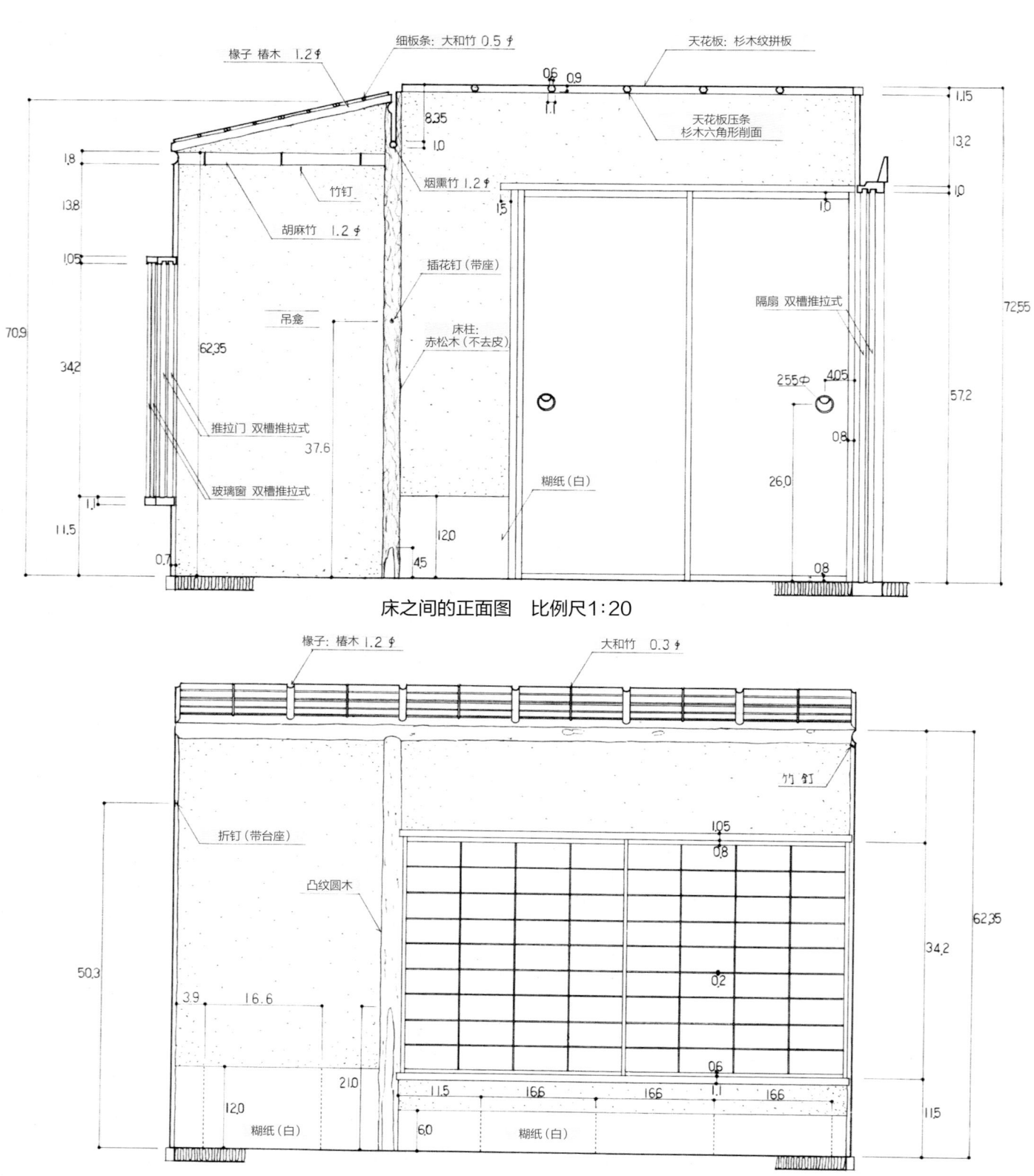

床之间的正面图　比例尺1:20

茶室　床之间的截面图　比例尺1:20

一力　实测图

美浓幸

所在地 京都市东山区
所有者 吉田幸子 吉田稔

二层东大广间

建造时间 1935年
设计 广濑拙斋
施工 北川工务店

娴静地坐落在祇园下河原的料亭（日本的高级料理店）美浓幸是上一代主人凝聚了数寄之思的建筑。二层的大广间是广濑拙斋（1887—1944年）根据其偏好建成的。拙斋为里千家又妙斋的后人。作为茶匠，拙斋为里千家茶道的发展鞠躬尽瘁。

东大广间有8叠大，使用角柱、长押，采用格天花板（方格形天花板）。间口三间偏右位置设置床之间，留有床胁空间，并设有付书院。床柱为赤松木。床框采用了溜涂（绛红色涂漆法）的手法。床胁设有较低的地袋，板面为松杢板。床框和床柱的外观与地袋高度非常平衡。床胁的无目在长押上端，落挂也设置得更高，该结构与座敷整体的木割（木构件的尺寸比例）非常协调，彰显出安定的设计感。地袋和床之间的交界处采用了大面积的挖空处理，上部的小壁采用拱门形收边。大概拙斋是将里千家的抛筌斋的床之间作为样板了吧。

二层东大广间 床胁的地袋

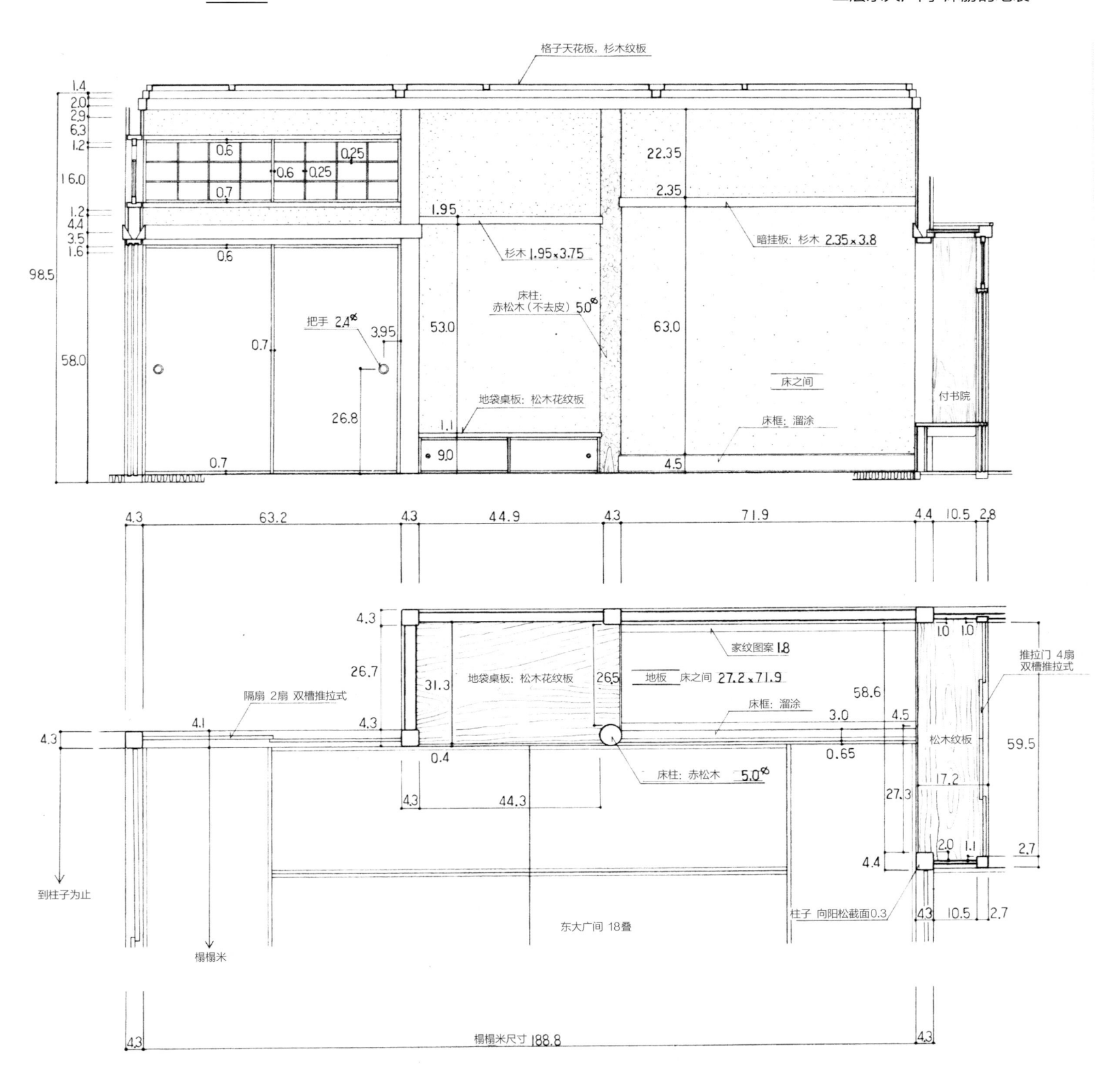

二层东大广间 床之间的正面图和平面图 比例尺1:30

美浓幸 实测图

付书院栏间透雕花纹　比例尺1:3

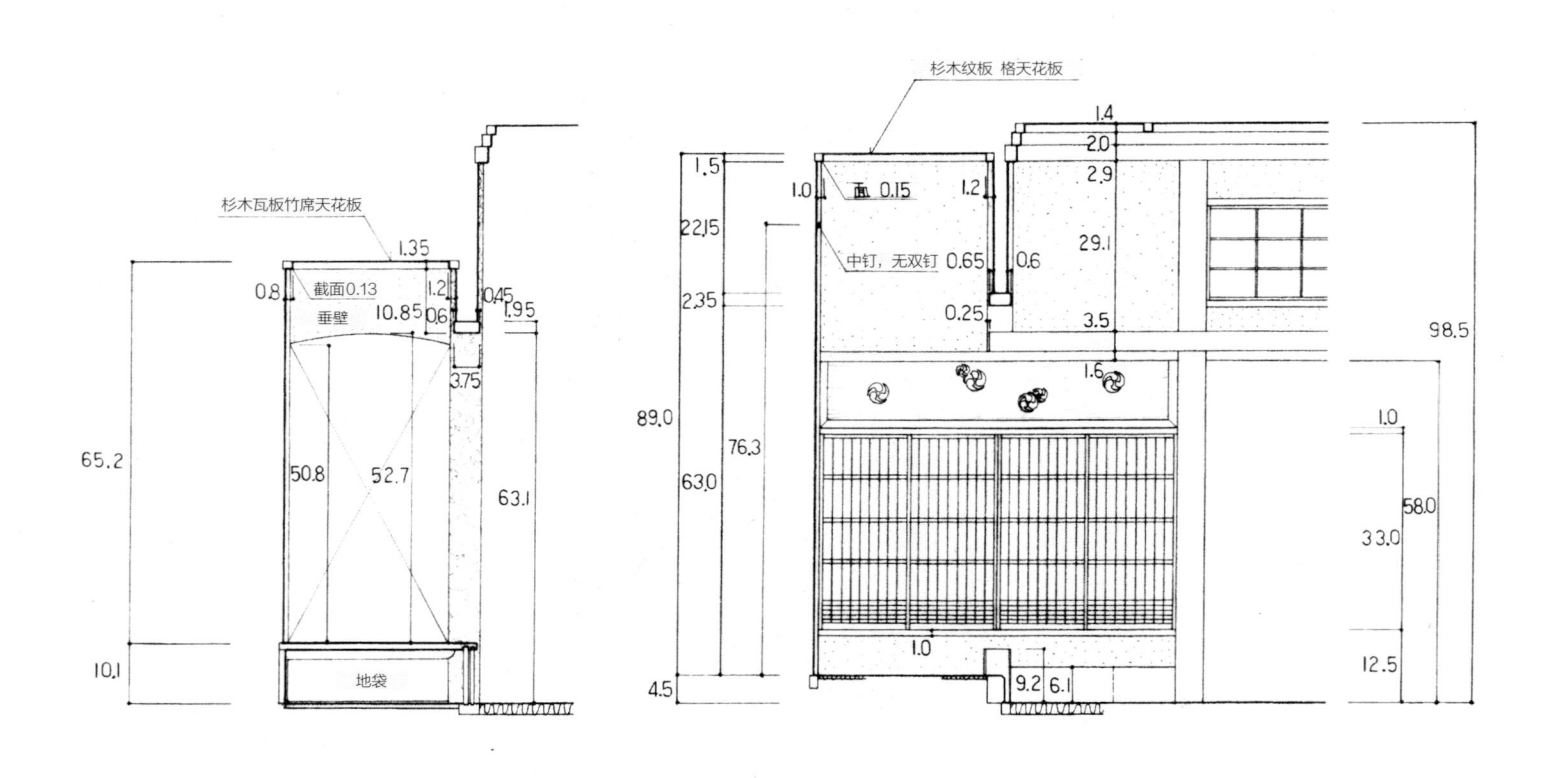

二层东大广间 床胁的截面图　比例尺1:30

床之间的截面图　比例尺1:30

美浓幸　实测图

二层东大广间 付书院截面图和正面详细图　比例尺1:8

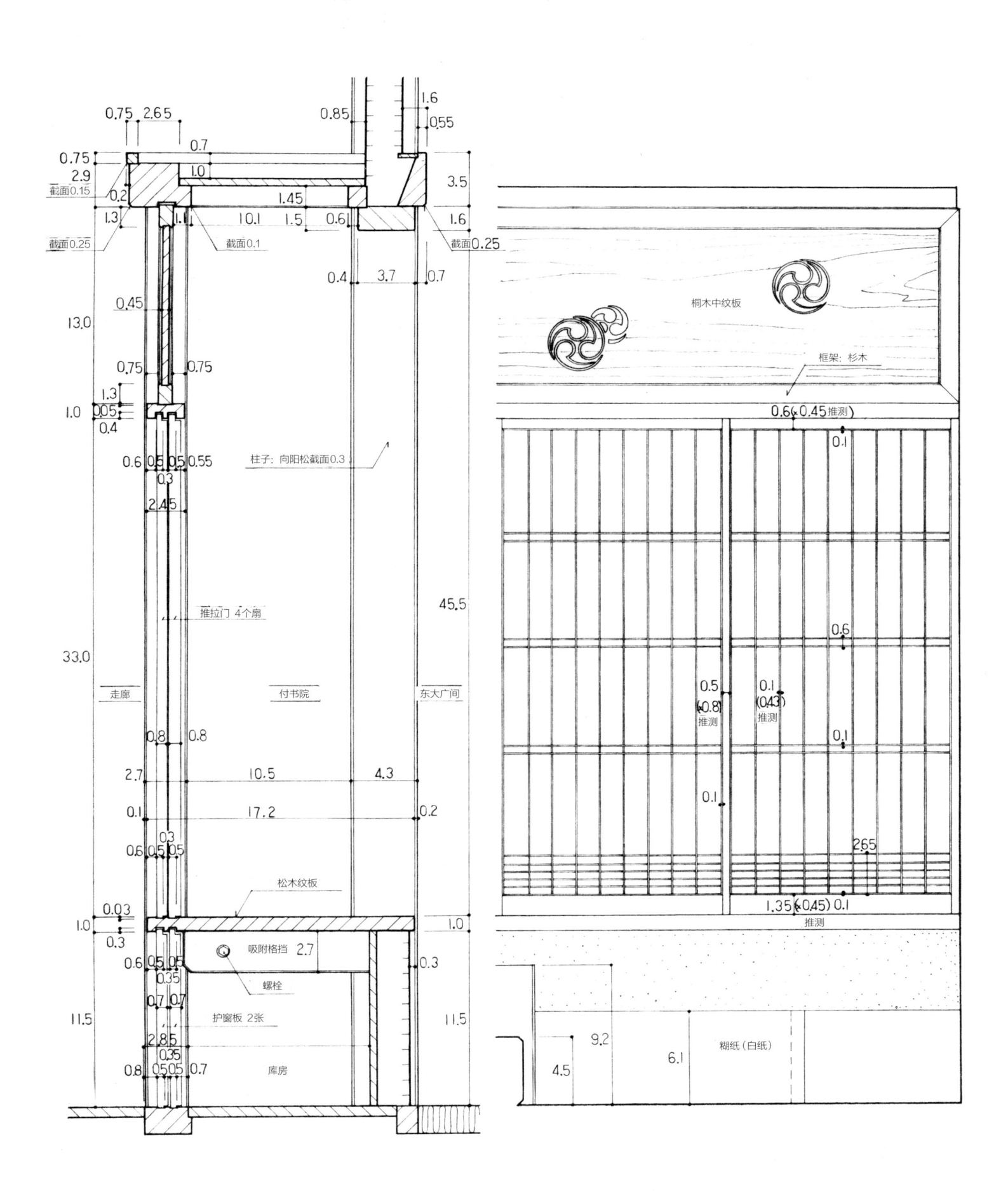

美浓幸　实测图

床柱下部正面和截面详细图　比例尺1:3

二层东大广间　地袋和床之间的截面详细图　比例尺1:3

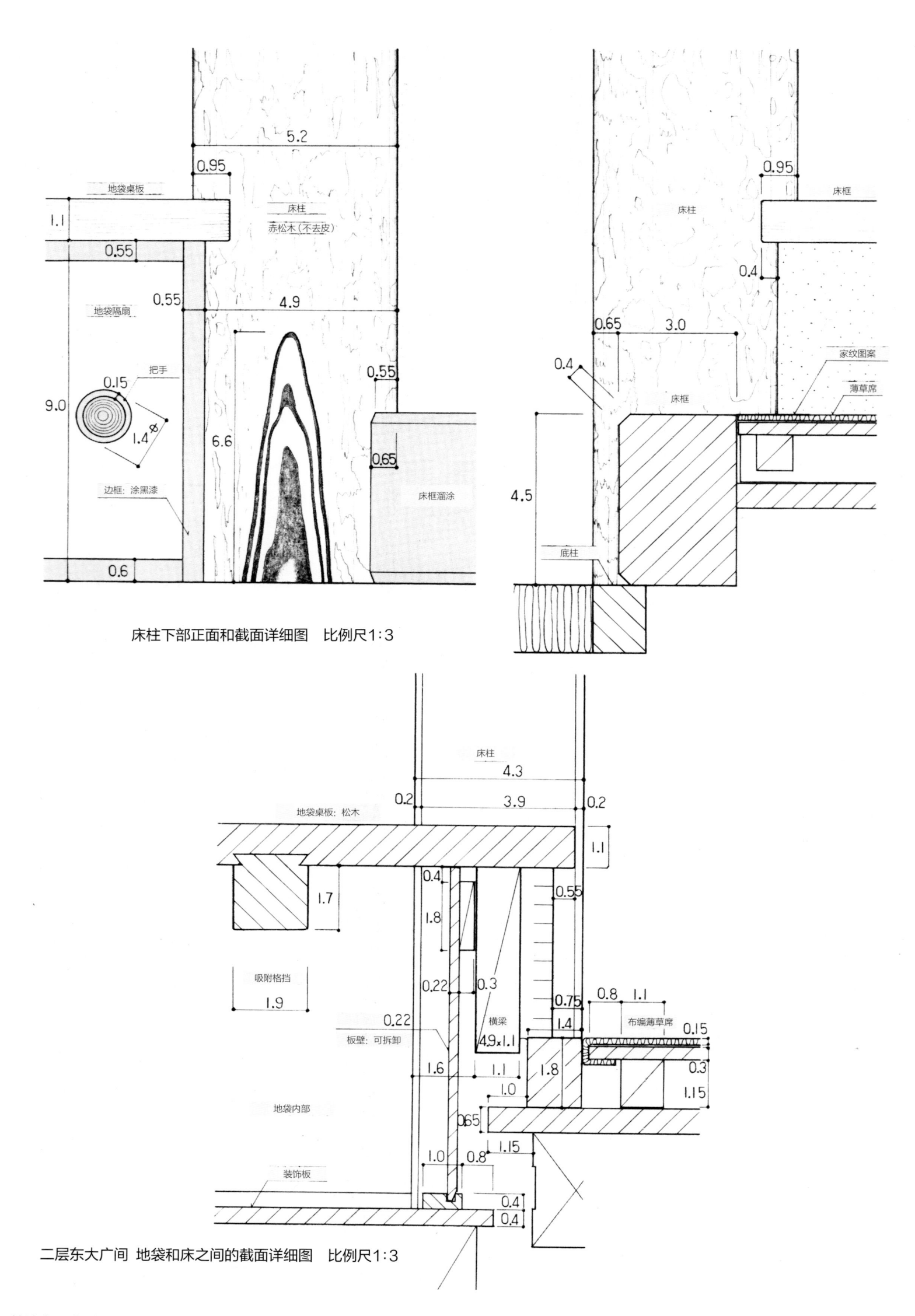

美浓幸　实测图

二层西大广间

建造时间 1935年
设计 广濑拙斋
施工 北川工务店

二层西大广间大小为18叠，邻接东大广间，采用隔扇隔开。把两个房间连接起来就成了36叠的大广间。房间右侧立着床柱。左边设有落挂，还摆有琵琶台，并设有平书院。右边床胁处安置着地袋和天袋，开有书院窗。地袋位置稍靠后，铺设着前板。床胁墙壁涂有黑框，并进行了火灯形挖空处理。相较于东大广间，西大广间占据了主室位置，所以床之间的结构和材料的格调都相对高一些。

二层西大广间 琵琶台 　　二层西大广间 天袋

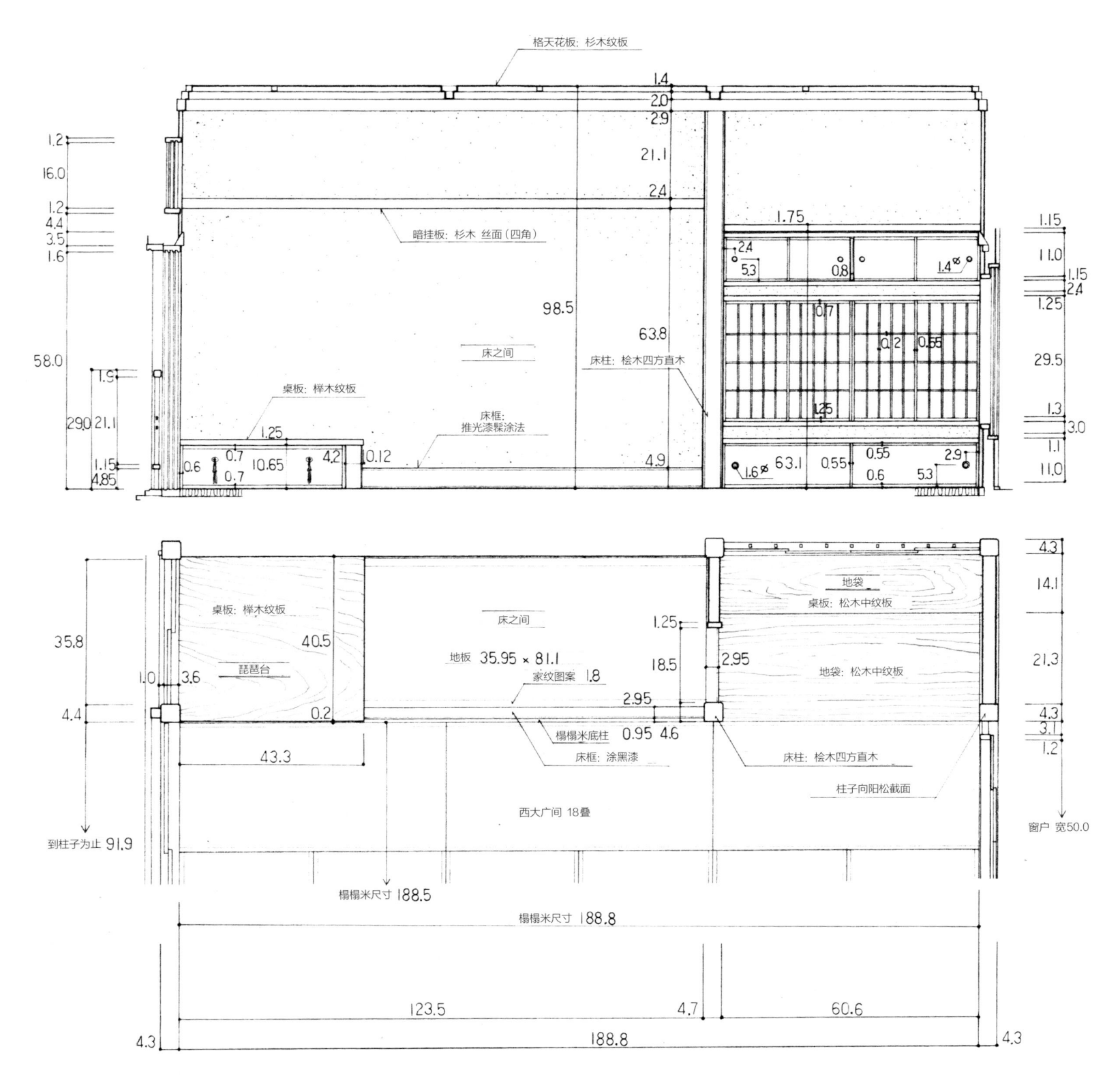

二层西大广间 床之间的正面图和平面图　比例尺1:30

美浓幸　实测图

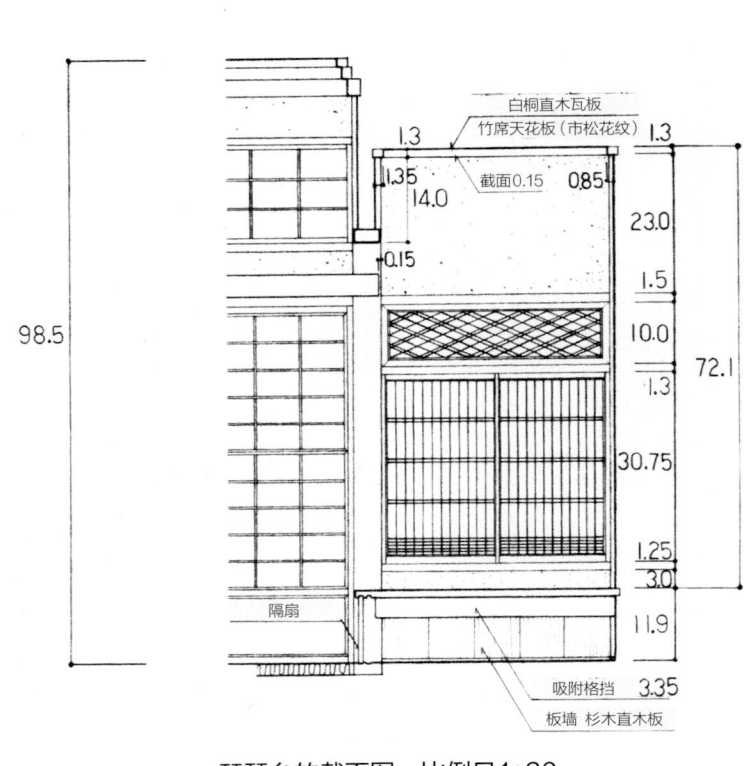

日本建筑集成　床之间的意匠　62

琵琶台的截面图　比例尺1:30

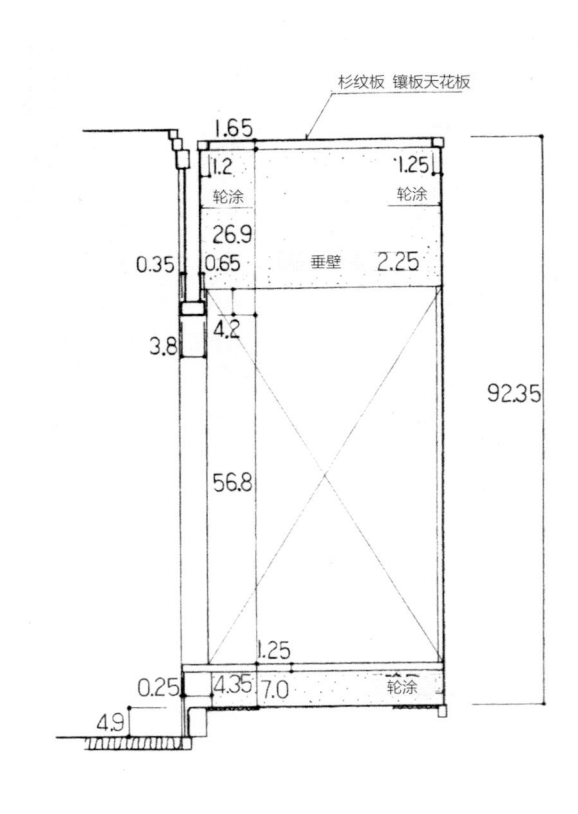

床之间的截面图　比例尺1:30

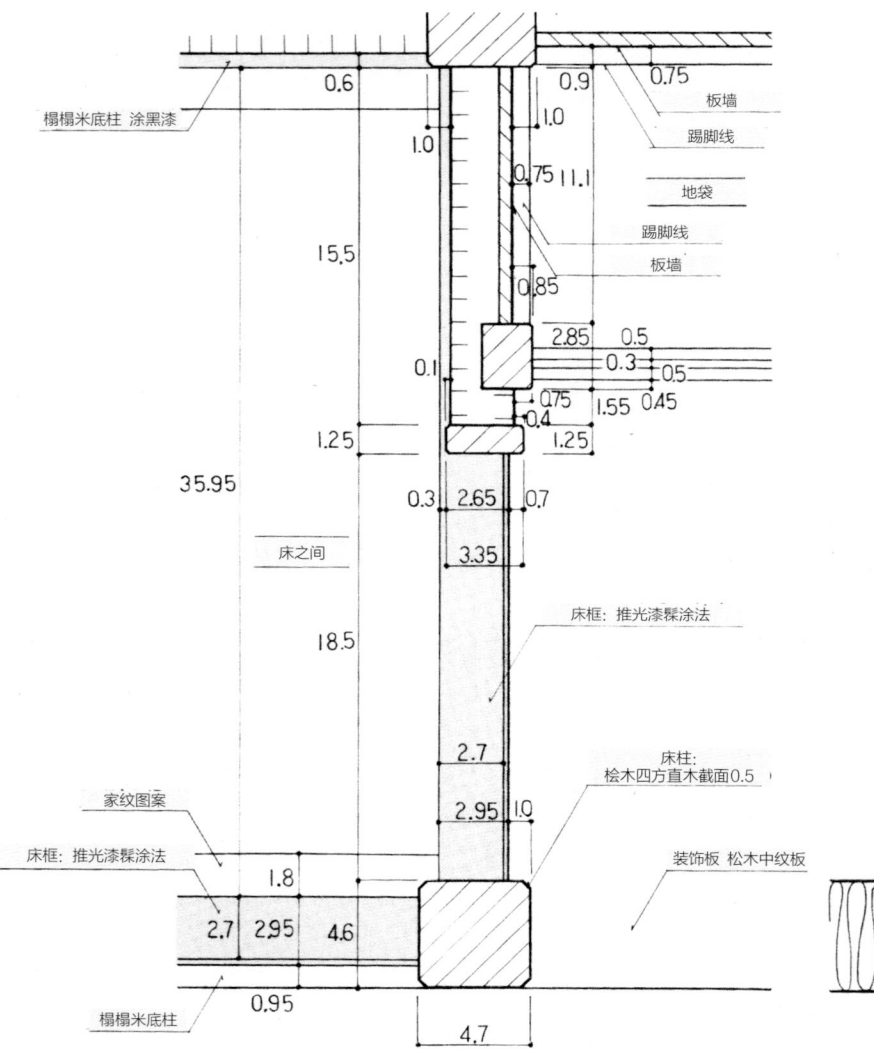

二层西大广间　床之间和床胁平面详细图　比例尺1:8

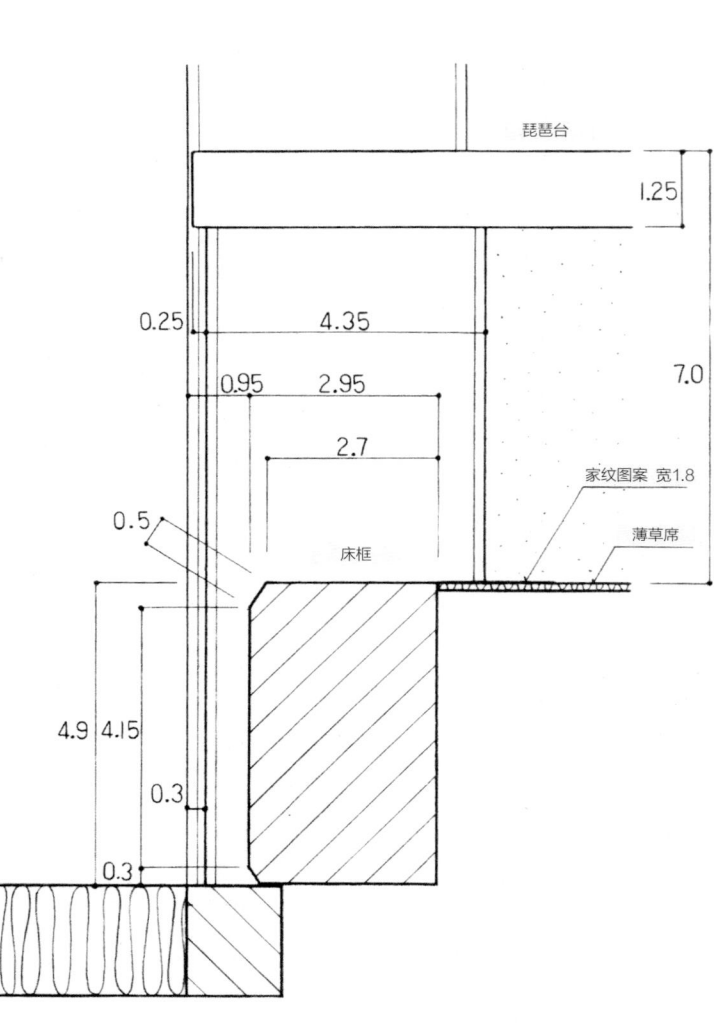

床框截面详细图　比例尺1:3

美浓幸　实测图

床肋的截面图　比例尺 1:30

床之间的截面图　比例尺 1:30

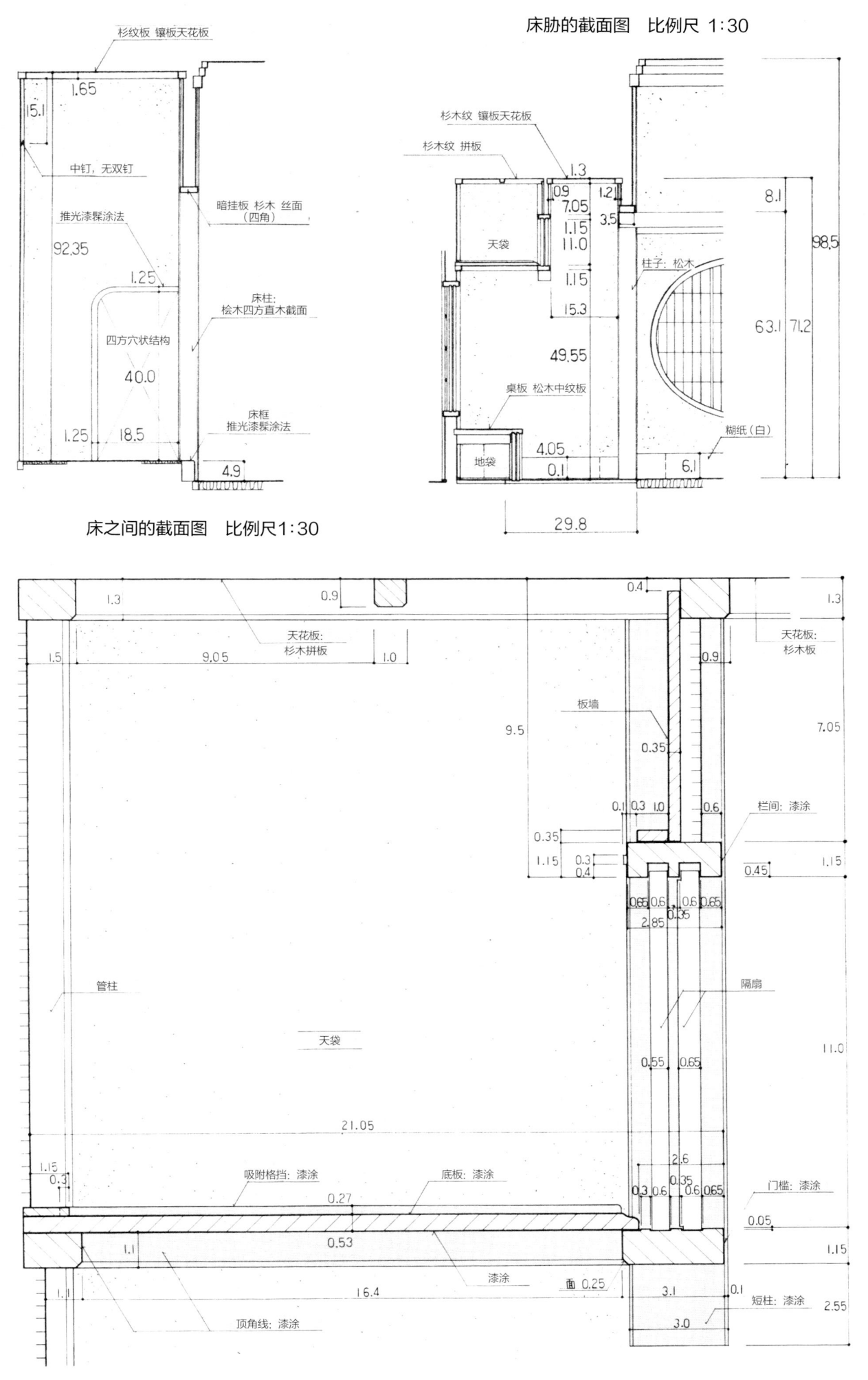

二层西大广间　天袋截面详细图　比例尺 1:4

美浓幸　实测图

一层八叠之间

建造时间 1929年
设计 西象庵
施工 北川工务店

旧馆是1929至1930年间完成的建筑，按照西象庵（1881—1935年）的偏好建造而成。象庵的父亲是摄州三田藩九鬼家的家臣之首。象庵的姐姐冈子嫁给了里千家的圆能斋，象庵则娶了圆能斋的妹妹。并且，象庵师从又妙斋，掌握茶之奥义。象庵是在造园方面也极具才能的茶人。建筑的具体施工由北川工务店负责。

一层的八叠之间是采用了圆柱的茶室座敷。房屋中间设置床之间，床胁靠角落，设有地袋。床之间的结构与千家咄咄斋如出一辙，同时设有平书院和地袋。此处采用了散发着柔和气息的赤松木作为床柱，床框则使用带皮圆木。床胁壁的挖空处理和床胁的竹无目都与咄咄斋一层的八叠之间如出一辙。将床框的固定束尖端从当中切断的手法在美浓幸的座敷中随处可见。

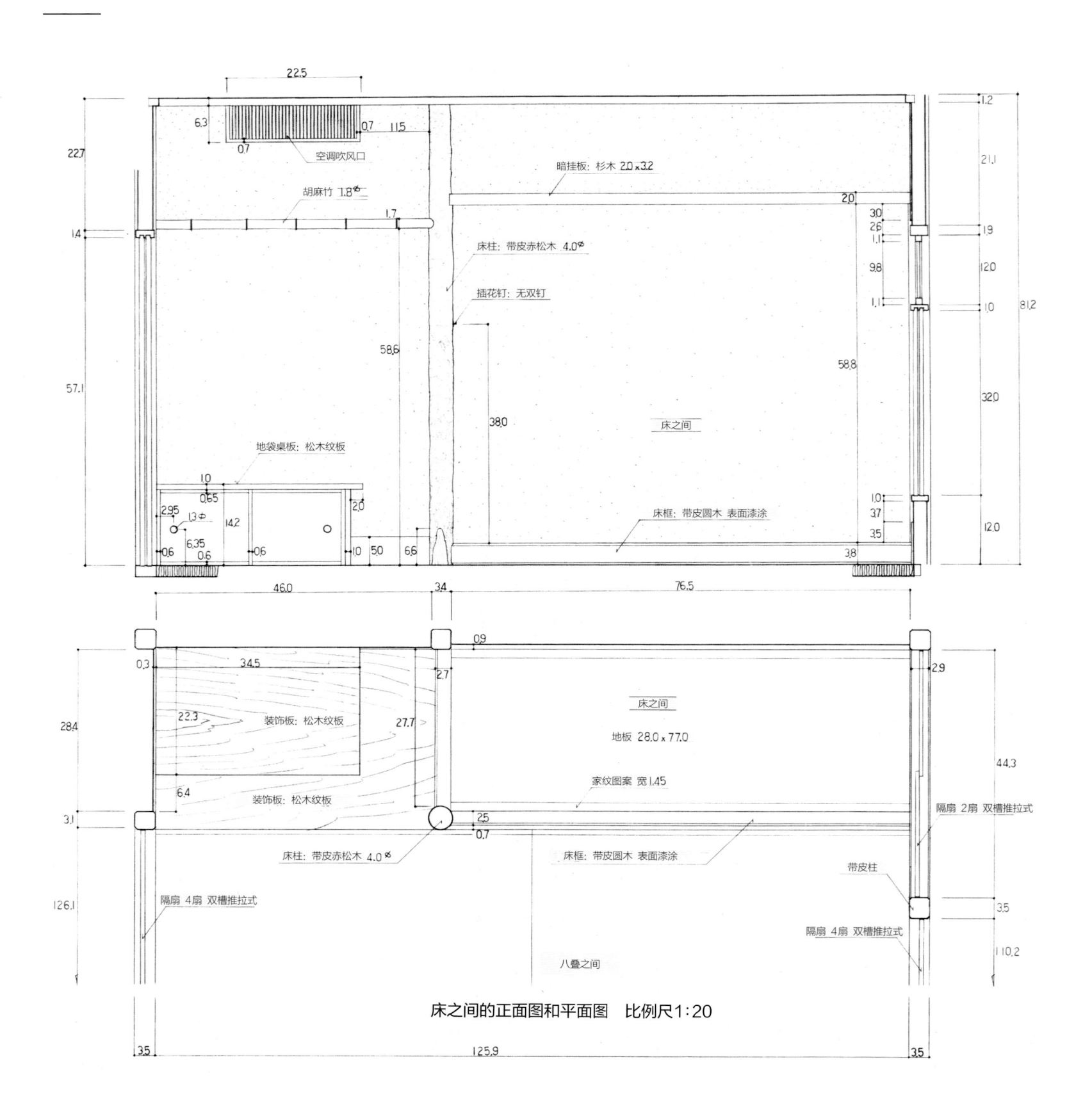

床之间的正面图和平面图　比例尺1:20

美浓幸　实测图

一层八叠之间 床柱和床框 　　一层八叠之间 床柱和落挂 　　一层八叠之间 床胁的地袋 　　一层八叠之间 平书院

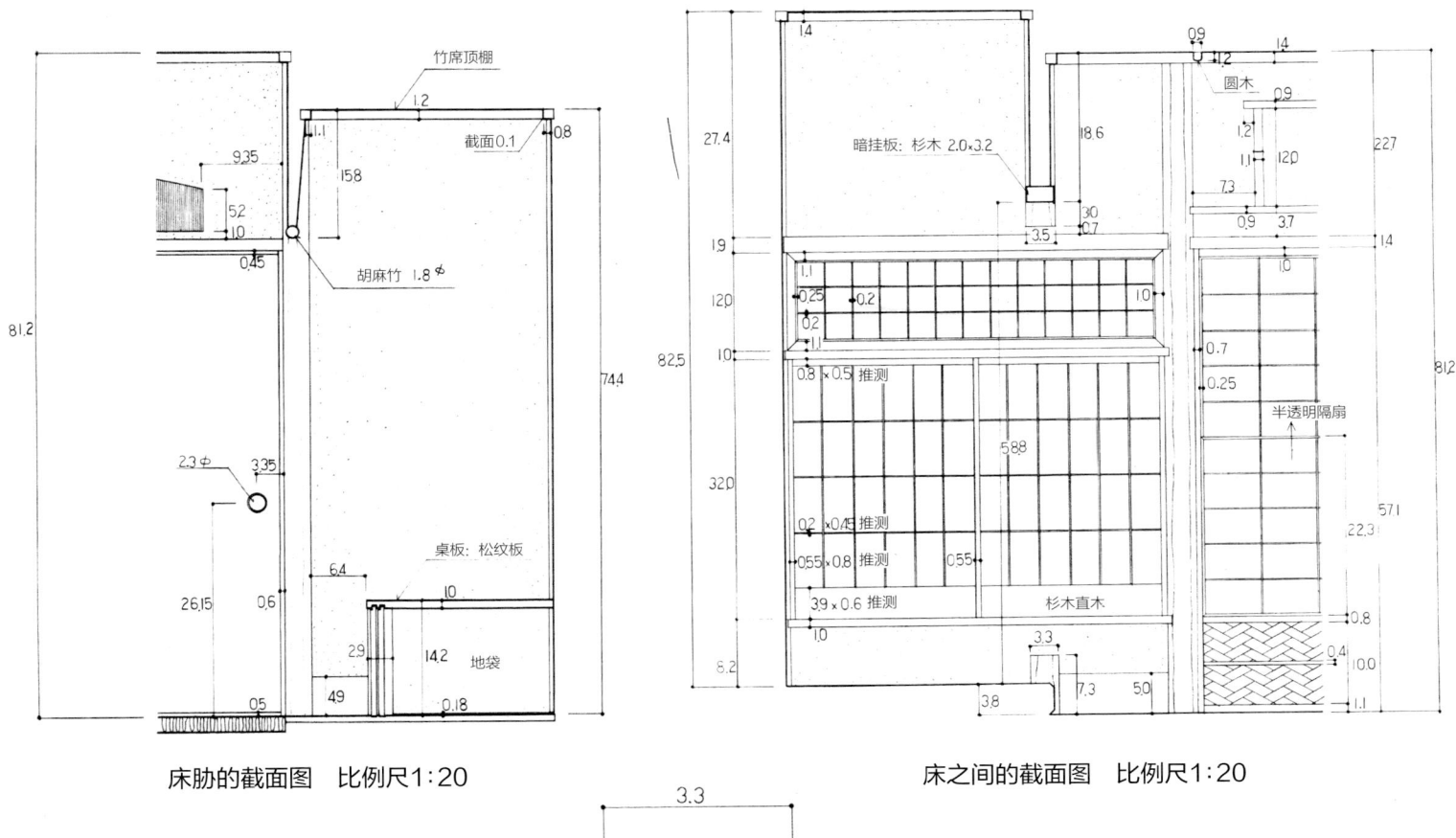

床胁的截面图　比例尺1:20　　　　　　床之间的截面图　比例尺1:20

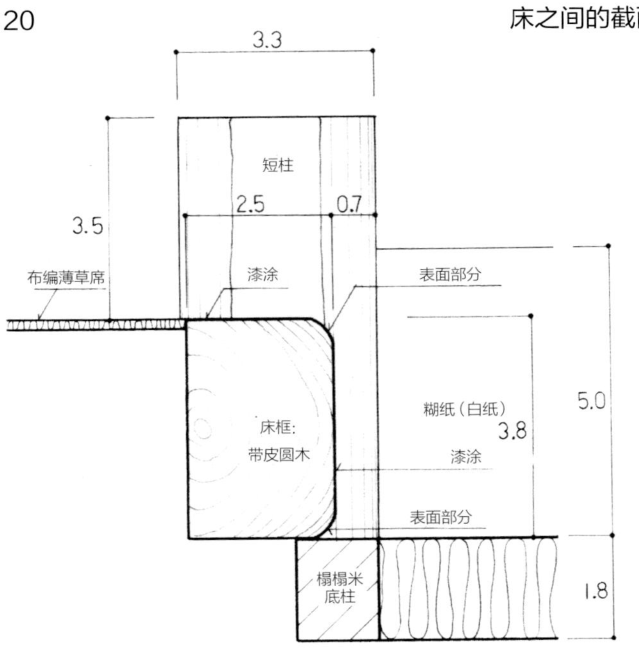

一层八叠之间 床框截面详细图　比例尺 1:3

美浓幸　实测图

法螺贝之间

建造时间 1929年
设计 西桑庵
施工 北川工务店

房间中的床之间左端设有低矮地袋，开有质朴的下地窗。地袋部分有着与众不同的设计，设置了三角前板。设计者还设置了缩小版的琵琶台，对窗进行了组合设计，打造出了变形版书院的视觉效果。总之，通过这样的设计，床之间的空间看上去感觉变宽了。

这间座敷整体采用圆木较多，并设置有长押。床柱也采用了散发柔和气息的圆木，表面带皮。床柱搭配清爽的赤松木床框。床框上端采用了溜涂手法。

长押的位置在床柱的中央。长押的木口切面看上去相当宽。落挂和鸭居与床柱相交，整体显得十分协调。

法螺贝之间 墨迹窗　　法螺贝之间 床框和地板

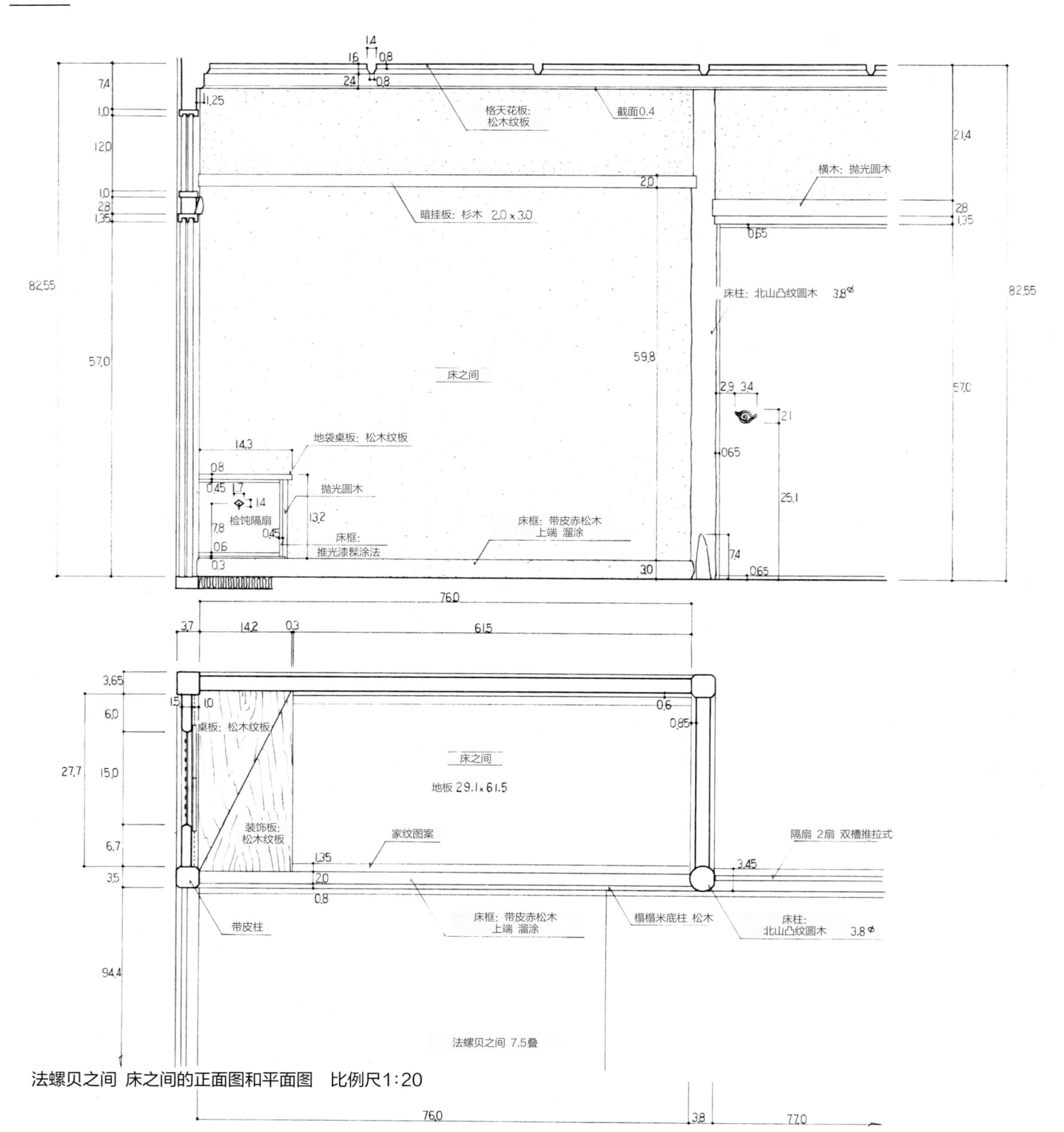

法螺贝之间　床之间的正面图和平面图　比例尺1:20

美浓幸　实测图

床之间下地窗详细图　比例尺1:4

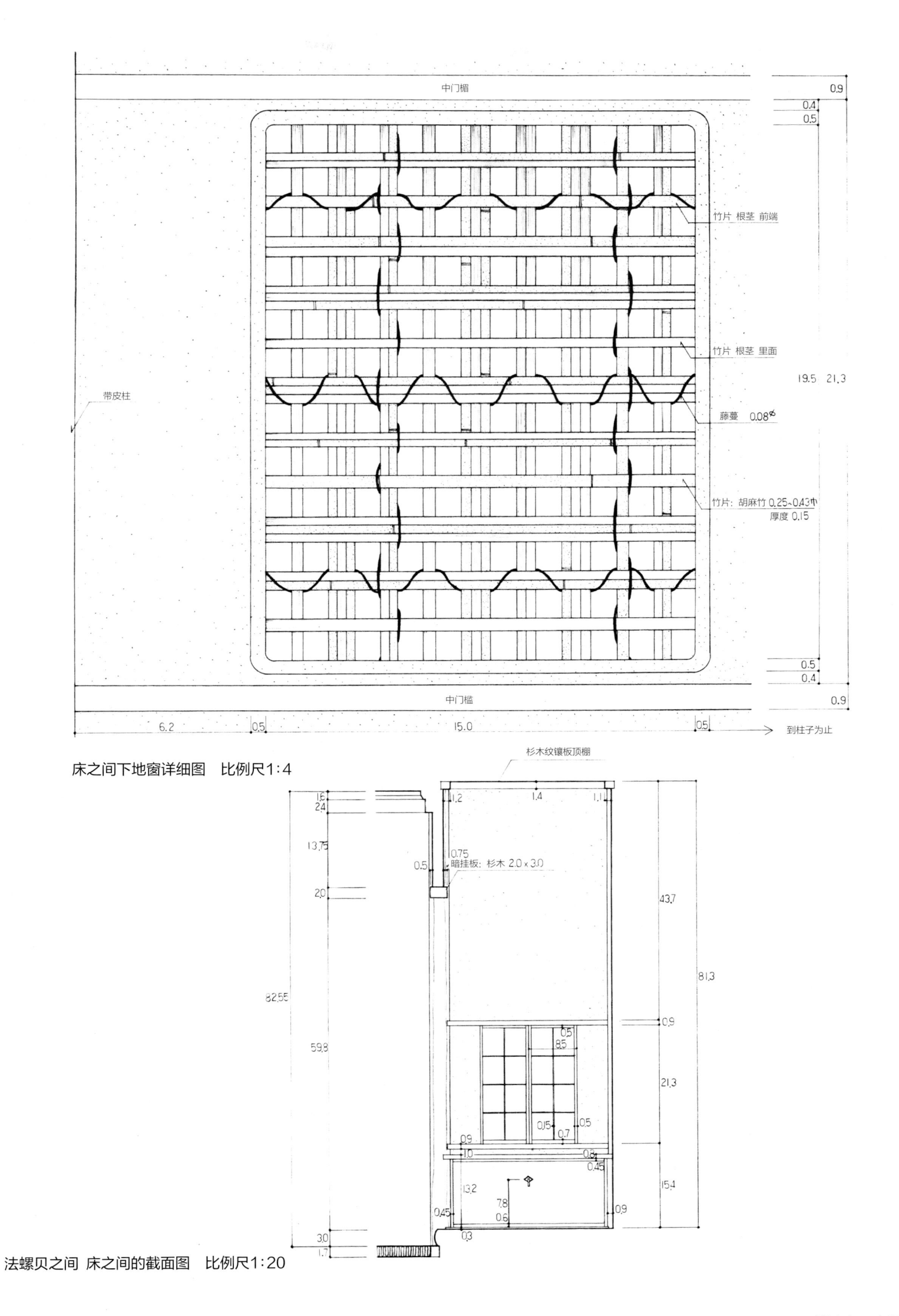

法螺贝之间 床之间的截面图　比例尺1:20

美浓幸　实测图

瓢箪之间

建造时间 1929年
设计 西象庵
施工 北川工务店

本节中的座敷是采用了圆木柱的4.5叠的座敷。座敷中设置有床之间和床胁。六角栗木进行了斧头抛光，稍稍翘曲。小壁左右各留一尺二寸（1尺≈33厘米，1寸≈3厘米）有余，设计了一寸七分左右的空隙，使小壁看上去更加轻盈。床胁上方的小壁同样没有设壁留。里千家无色轩在壁留处采用了翘曲的栗木，但是没有在壁留和鸭居之间留空隙。

床胁也采用了比较罕见的设计手法，选择了设置袋棚（茶橱）。隔扇上贴着和纸，纹样是凤凰唐草。妻板（房屋侧面的木板）中央有一个瓢形的挖空。

瓢箪之间 落挂和小壁

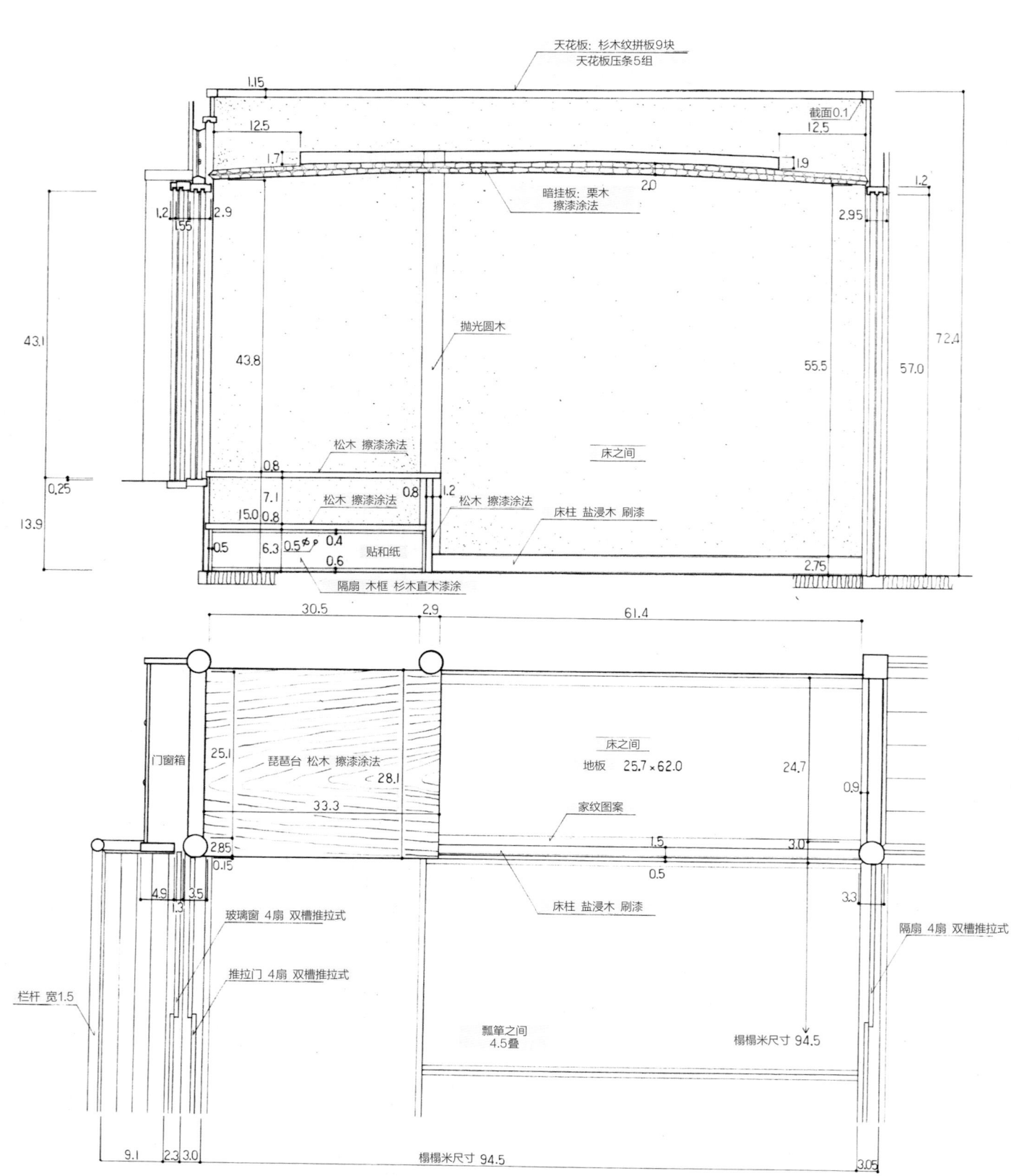

瓢箪之间 床之间的正面图和平面图 比例尺1:20

美浓幸 实测图

瓢箪之间 床胁处的妻板挖空 　　　瓢箪之间 棚 　　　瓢箪之间 床胁的网代天花板

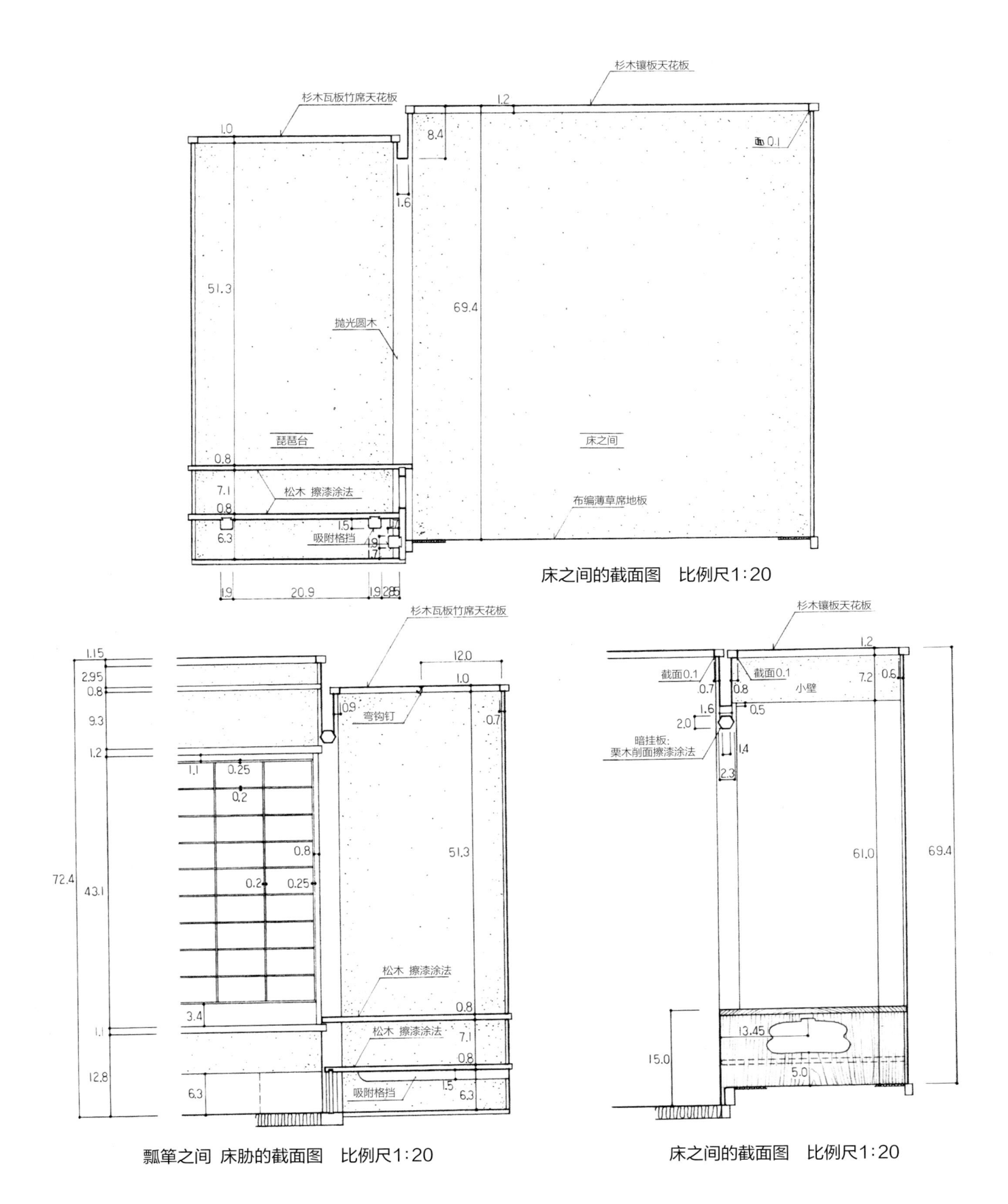

床之间的截面图　比例尺 1:20

瓢箪之间 床胁的截面图　比例尺 1:20　　　床之间的截面图　比例尺 1:20

美浓幸　实测图

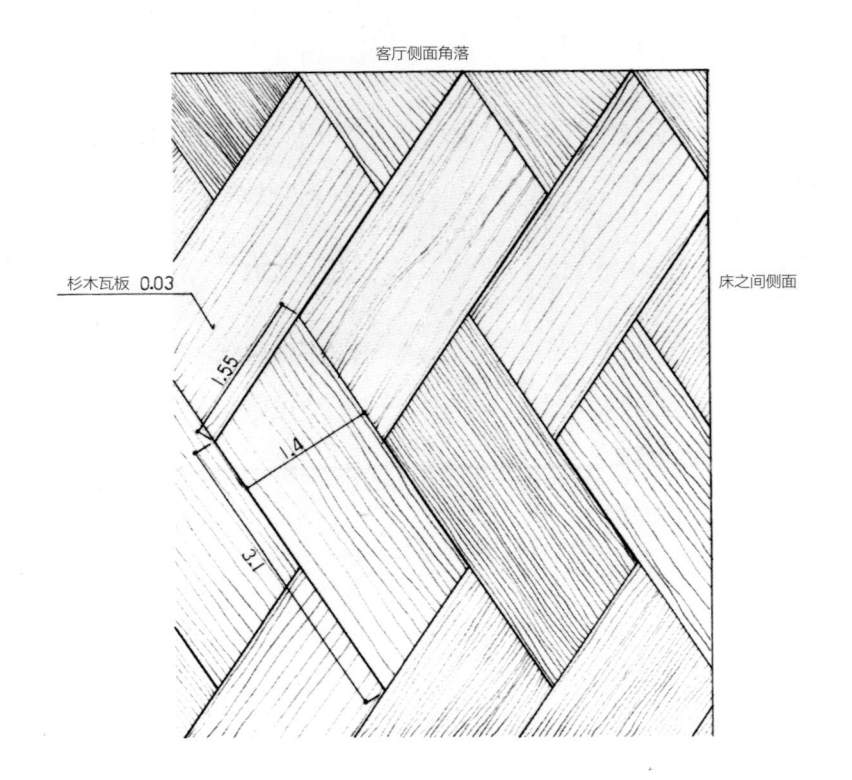

日本建筑集成　床之间的意匠　70

床胁天花板详细图　比例尺1:2

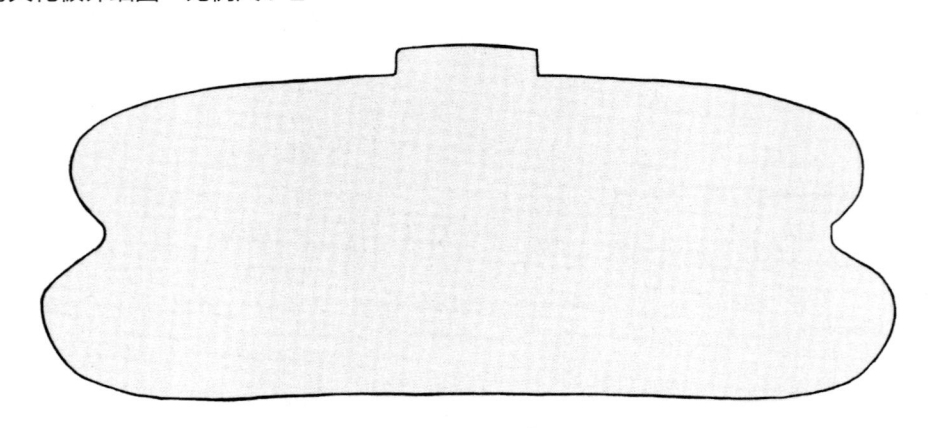

床胁妻板挖空处图　比例尺1:3

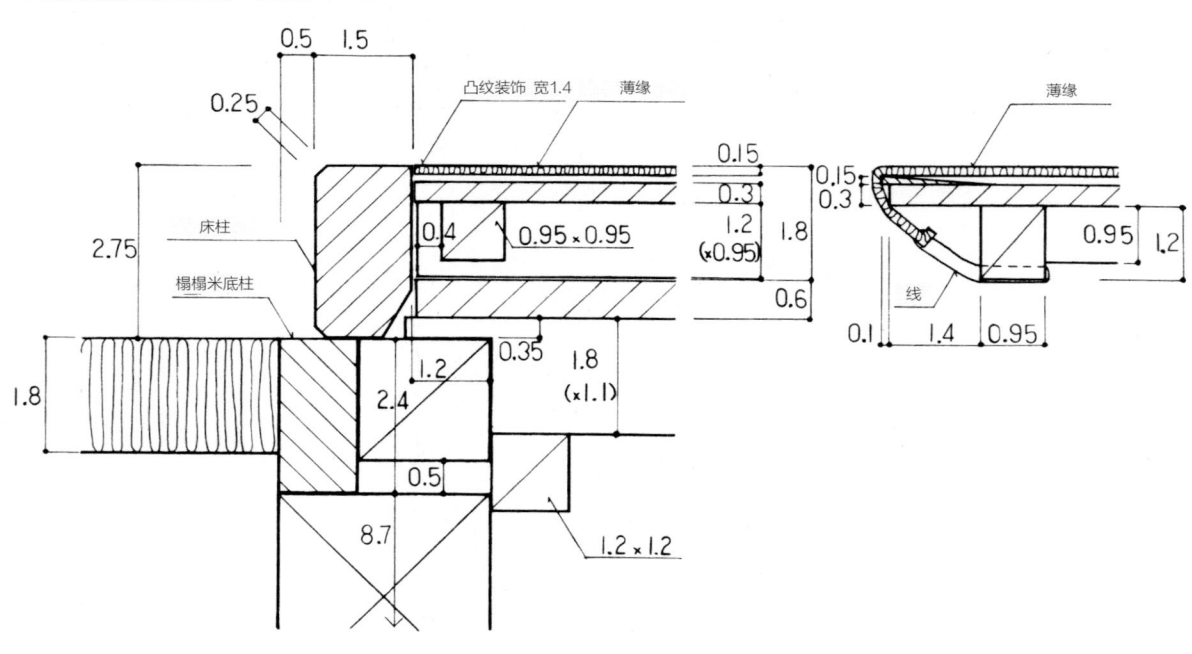

瓢箪之间　床框和薄缘（镶边榻榻米）截面详细图　比例尺1:3

美浓幸　实测图

旧广间

建造时间 1929年
设计 西泉庵
施工 北川工务店

本节介绍的是使用了圆木柱的座敷。床之间和床胁占用了同样的空间，床柱位置靠后。床柱为抛光圆木（去除树皮后，用细砂石进行打磨、水洗，使其表面展现独特的美丽光泽）。床框整体涂漆，表面涂红漆，将直角处进行圆滑处理，以床柱固定。床之间与床胁的交界处为墙壁，设有桌板。床之间的右侧空间稍有扩大，将落挂和床框的固定束从中切断，卷轴形的下地窗尺寸较大。与其说它是墨迹窗，不如说是用平书院来代替下地窗。

茶室

建造时间 1929年
设计 西泉庵
施工 北川工务店

该茶室为6叠大小，右侧邻接的走廊设有水屋，供茶室使用。中央处立有床柱，将床之间和床胁分隔在两侧。床柱散发着侘寂气息，采用纯朴的赤松木。床框采用了整洁的抛光圆木，所有材料都与茶道精神相映衬。通过落挂，左边立有方立（门两侧立起来的细长板子），设有袖壁，既有袋床之间（设有落挂和袖墙的洞床之间）的感觉，又保持了茶室床之间的格调。建造者对面付方立（门两侧立起来的细长板子）的喜爱溢于言表，到处都用了面付方立。袖壁如果按照普通做法，采用下地窗就好了，但此处做成了月牙形。不管这与茶室是否相称，总归是个人的偏好吧。床胁壁的卷轴形下地窗无疑也占用了一定的空间。这种床之间的结构保证了该茶室的端庄风格。

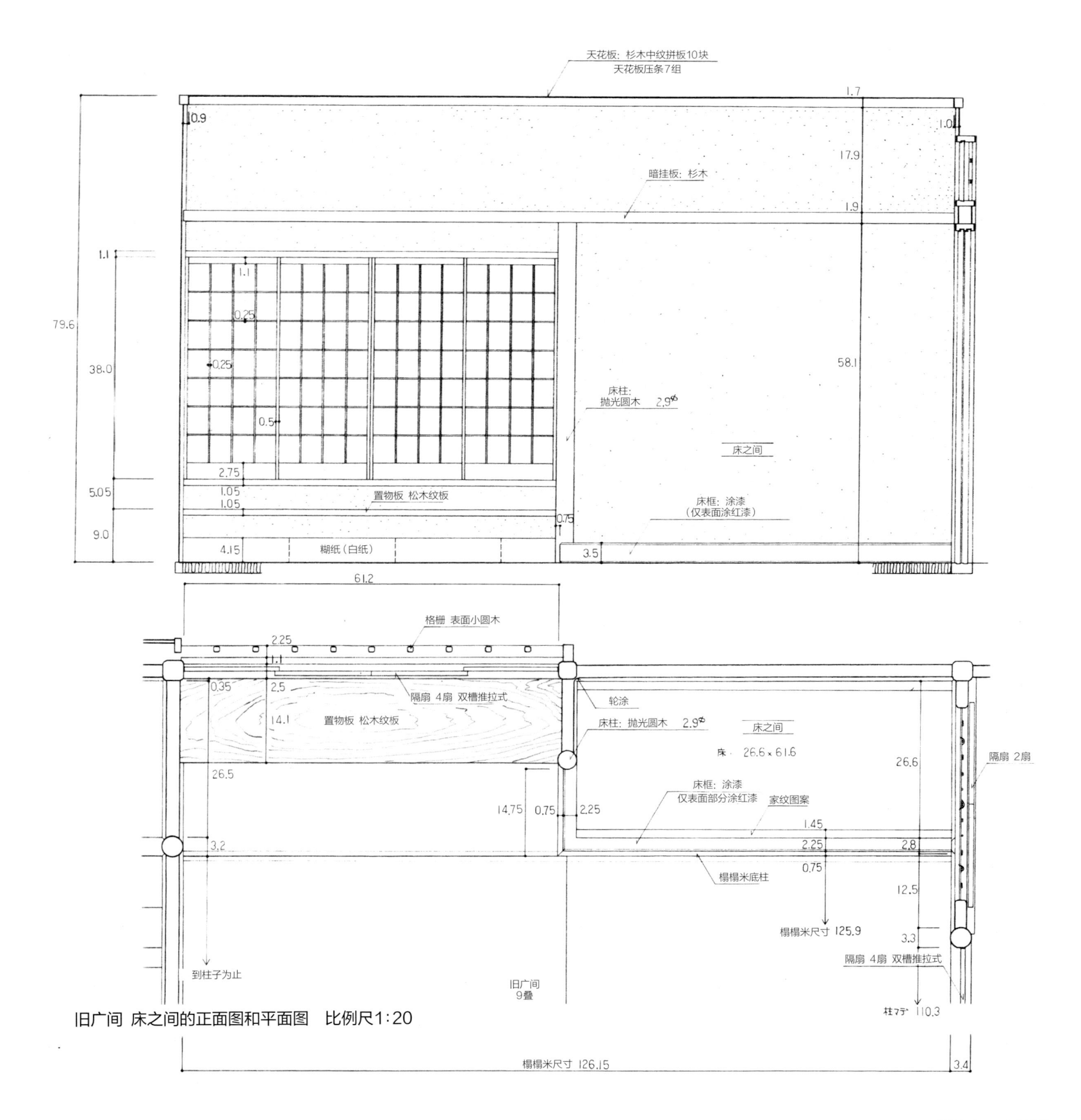

旧广间 床之间的正面图和平面图 比例尺1:20

美浓幸 实测图

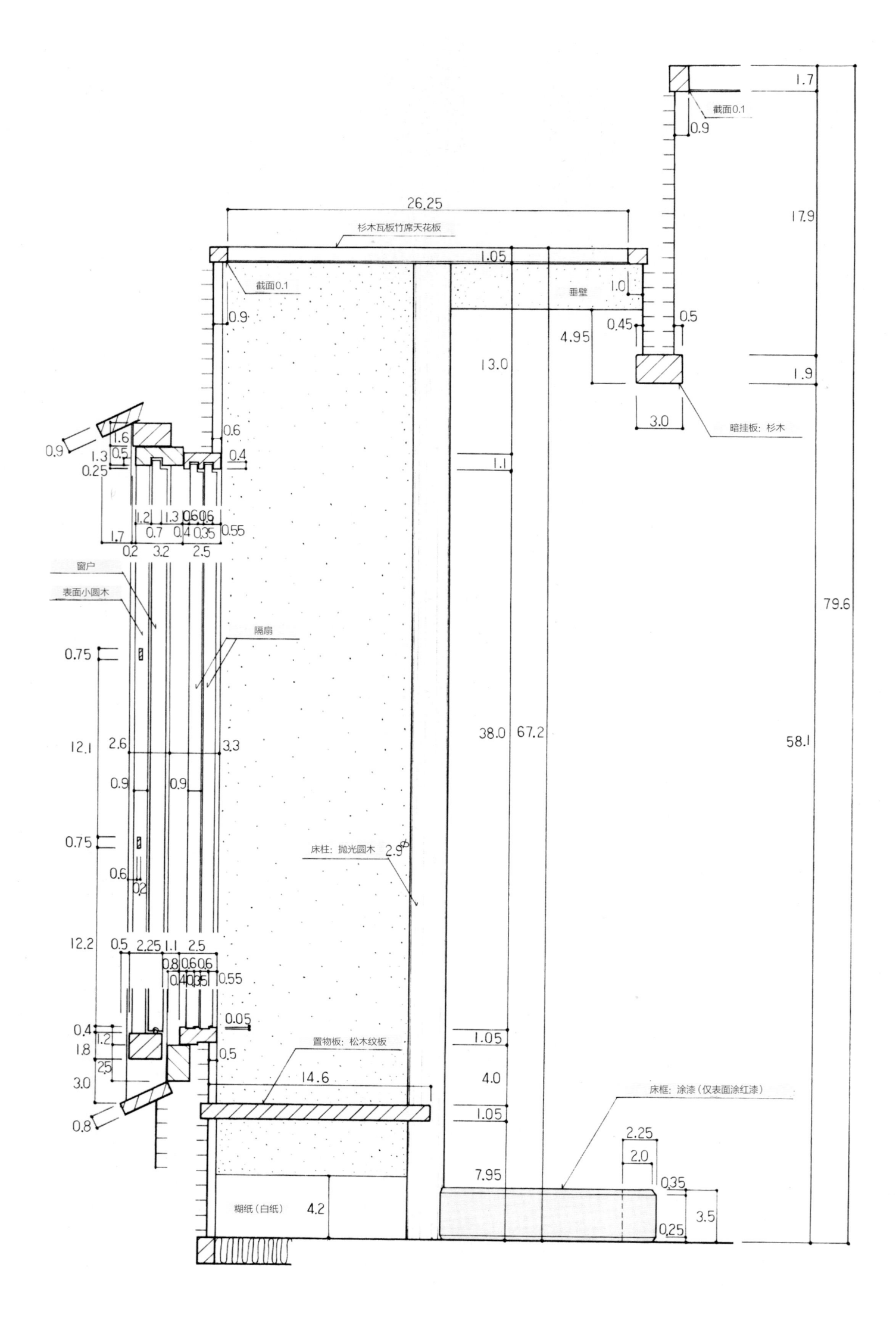

旧广间 床胁截面详细图 比例尺 1:8

美浓幸 实测图

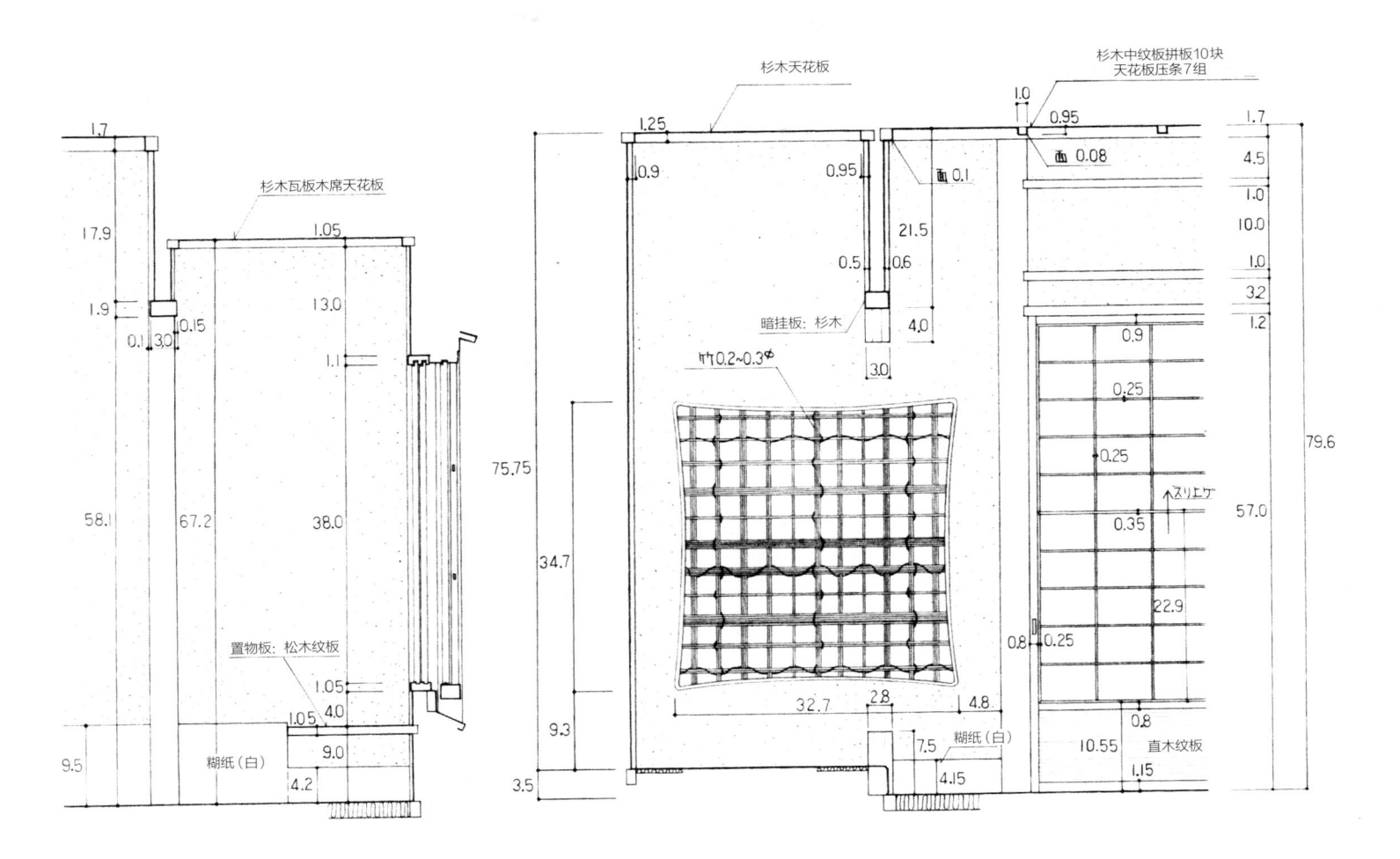

旧广间 床胁的截面图　比例尺1:20　　　　旧广间 床之间的截面图　比例尺1:20

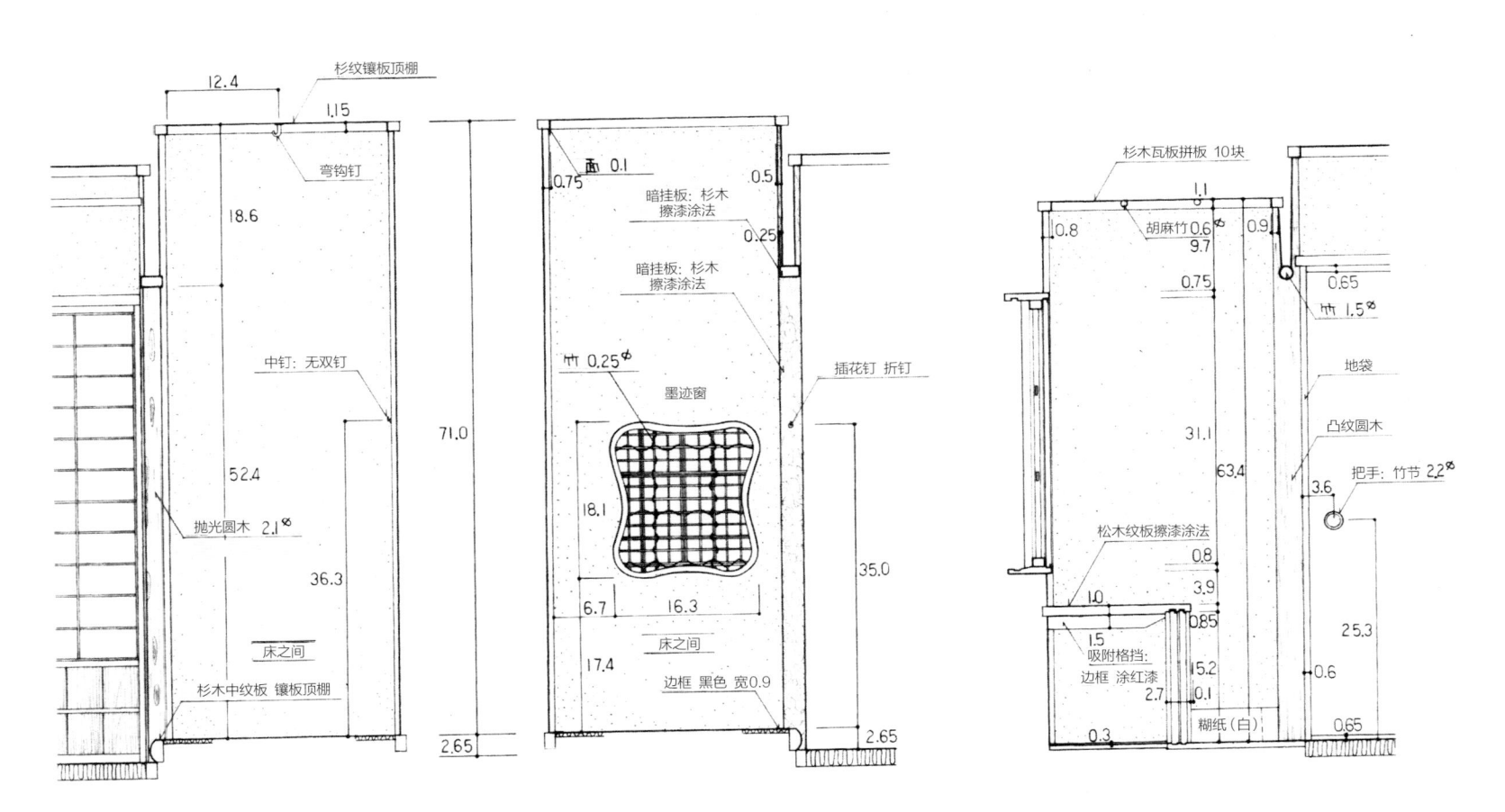

茶室 床之间的截面图　比例尺1:20　　　　茶室 床胁的截面图　比例尺1:20

美浓幸　实测图

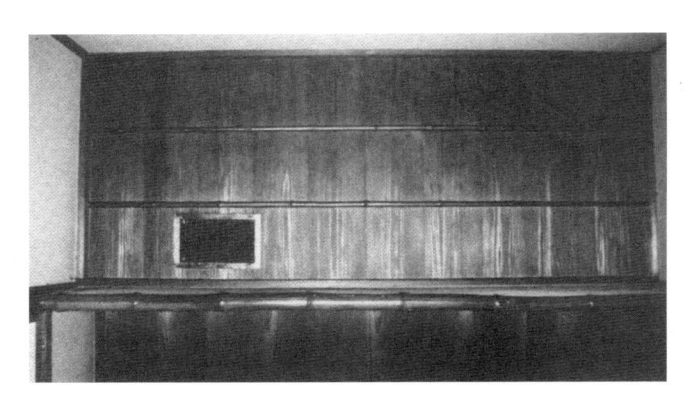

日本建筑集成　床之间的意匠　　74

茶室　床胁的天花板

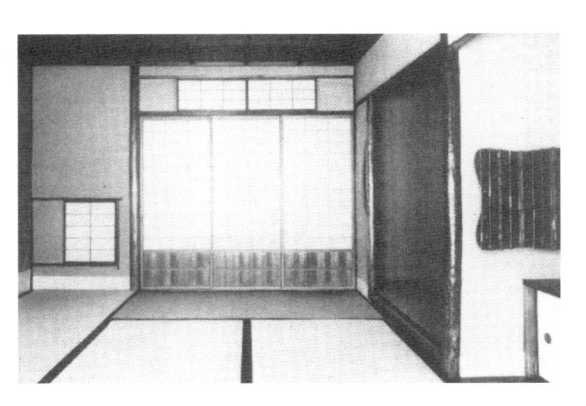

茶室内部

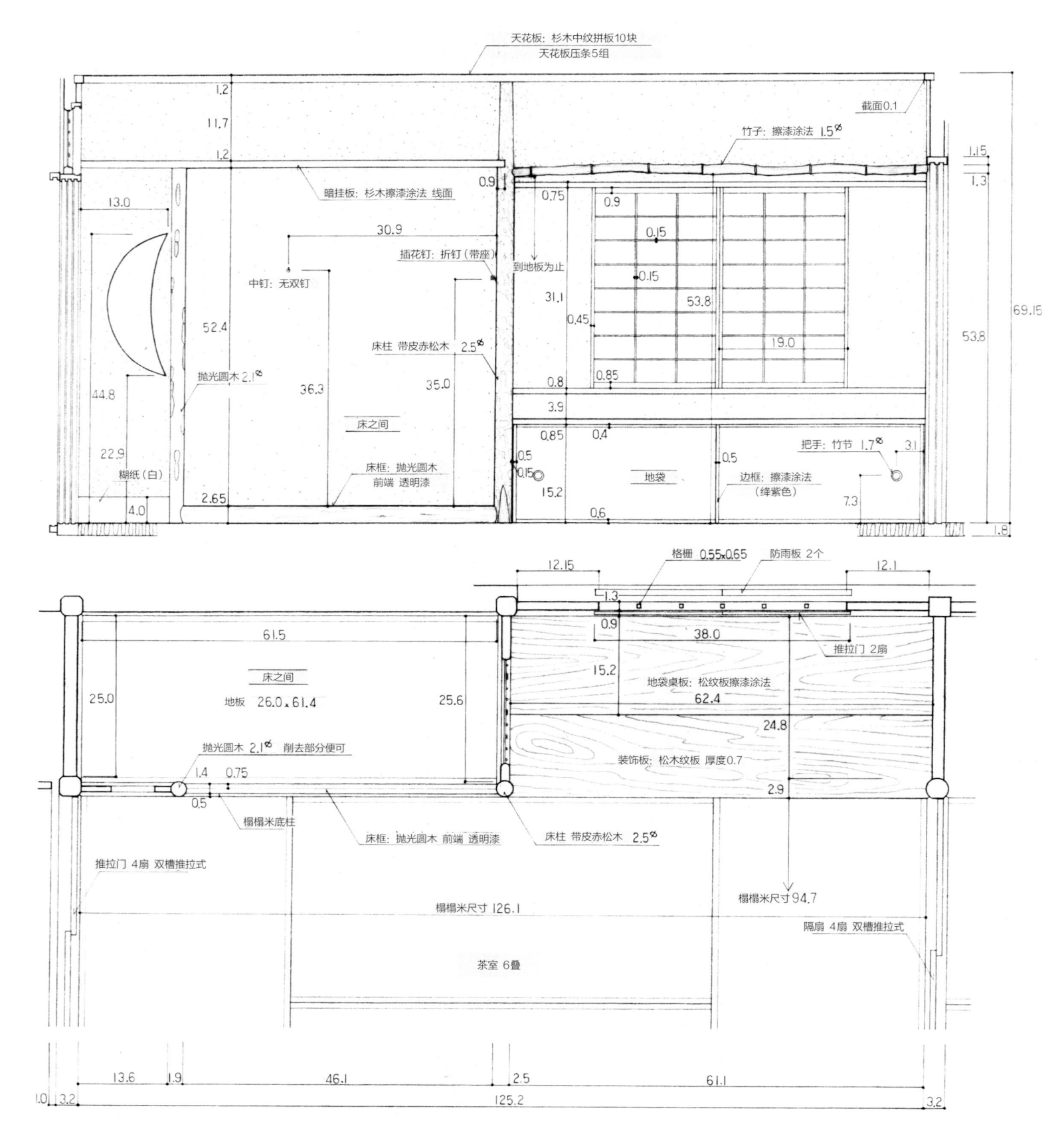

茶室　床之间的正面图和平面图　比例尺1:20

美浓幸　实测图

富士之间

所有者 佐藤年
所在地 京都市中京区
建造时间 明治初期
设计 不明
施工 不明

俵屋

富士之间 壁留

　本节的主题是已经运营了三百余年的位于中京区的闲适风格旅馆的座敷。座敷内设有长押。房间中央位置立有床柱，书院采用了平书院。床柱为赤松木，床胁的无目采用了竹。从长押上可以看出建造者对床之间格局的细腻心思。无目竹的中央位置稍微翘曲，尖端在落挂的下端，右侧固定在长押的中间位置。

　床胁采用了地袋、一重棚、天袋的组合结构。地袋的敷居下方加入了蹴入板（蹴入式床之间铺设的板），并嵌入妻板。

　平书院宽为一间，但是长押没有用落挂的钓束（悬挂的支柱）固定，一直延伸到里侧。虽然使用钓束固定的做法很普遍，但是如果有长押的话，充分利用付书院进行固定的手法可以使结构更加稳固。

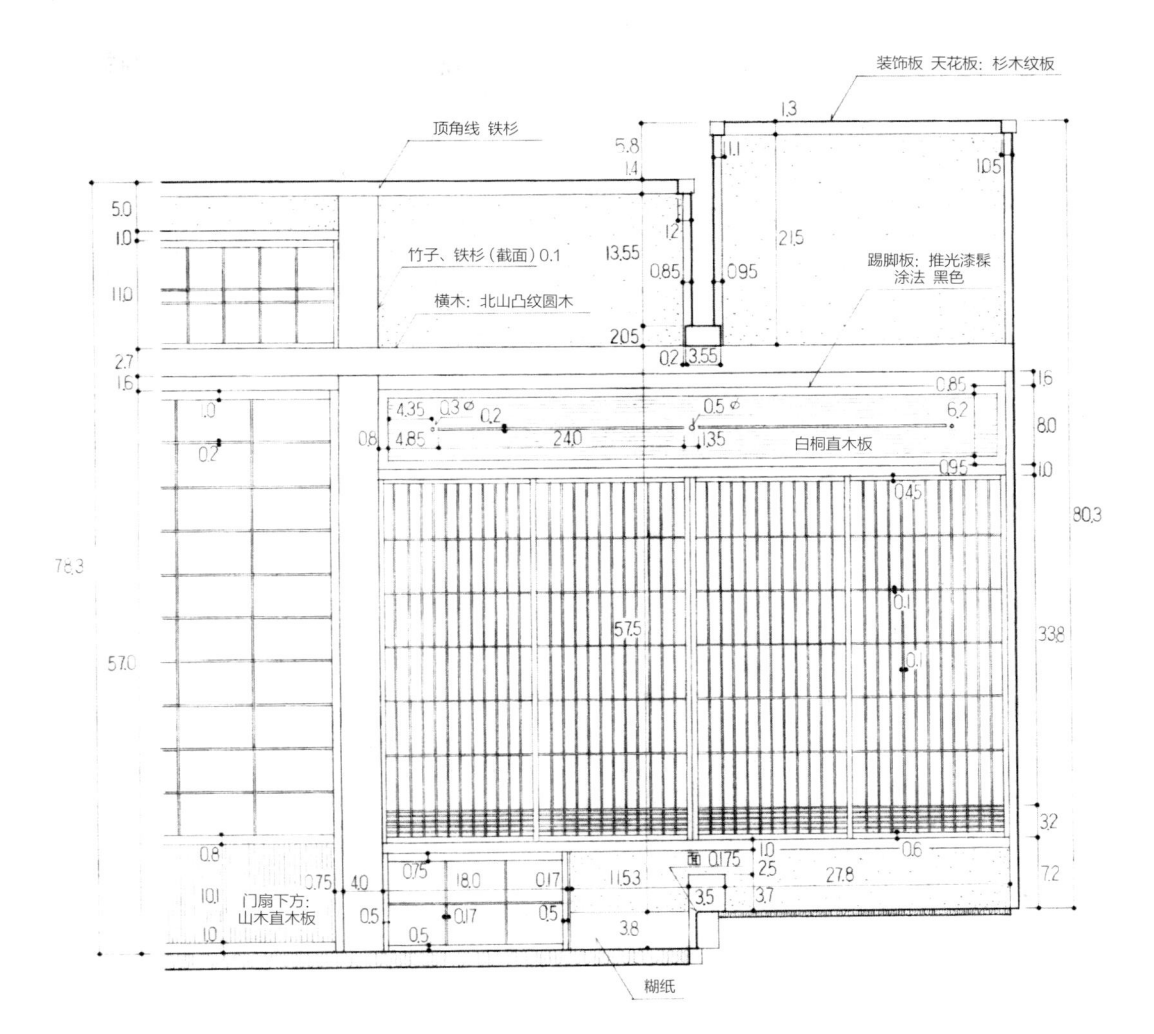

床之间的截面图　比例尺1:20

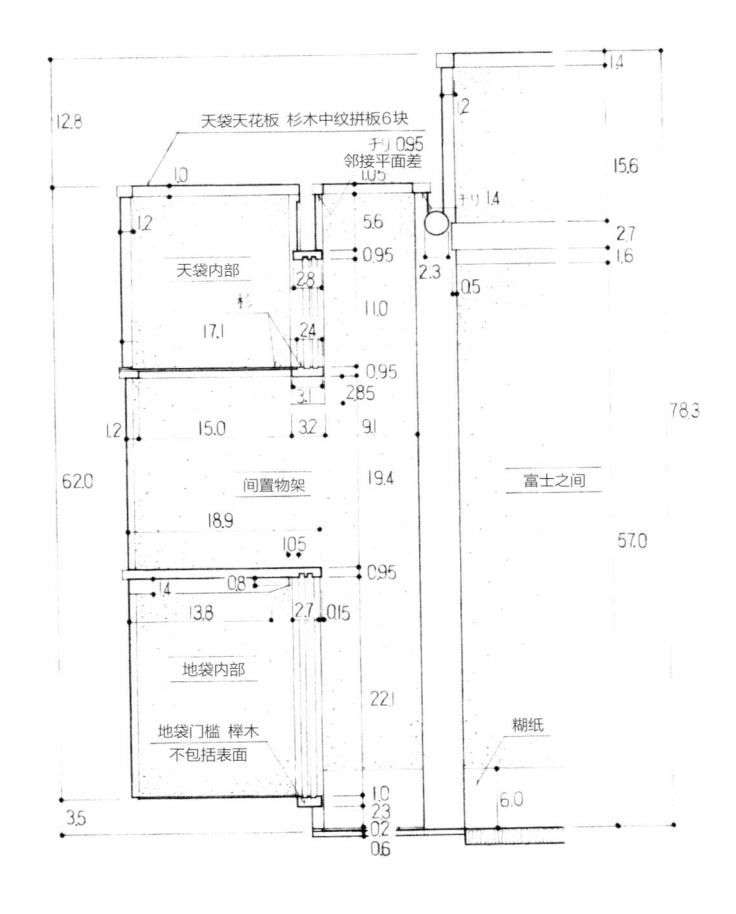

富士之间　床胁的截面图　比例尺1:20

俵屋　实测图

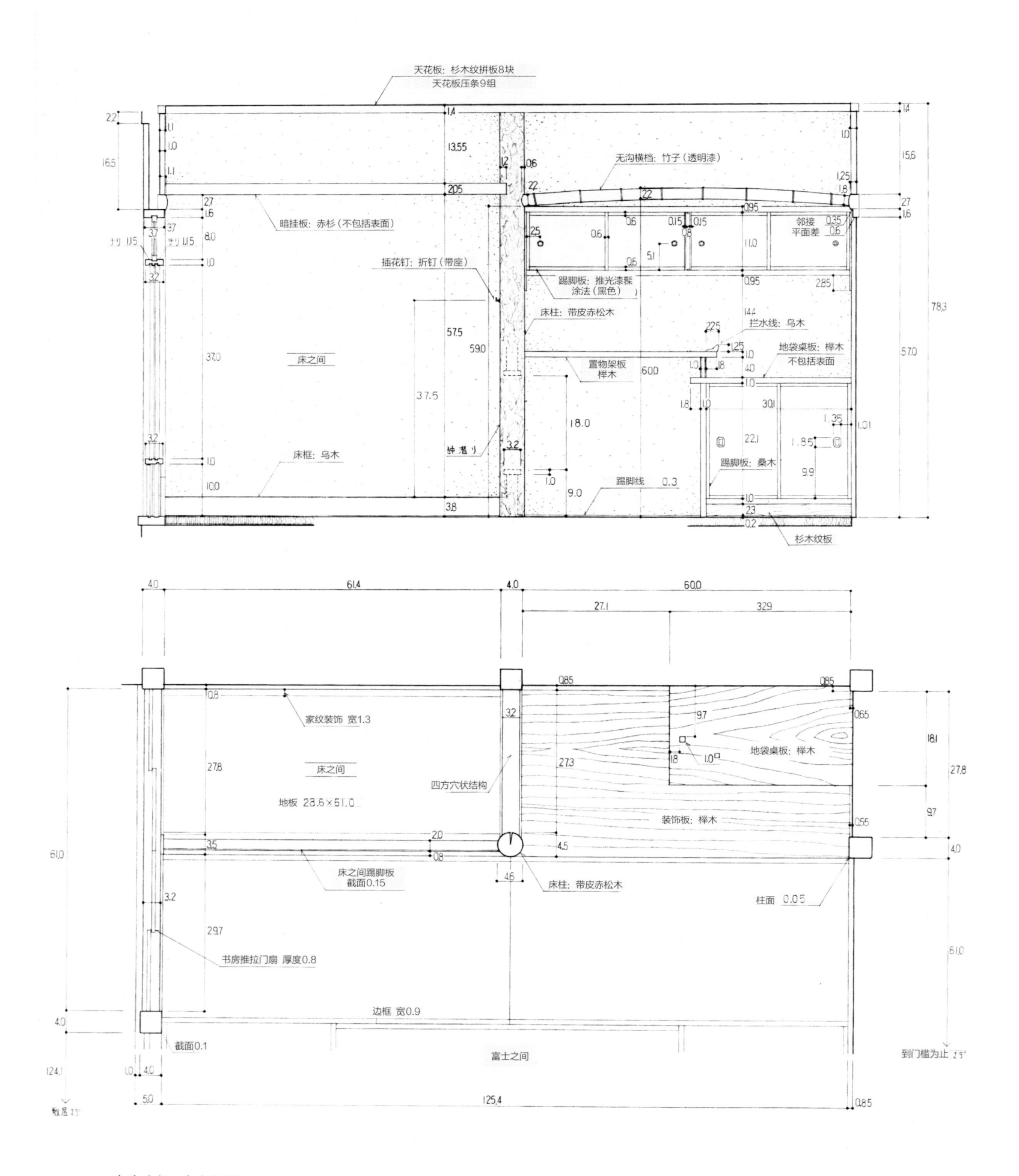

富士之间 床之间的正面图和平面图　比例尺1:20

俵屋　实测图

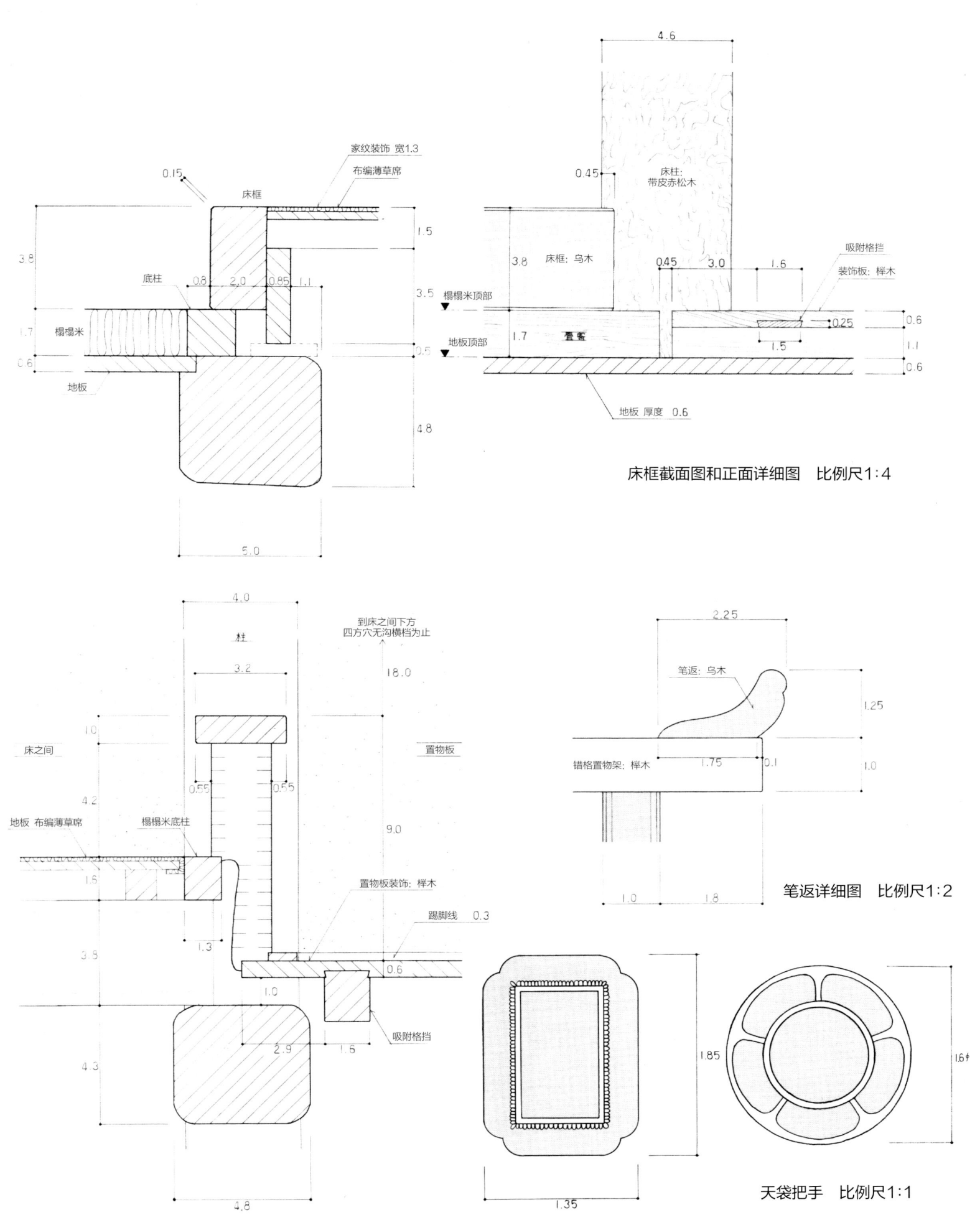

床框截面图和正面详细图　比例尺1:4

富士之间 狆潜下部截面详细图　比例尺1:4

笔返详细图　比例尺1:2

地袋把手　比例尺1:1

天袋把手　比例尺1:1

『四叠半』

所有者 高桥英一
所在地 京都市左京区

建造时间 大正初期
设计 不明
施工 不明

瓢亭

"四叠半"是建于池庭（有水池的日本庭园样式）北侧的、独立的座敷建筑。该座敷采用了化妆屋根里天花板，完全不同于通常手法，就连柱子都以档圆木（圆木上有凹凸的节点或是呈现略微扭曲的形态，有一种美而有力的感觉）为主，丝毫不显矫揉造作。在这种氛围之中，设计者选择了在墙面上钉入挂物钉，当作床之间来使用。皮付材料的桁（横木）看上去与"一力"茶室中的织部风格床之间的竹的作用相同。所有的细节都透露着巧妙。与入隅处风格不同的袋棚十分有特色。在壁床之间（没有进深的床之间）的格局中采用这种袋棚的手法是很罕见的。床之间中，81条竹排列成半圆形，正面中央搭配了涂红的火灯缘。火灯轮廓采用了整体稳定的曲线，避免给人带来尖锐感。棚的下部设有横框，只有壁付一侧设置了支架，整体彰显细腻的匠心。柱子上没有钉花钉，在棚中摆放花瓶也确实符合此处的风格。

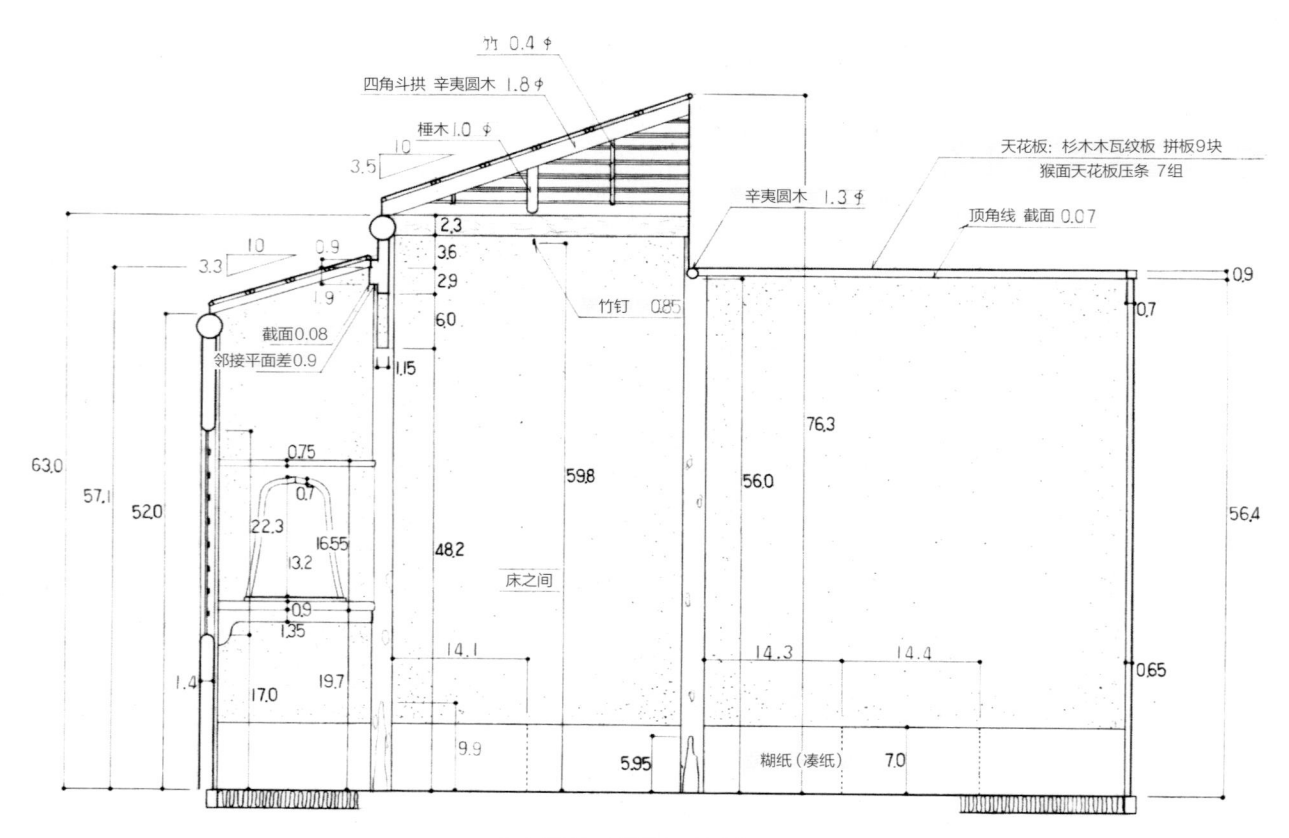

床之间的正面图　比例尺1:20

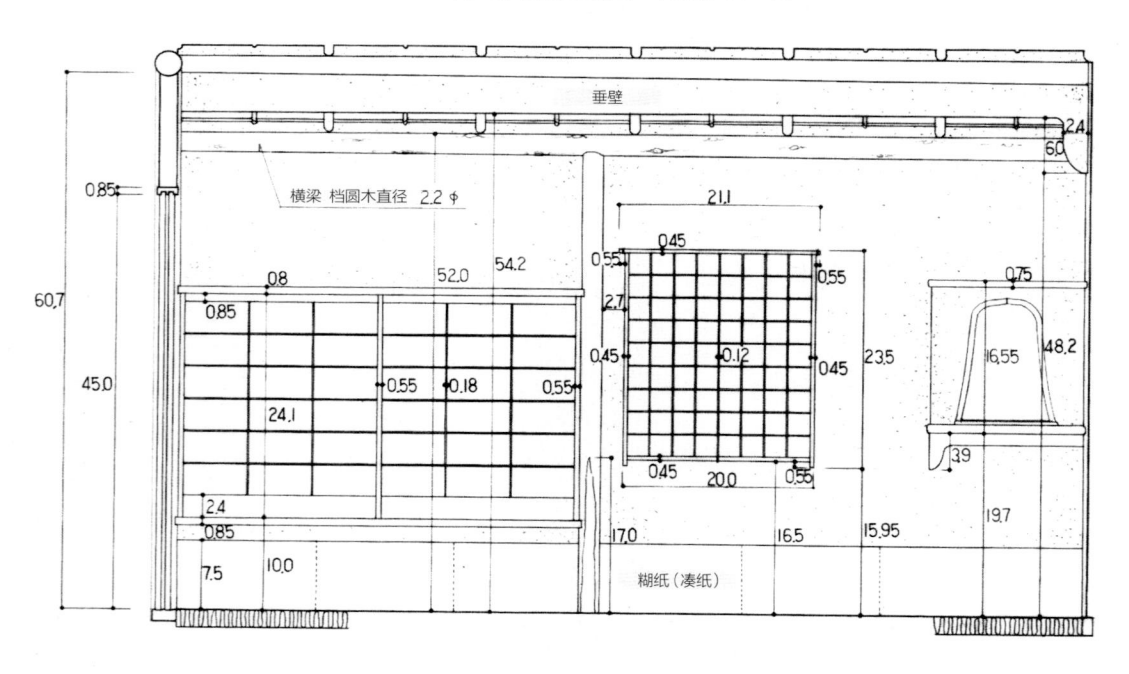

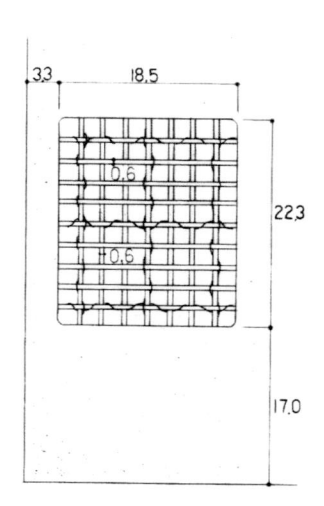

"四叠半"床之间的截面图　比例尺1:20

瓢亭　实测图

"四叠半"床框　　　　　　　　　"四叠半"袋棚　　　　　　　　　"四叠半"小壁的涂回（将尖角做圆滑处理）

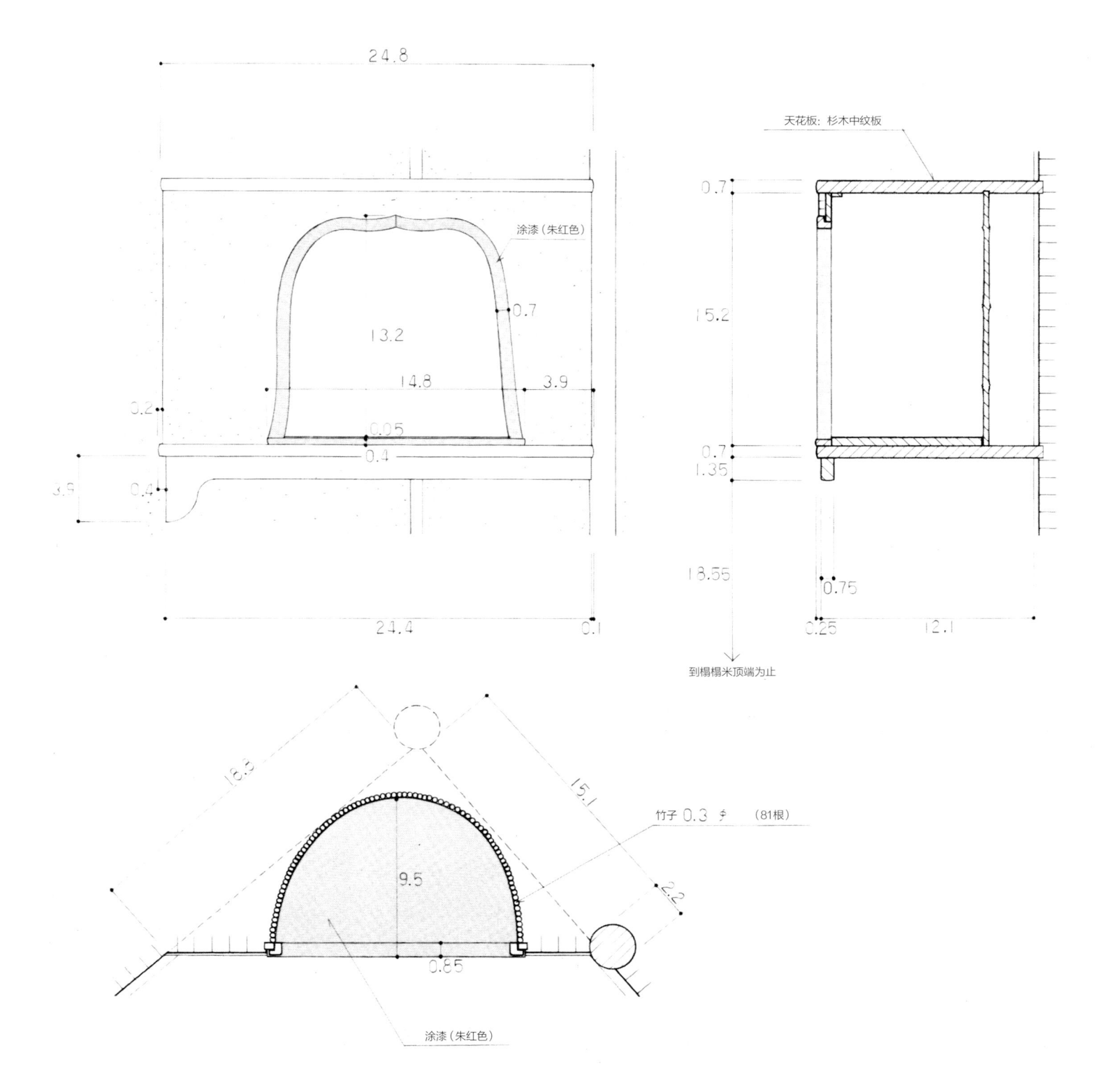

"四叠半"袋棚详细图　比例尺1:8

瓢亭　实测图

主座敷控间

本节介绍的主座敷控间是建于池南畔的乡野村舍风格的座敷。

织部板中加入了纤细的皮付柱，床之间的结构简单，竹编天花板洋溢着村野气息，整体格局与该座敷相得益彰。因为右边设了出入口，所以左边入隅处立有杨子柱，柱上钉花钉的手法应该是临时想到的。床之间的整体造型充满了自由的茶趣意境。

施工 不明
设计 不明
迁筑年份 明治末期

主座敷控间 床之间和窗

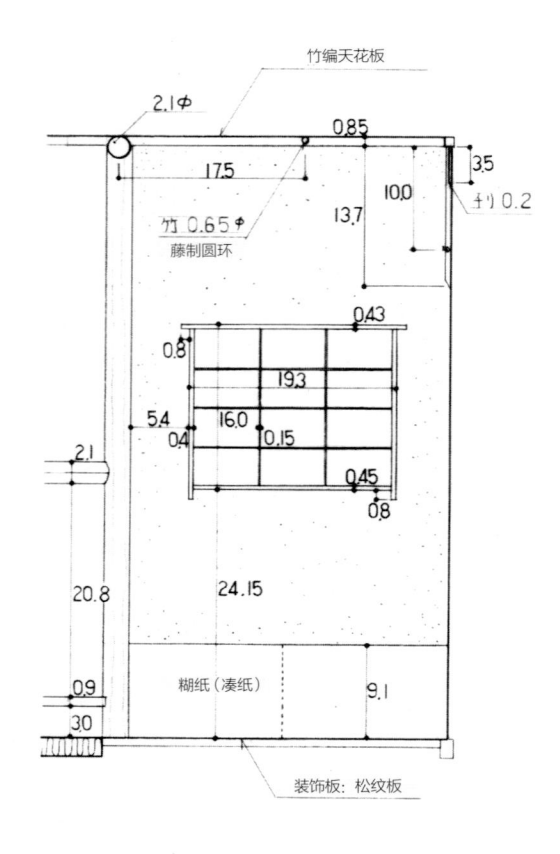

床之间的截面图　比例尺1:20

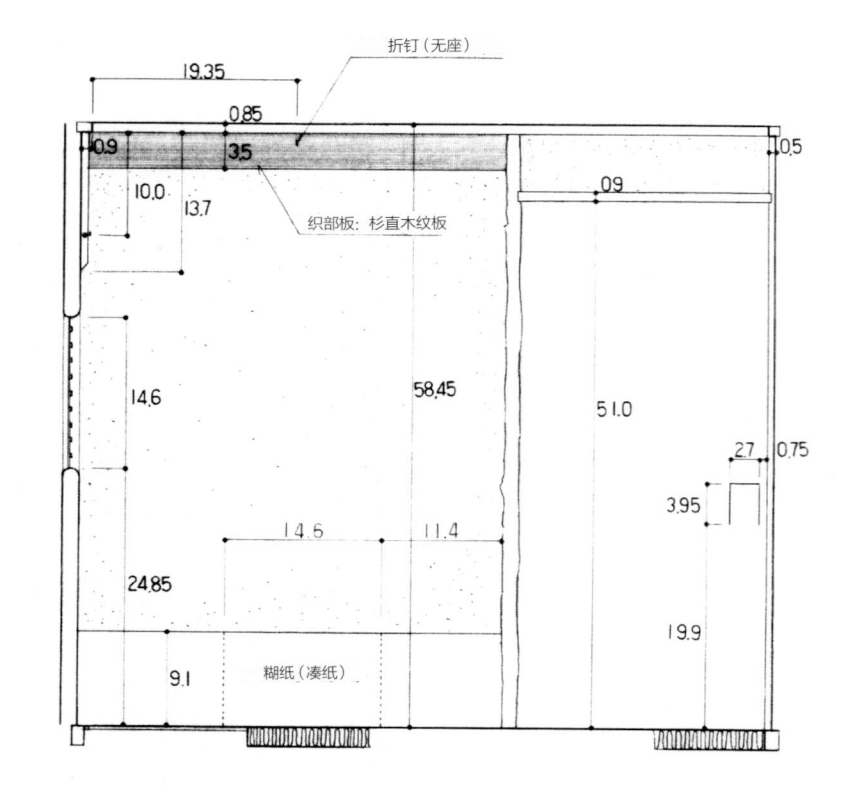

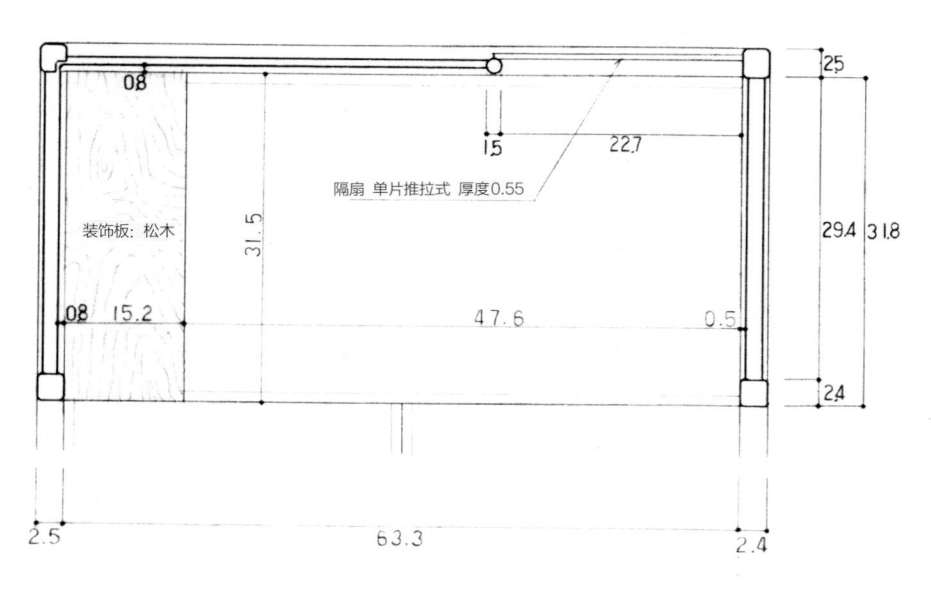

主座敷控间 床之间的正面图和平面图　比例尺1:20

瓢亭　实测图

主座敷控间 杨子柱和柳钉

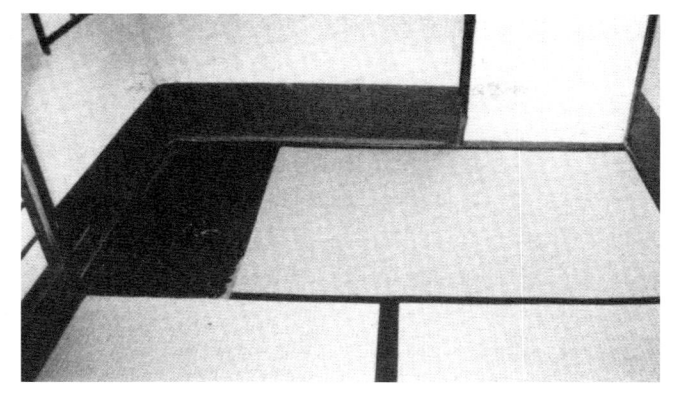

主座敷控间 床之间地板

主座敷控间 床胁的下地窗

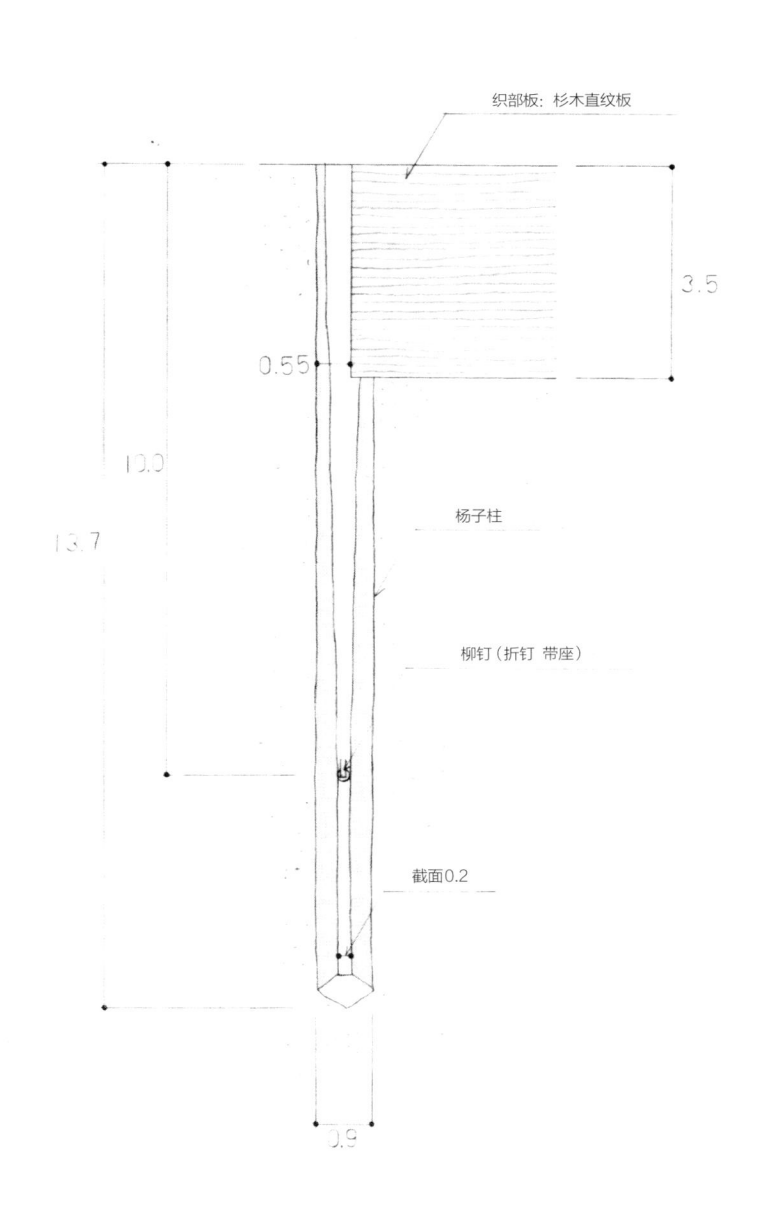

织部板：杉木直纹板

杨子柱

柳钉（折钉 带座）

截面0.2

主座敷控间 杨子柱详细图　比例尺1:3

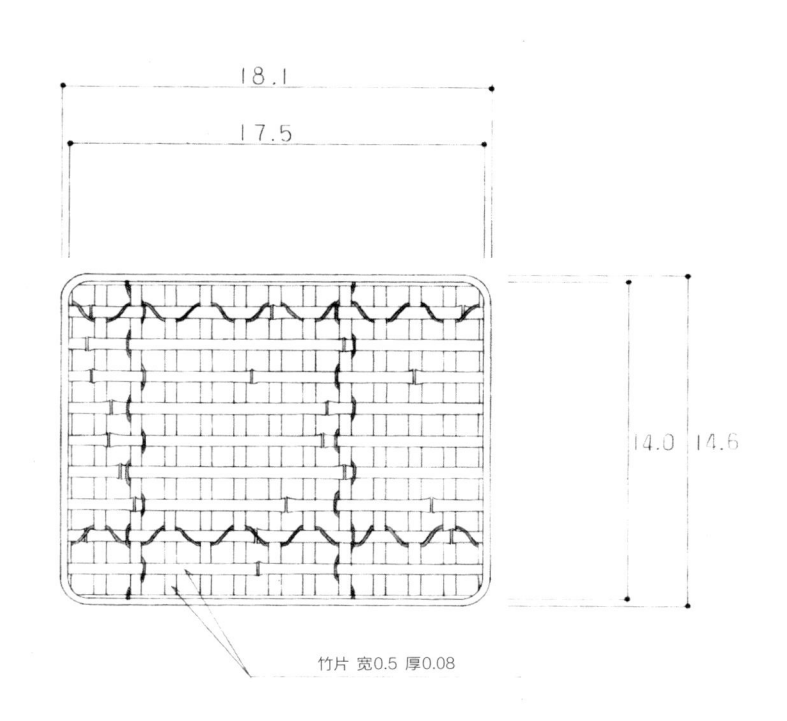

竹片 宽0.5 厚0.08

床胁下地窗详细图　比例尺1:8

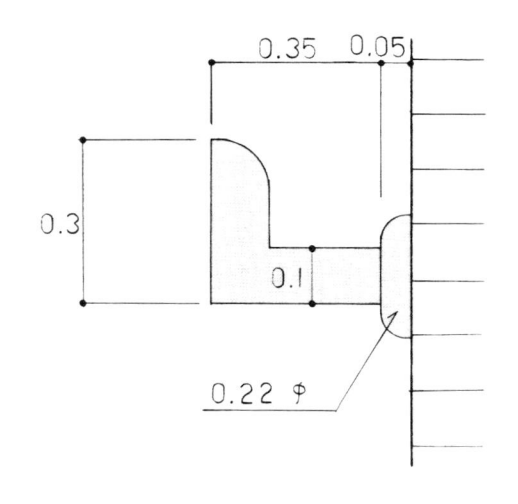

柳钉详细图　比例尺3:1

瓢亭　实测图

十五番之间

本节介绍的是位于中京区的闲适风格旅馆的座敷。该房间运用了角柱长押。

房间中的床之间八尺七寸有余，左侧设有地袋，右侧设有付书院。床胁的顶部为落式天花板，将座敷的空间进行了延长，使床之间看上去有一种出床之间的视觉效果，此设计的特点就是让室内变得宽敞许多。左侧床胁铺有前板，里侧设有低矮的地袋，并设计了长押。与床之间的交界处设有下地窗，下地窗的位置恰到好处。与此相对，右侧的床胁对面只有无目，与床之间的交界处设有壁留，下方经过挖空处理。床柱采用了杉木，保留天然木纹。

建造时间　大正初期
房主　堀部华
施工　不明

炭屋
所有者　堀部公允
所在地　京都市中京区

控间

像这种将上部直接挂在顶棚上，设一截小墙在上方的床之间被称为"钓床之间"。优点是下部空间没有障碍物，使座敷变得宽敞，使用上更灵活。

里侧没有落挂，在下壁下方涂漆。右侧的墙壁上开了低矮的墨迹窗。看得出来其设计原则是即便采用了钓床之间也不显张扬。

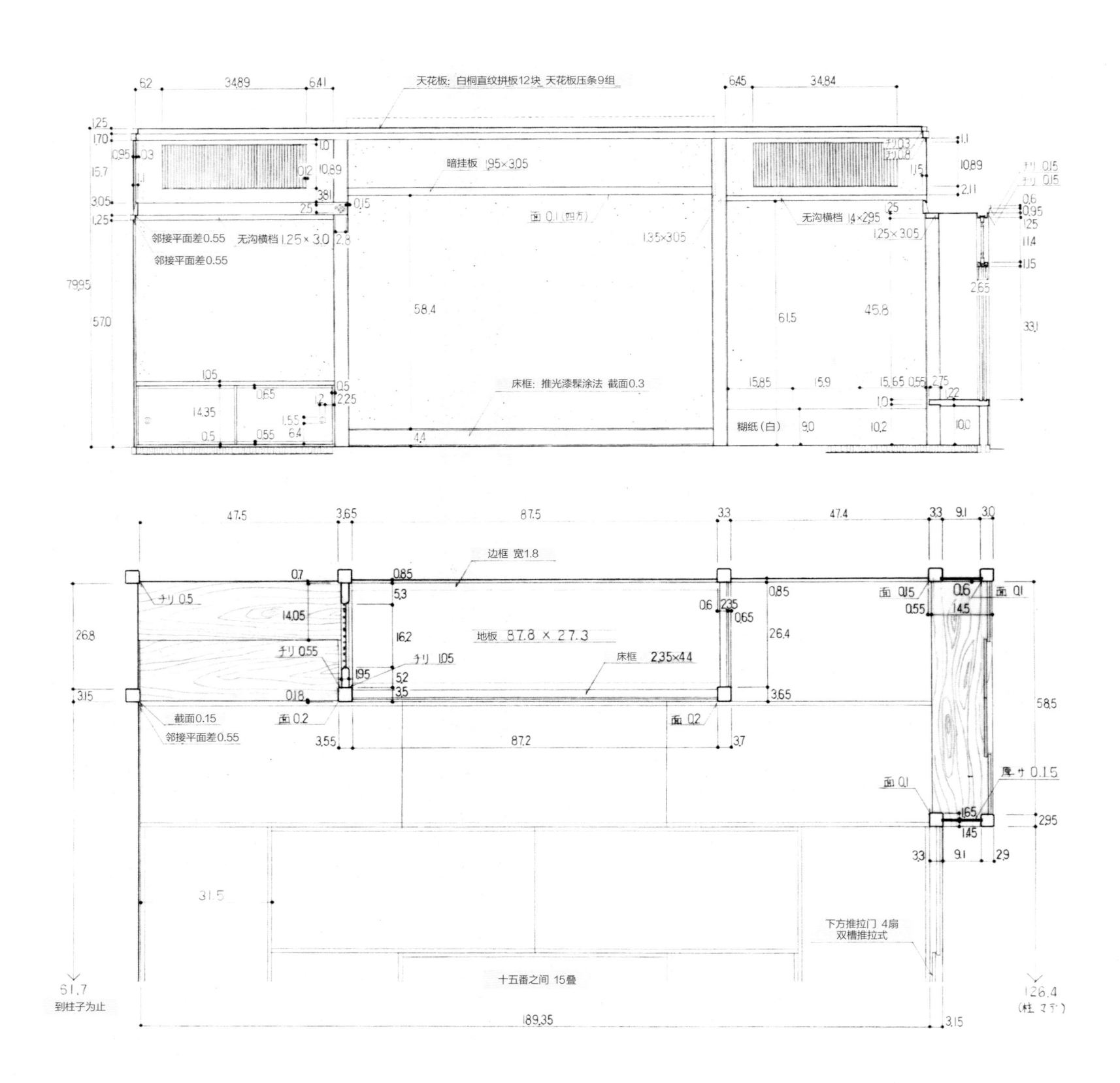

建造时间　大正初期
房主　堀部华
施工　不明

十五番之间　床之间的正面图和平面图　比例尺 1:30

炭屋　实测图

床胁的截面图　比例尺1:30

床胁的截面图　比例尺1:30

床之间的截面图　比例尺1:30

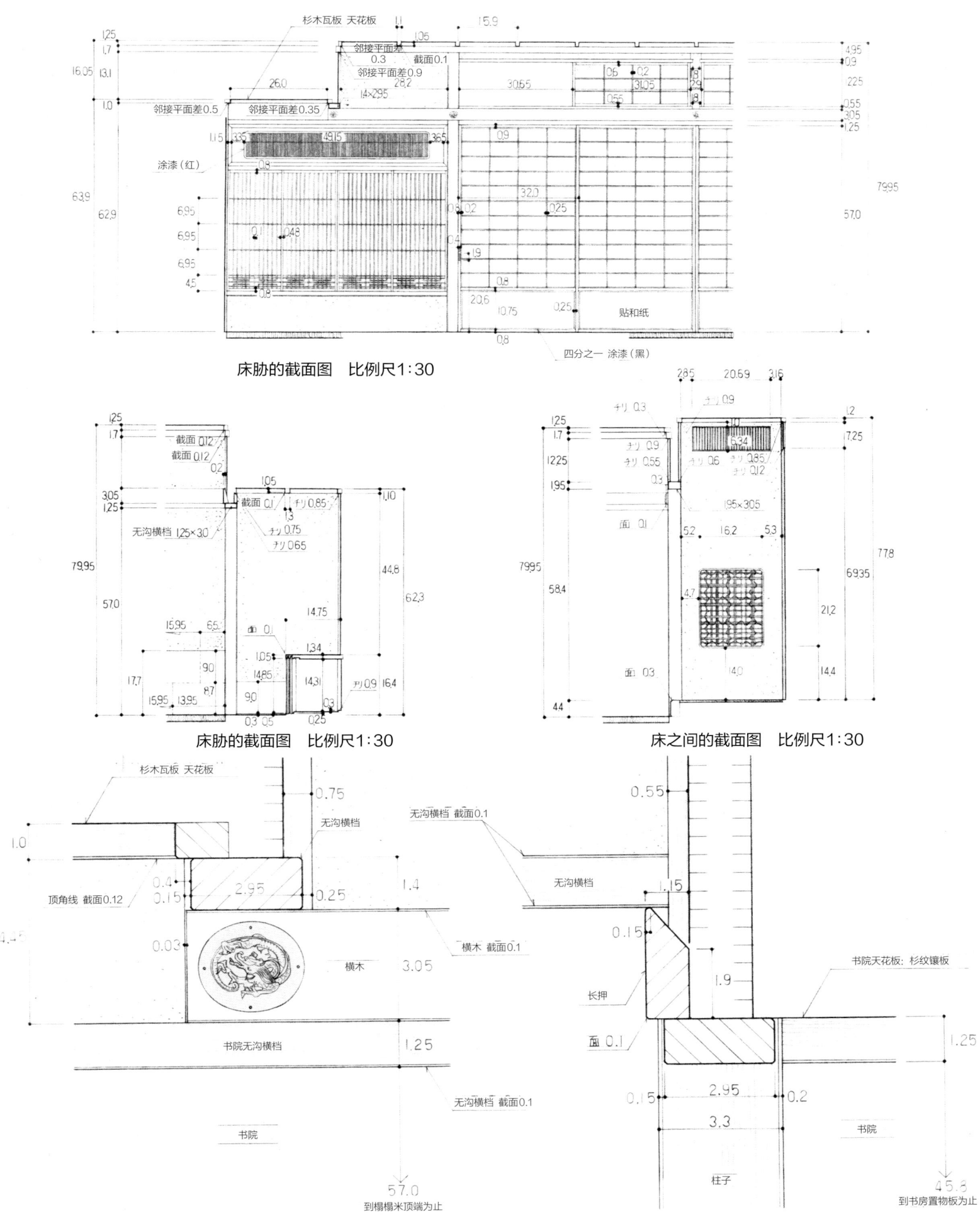

十五番之间　付书院上部正面图和截面详细图　比例尺1:3

炭屋　实测图

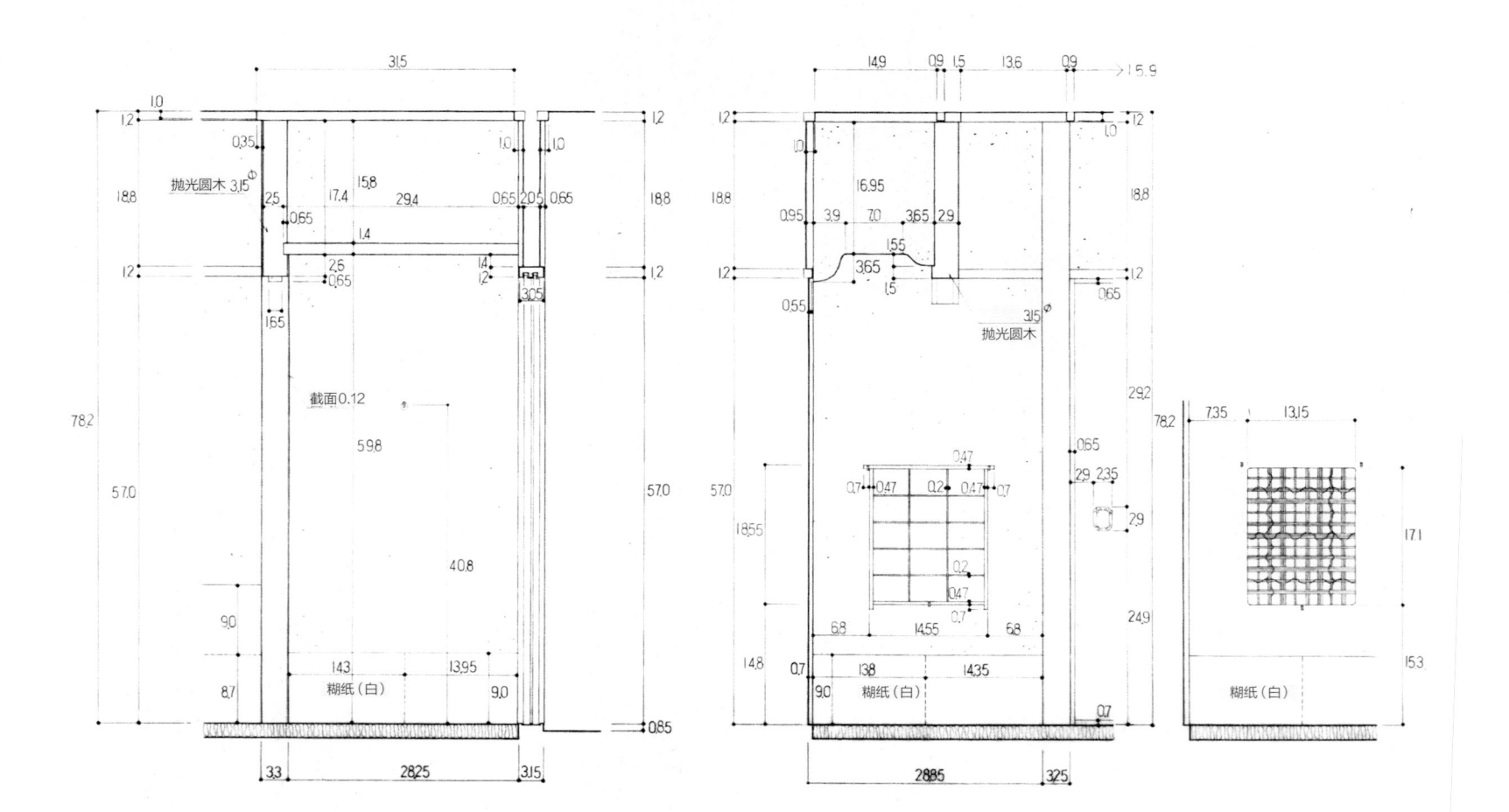

床之间的正面图和侧面图　比例尺1∶20

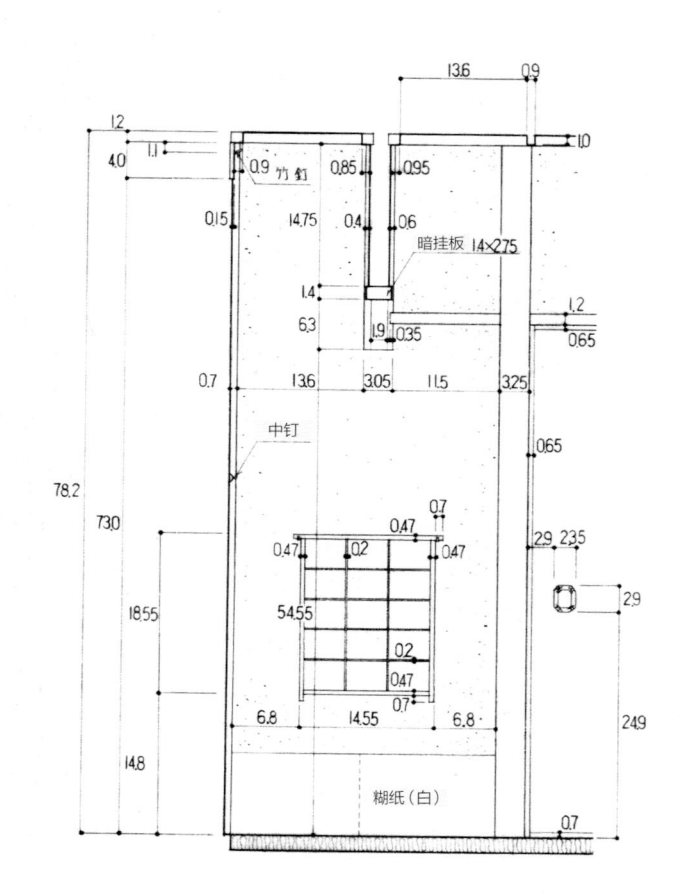

控间 床之间的截面图　比例尺1∶20

炭屋　实测图

主座敷

阪口
所有者　五领田良子
所在地　京都市东山区

建造时间　明治末期
设计　平井仁兵卫
施工　不明

在京都清水三宁坂坐落着正法寺。木下长啸曾在这里建庵，此地因而广为人知。1904年，数寄者平井仁兵卫开始在这里运营灵鹫山庄，度过了五六年的时光。现在这里是料亭"阪口"的所在地。

仁兵卫倾注心血让小川兵卫建造了庭院，就在庭院正对面建造了主屋，而该座敷就是这间主屋的主室，采用了角柱长押。房间正面的右侧立着床柱，穿过落挂。左侧是床胁，由违棚和天袋构成。床胁和床之间的交界处的墙壁下部做了大面积挖空设计。但是，床之间没有和床柱连在一起。二者之间留有板敷，并做了圆角处理。房间内的天花板的设计十分巧妙。虽然无法完全理解建造者的意图，但是大部分人认为这种设计是与深见邸的床之间格局完全相反的创意，在控制床胁空间充足的同时确保可灵活使用的板敷空间。床柱的位置比较靠左，但是却恰到好处地将床之间和板叠的空间一分为二。这种结构不宜设置地袋。床柱采用圆木，粗细、纹理都恰到好处。

长押穿过付书院直到里侧，床框的固定束也一直延伸到桌板处，整体设计沉稳。

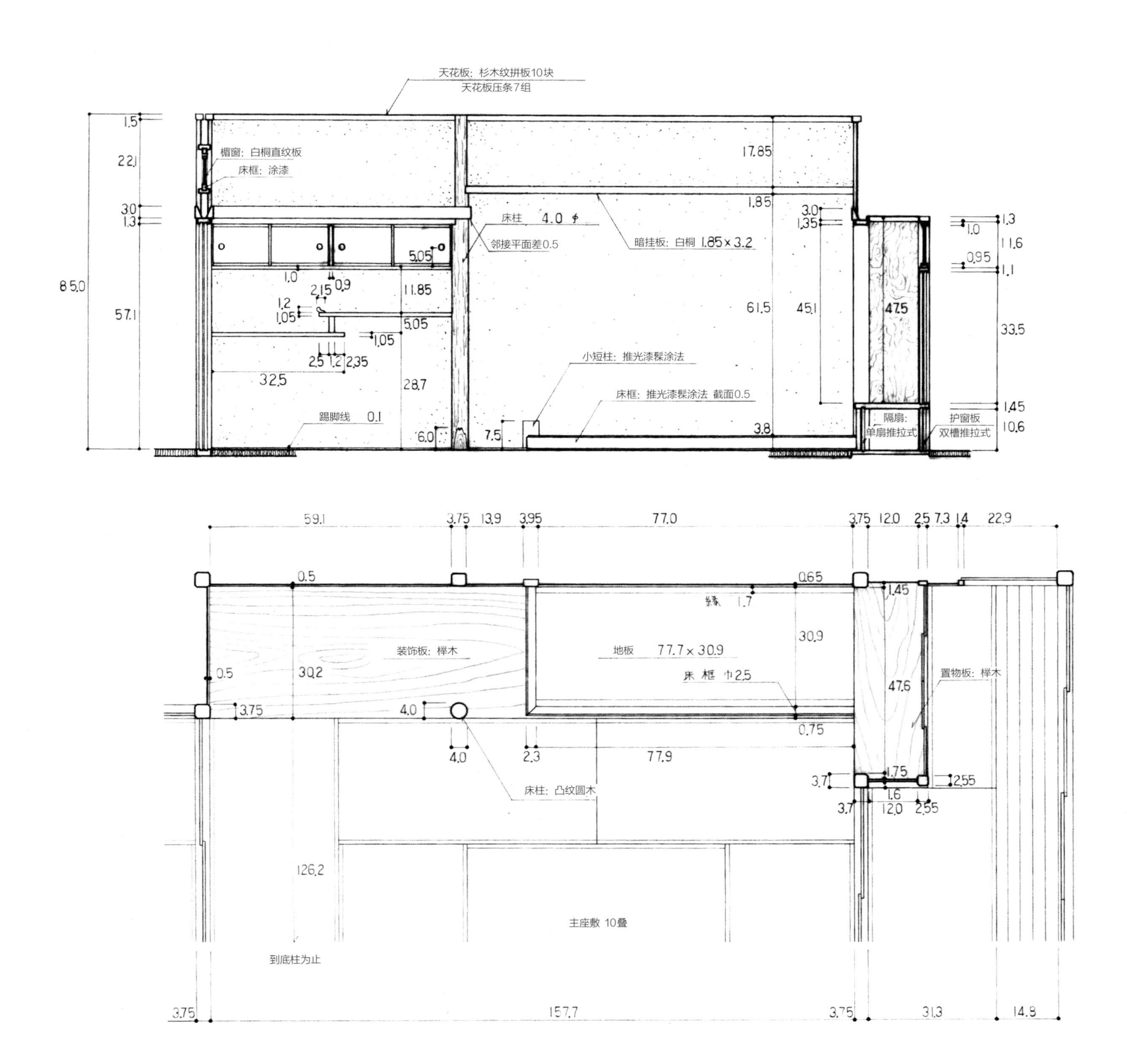

主座敷　床之间的正面图和平面图　比例尺1:30

阪口　实测图

七叠之间

建造时间 明治初期
设计 平井仁兵卫
施工 不明

七叠之间设置了长押，床之间采用了出床之间的格局。但是，其前方铺有前板，左边铺有长四尺一寸八分的床之间叠，采用涂框形式，剩下的空间设有地袋。也就是说，设计者将床之间和床胁并入一个空间了。这种设计实属罕见。地袋为简朴风格，其桌面上设有笔返（挡笔条）。

床柱由赤松木制成，长押没有延伸至床柱，只到侧面当中的位置。床胁墙壁处设有窗户。直径为五分的细竹木条从左下向右上的方向依次排列，当中有8根贯（横木）。没有细竹木条的部分做了挖空处理。从下地窗可以看出这种设计运用了忘莨常用的手法。

主座敷 床之间上方

主座敷 付书院栏间透雕
（上＝正面右侧 下＝左侧） 比例尺1:2

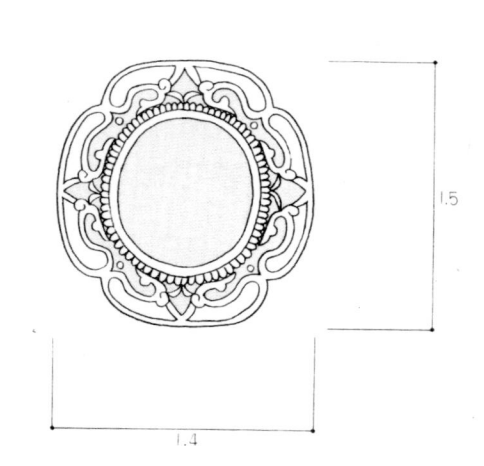

主座敷 天袋把手 比例尺1:1

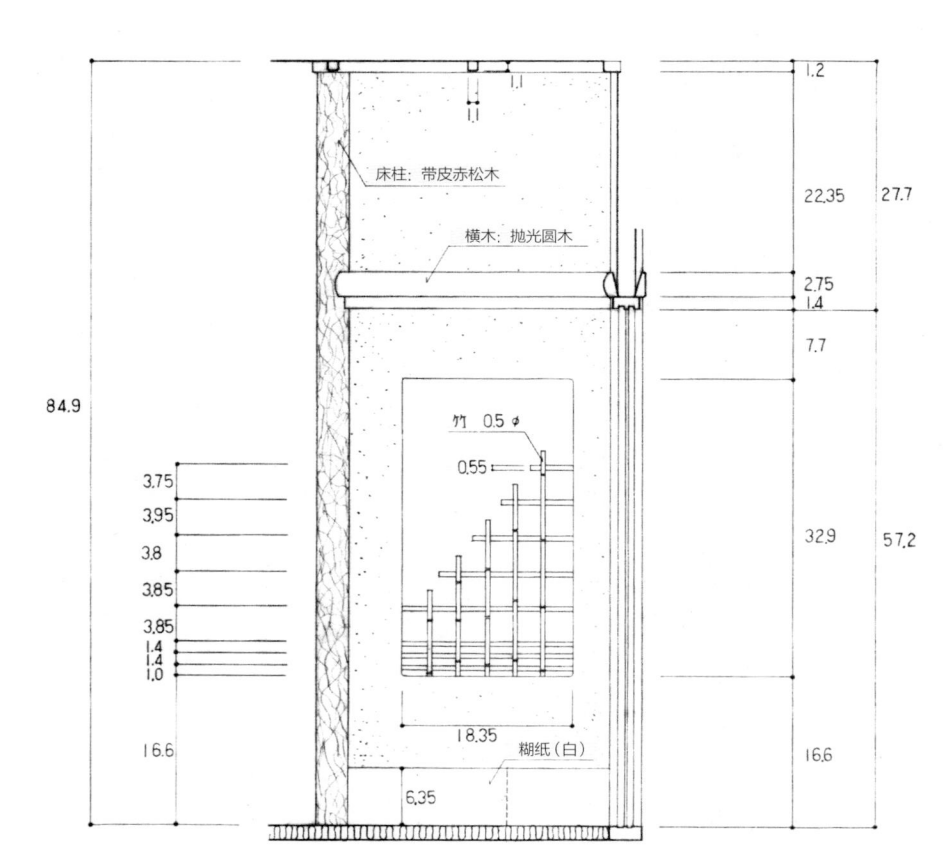

七叠之间 床之间的侧面图 比例尺1:20

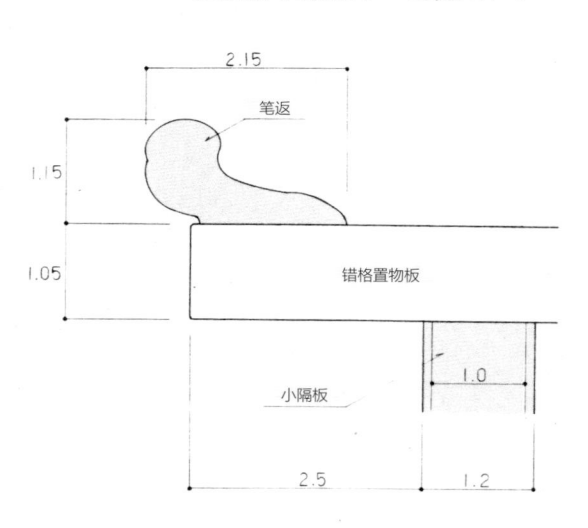

主座敷 笔返详细图 比例尺1:2

阪口 实测图

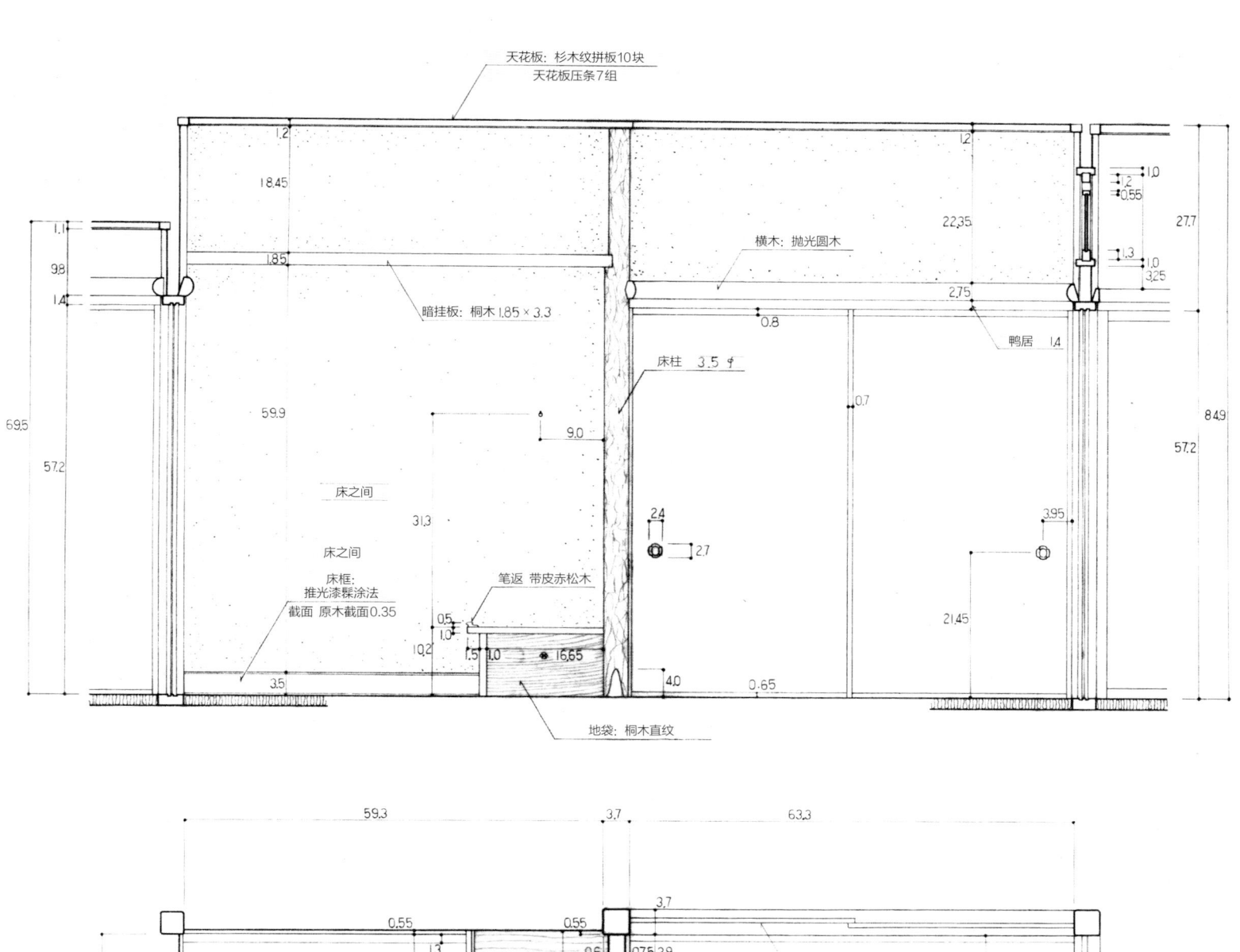

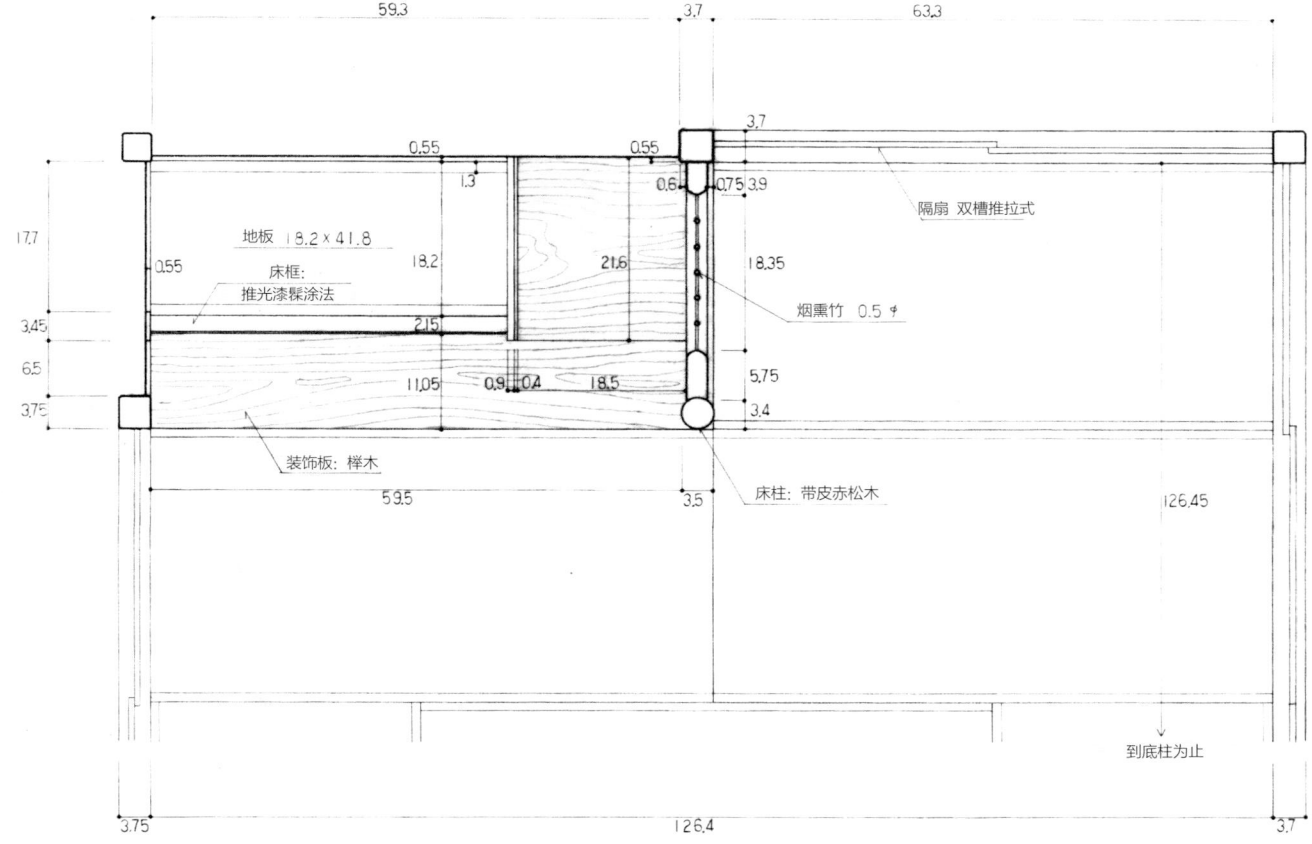

七叠之间 床之间的正面图和平面图　比例尺1:20

阪口　实测图

立礼之间

北村邸

所有者　北村谨次郎
所在地　京都市上京区

建造时间　1944年
设计　北村舍次郎
施工　不明

名为"四君子苑"的京都北村邸旧馆体现了著名数寄者北村谨次郎的偏好，也是著名工匠北村舍次郎的作品。该建筑中的床之间采用了可以做立礼席的椅子式格局。角柱、聚乐壁的下部围着三寸的幅木（踢脚板）。

床之间设有高二寸的蹴入板，铺着松木板。床柱采用抛光圆木，平面经过细腻打磨。柱上钉有花入钉。落挂正面与鸭居只差一寸一分的距离。

床之间的大平（内侧墙壁）采用了织部板。其右侧设有一重棚，墙壁直接延伸到天花板，打造了床胁空间。一重棚涂黑漆，水平与垂木交点向外凸起的部分进行了轻微的反翘曲处理，有装饰细绳垂下。墙壁上开有竖长的下地窗。

床之间的整体结构简洁大方，材料精细，做工精巧，彰显细腻的工匠之心。

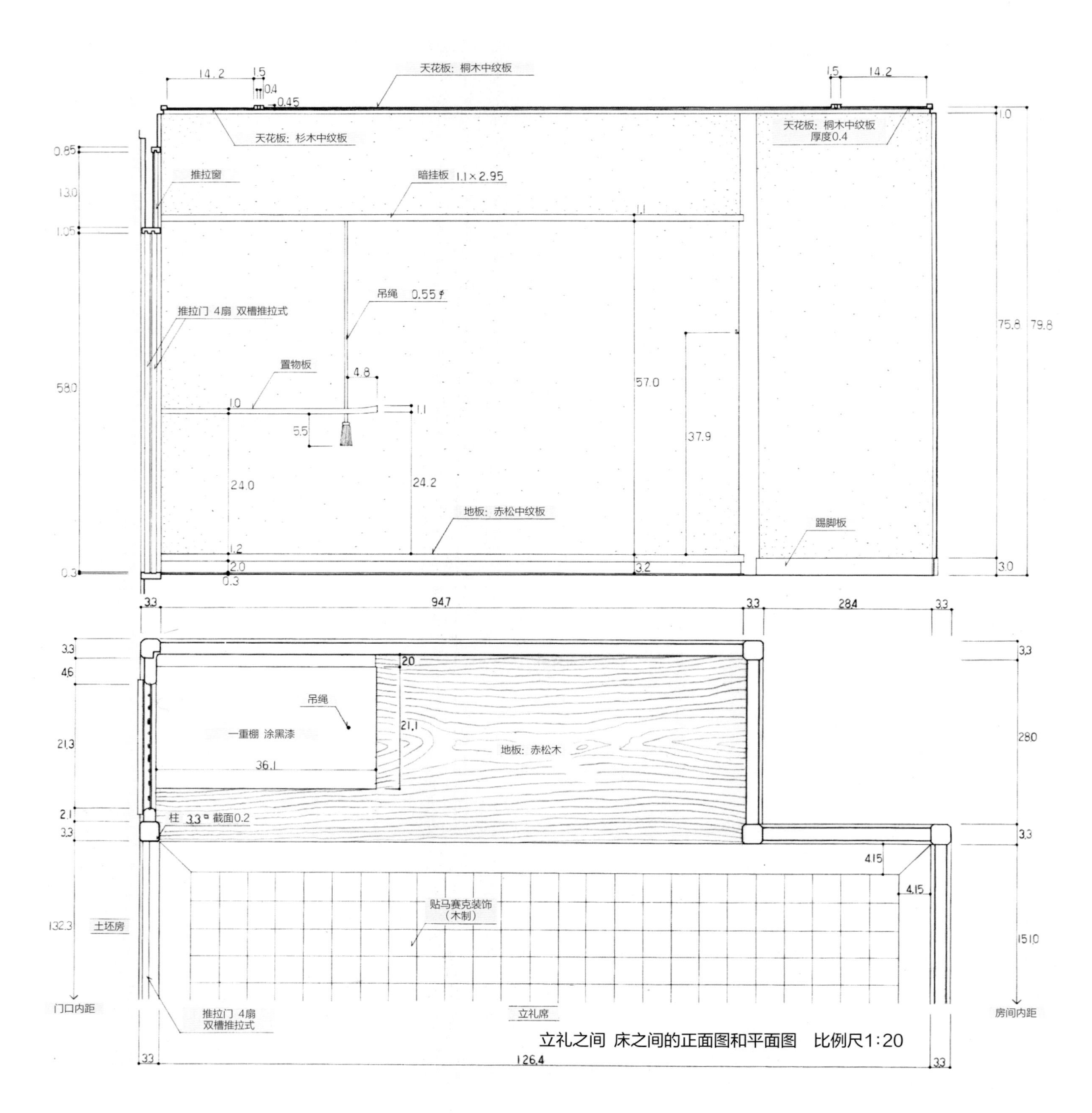

立礼之间　床之间的正面图和平面图　比例尺1:20

北村邸　实测图

立礼之间 仰视天花板　　　　　　　　　立礼之间 仰视床之间内天花板　　　　　立礼之间　下地窗

床之间的截面图　比例尺1:20

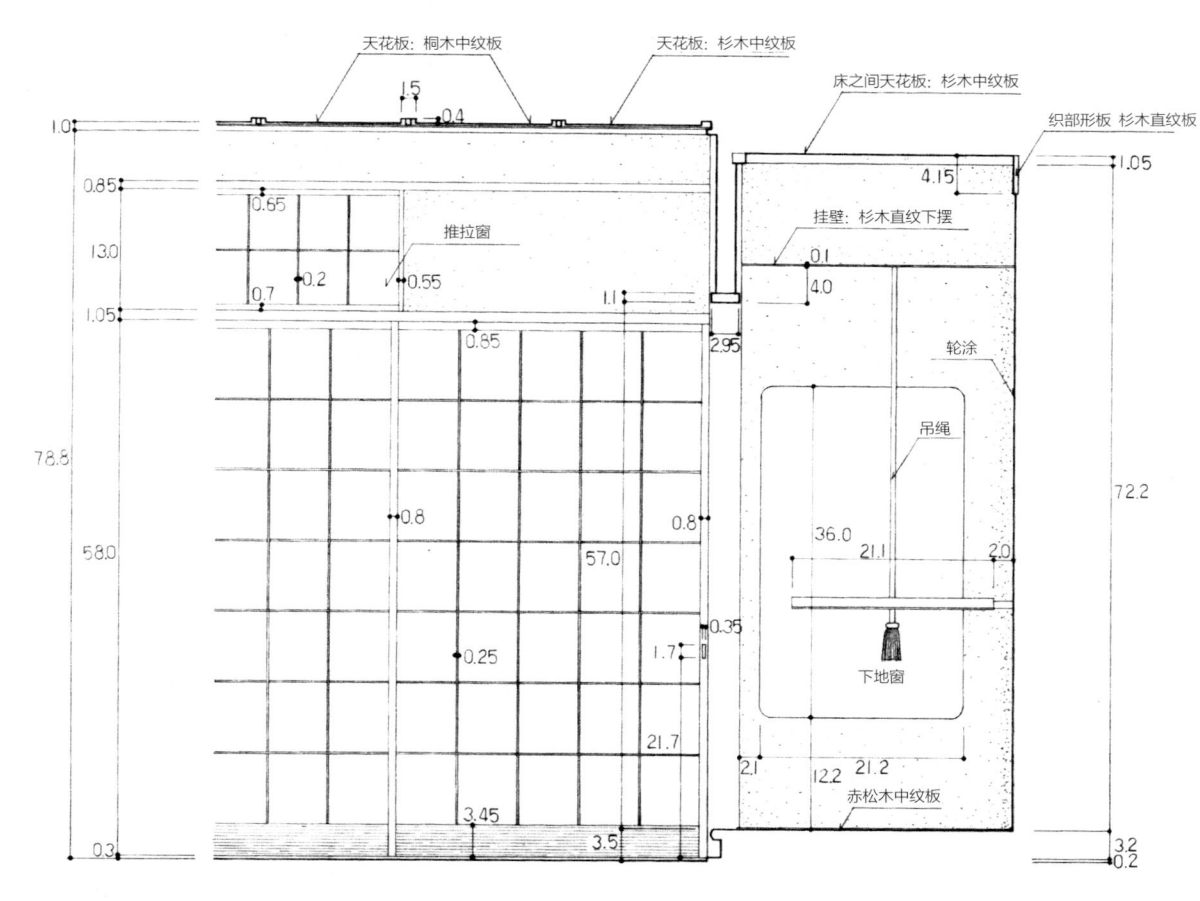

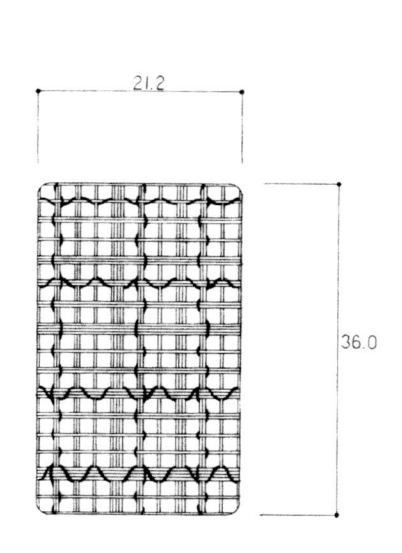

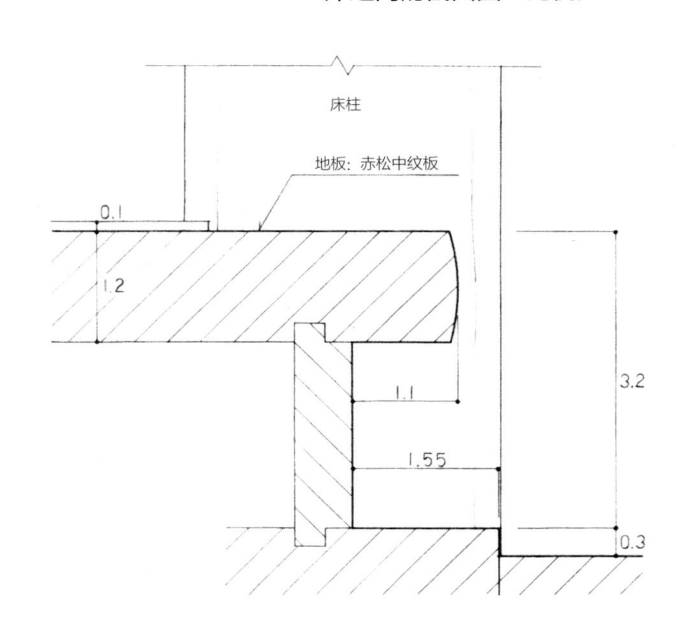

下地窗　比例尺1:20

立礼之间 床之间截面详细图　比例尺1:2

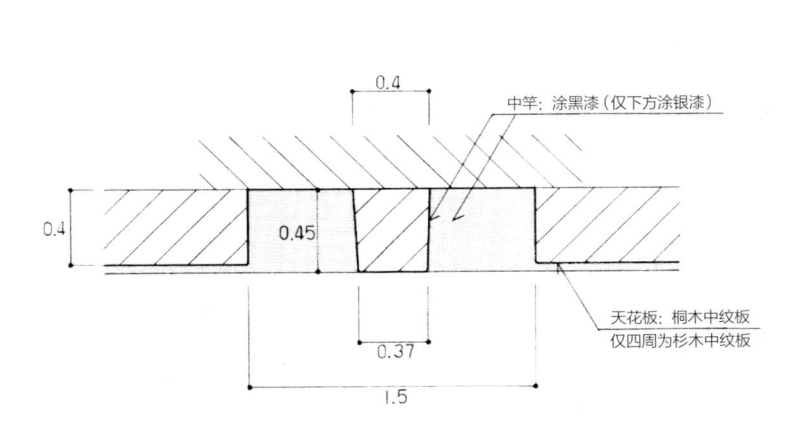

天花板中竿详细图　比例尺1:1

北村邸　实测图

接待间	
	听竹居
所有者	藤井寿子
所在地	京都府乙训郡
设计	藤井厚二
建造时间	1927年

在日本建筑近代化的历史中，我们不能忘记一位推动者，他就是藤井厚二博士。博士以建筑设备学为专业，对日本住宅面临的问题提出了科学且根本的解决方案。另一方面，基于研究成果，他开展了对通风、换气、采光、照明等诸多方面的改善，完成了很多的住宅设计。比如著名的位于京都大山崎的藤井厚二的宅邸。他在山腹一万坪的土地上建造了住宅。听竹居是博士建造的第五座试验住宅。

本节主要介绍玄关厅旁边的接待间。其采用了板张床之间、聚乐壁、杉木板网代天花板。其中床之间位于正面。采用春庆涂的床之间地板比房间的地板高出一尺一寸。床之间处蹴入板的下方围绕着与其他同高的幅木。

房间内设有袖壁，并设置了窗户，与床之间形成了和谐的一体感。但是袖壁采用杉木板，并在挖空处竖立5根竹子，没有开下地窗。

床之间整体的风格并没有在西式与日式之间进行折中取舍，而是遵循了既有的和室床之间风格，在此基础之上加入了博士自己的创意，使接待间变成了可以灵活使用椅子的房间。

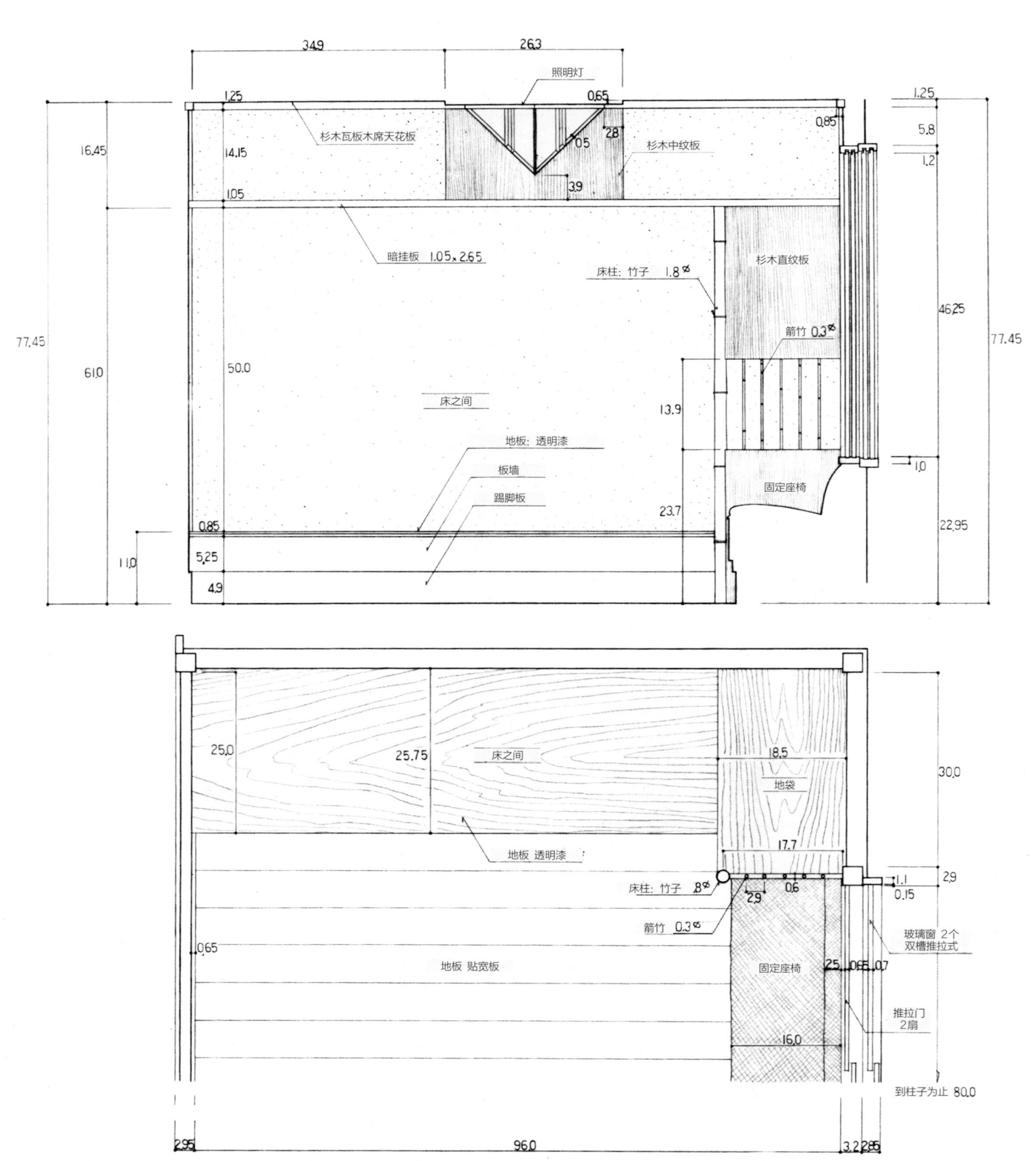

接待间 床之间的正面图和平面图 比例尺1：20

听竹居 实测图

织部板详细图　比例尺1∶20

床之间的截面图　比例尺1∶20

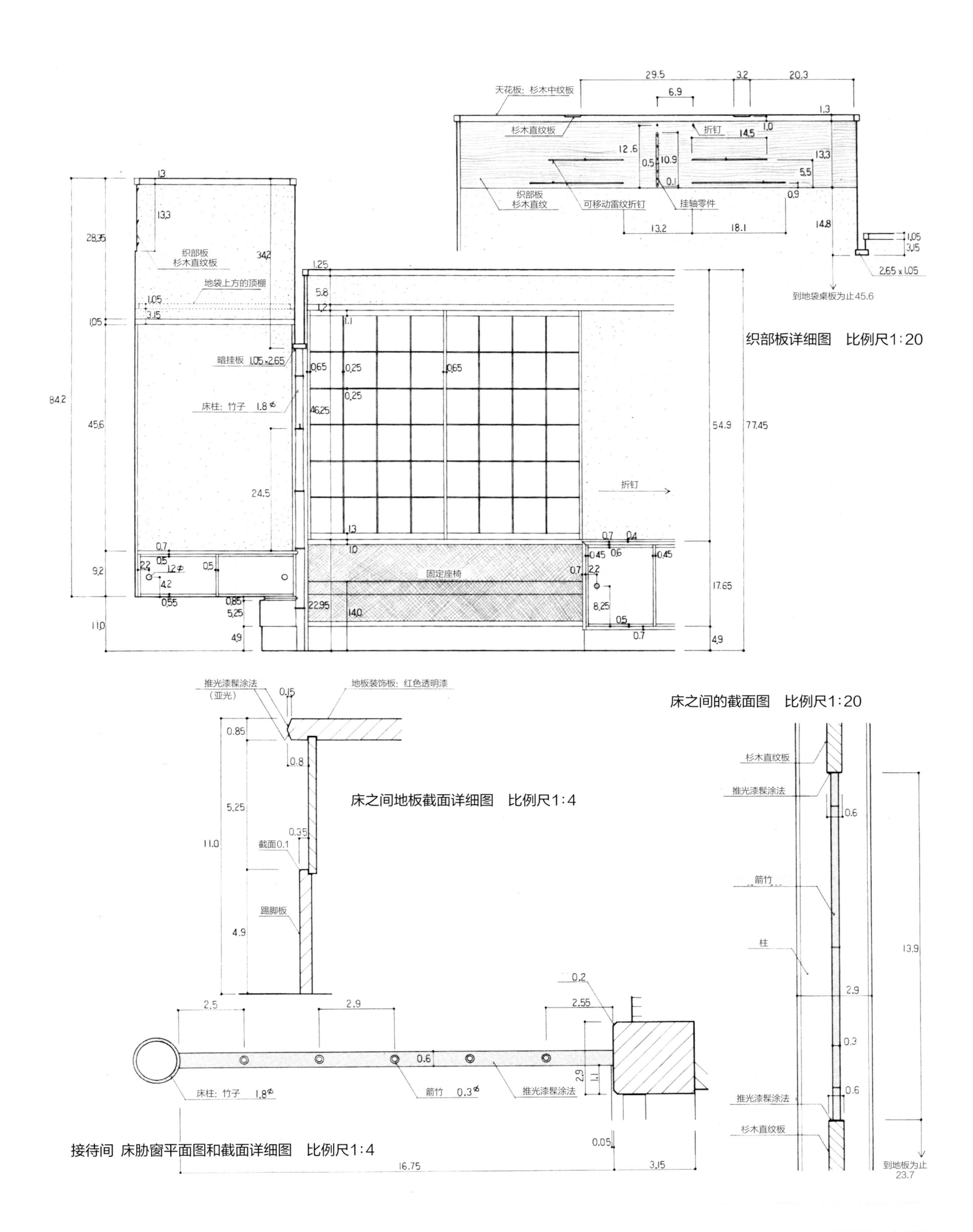

床之间地板截面详细图　比例尺1∶4

接待间 床胁窗平面图和截面详细图　比例尺1∶4

听竹居　实测图

清水

信乐之间 床之间

九谷之间
上＝床之间　下＝棚

秀明

鼓之间 床之间

扇之间和控间
上＝扇之间 床之间和付书院　下、右＝控间 床之间

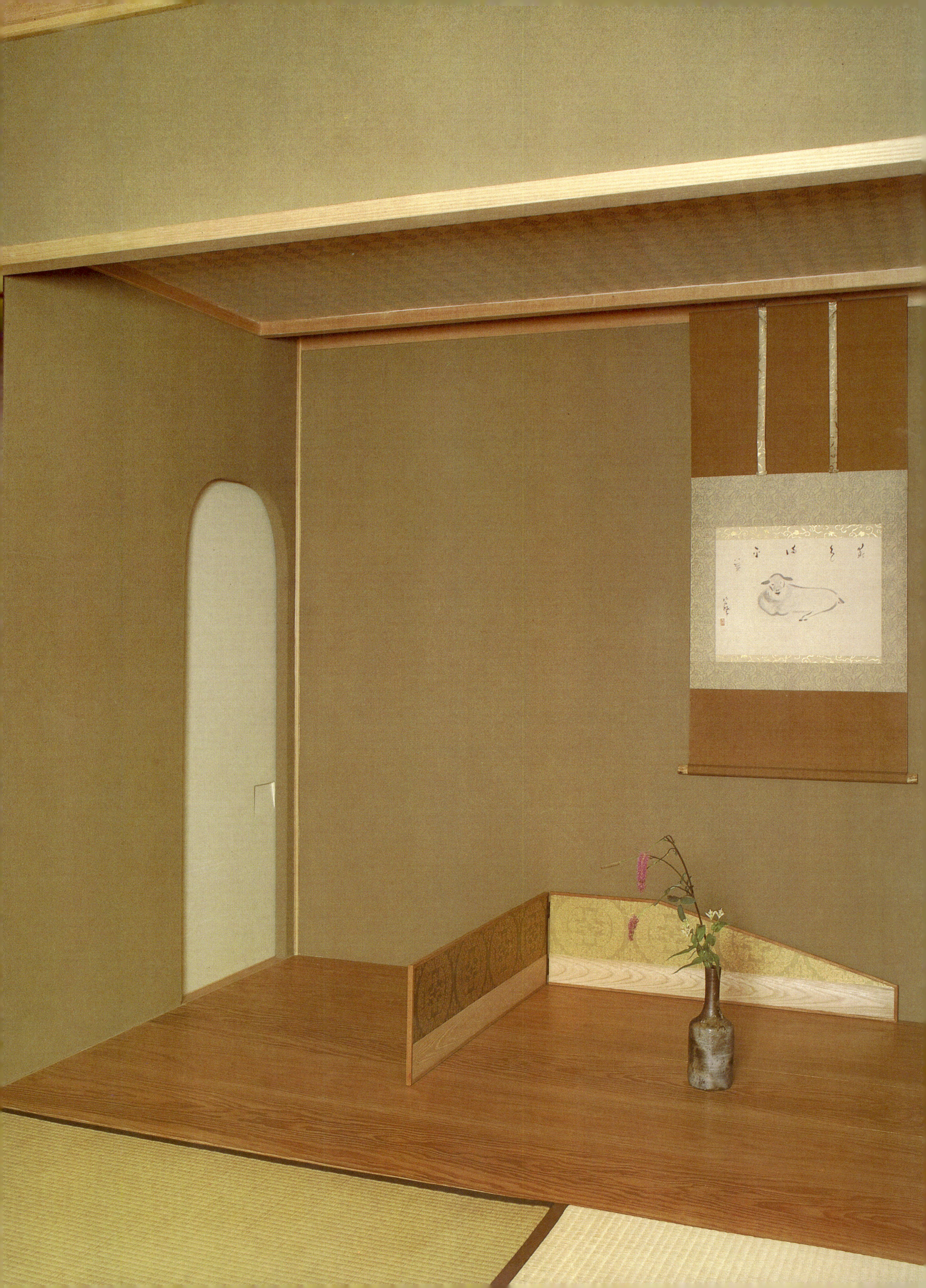

滩万山茶花庄

花桐之间
上＝床之间和书院　右＝书院障子窗

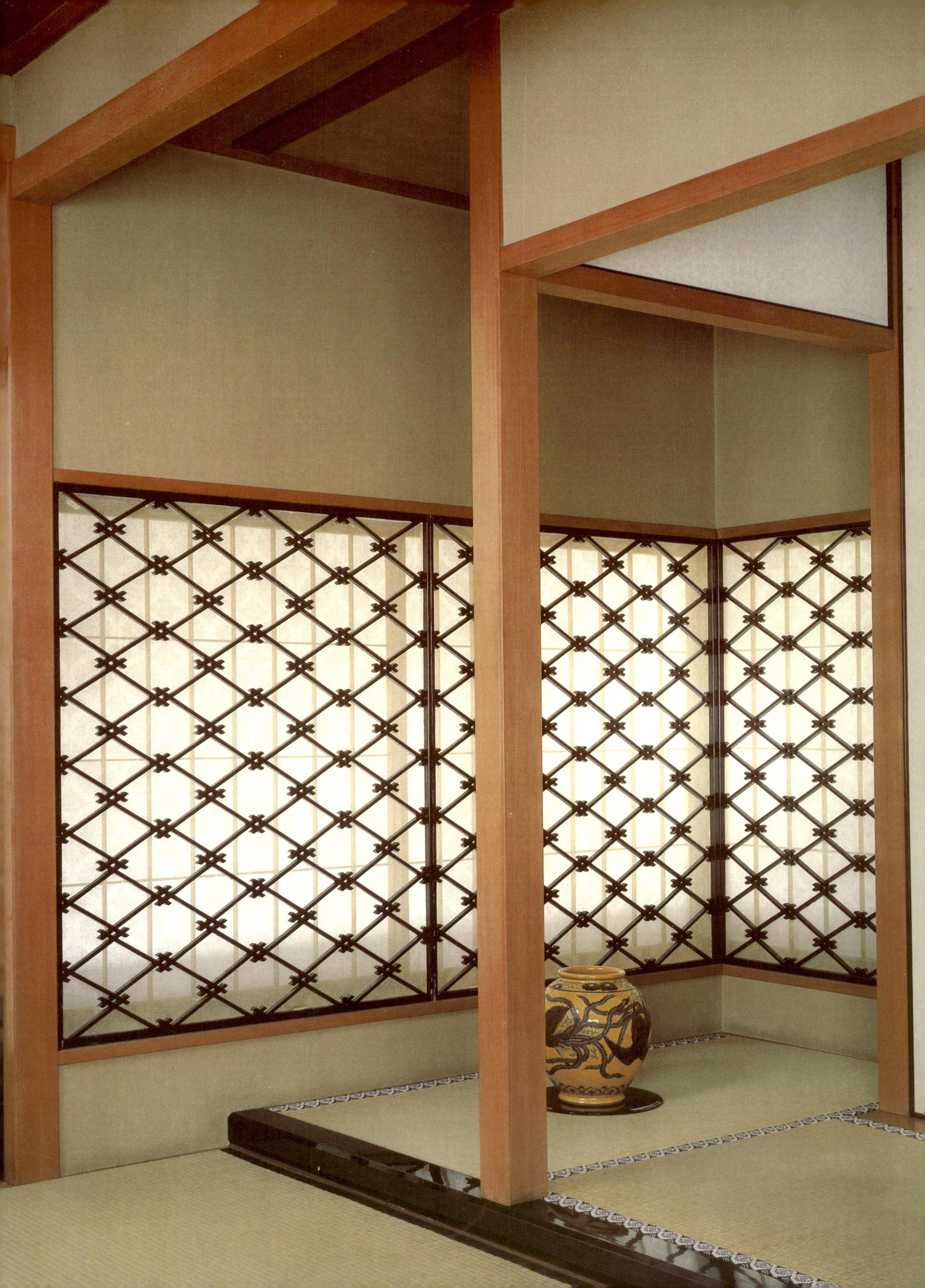

紫之间
上＝床之间正面　下＝床之间　格子窗

葵之间　上＝床之间和棚　下＝床之间和床胁

江户千家

广间 床之间正面

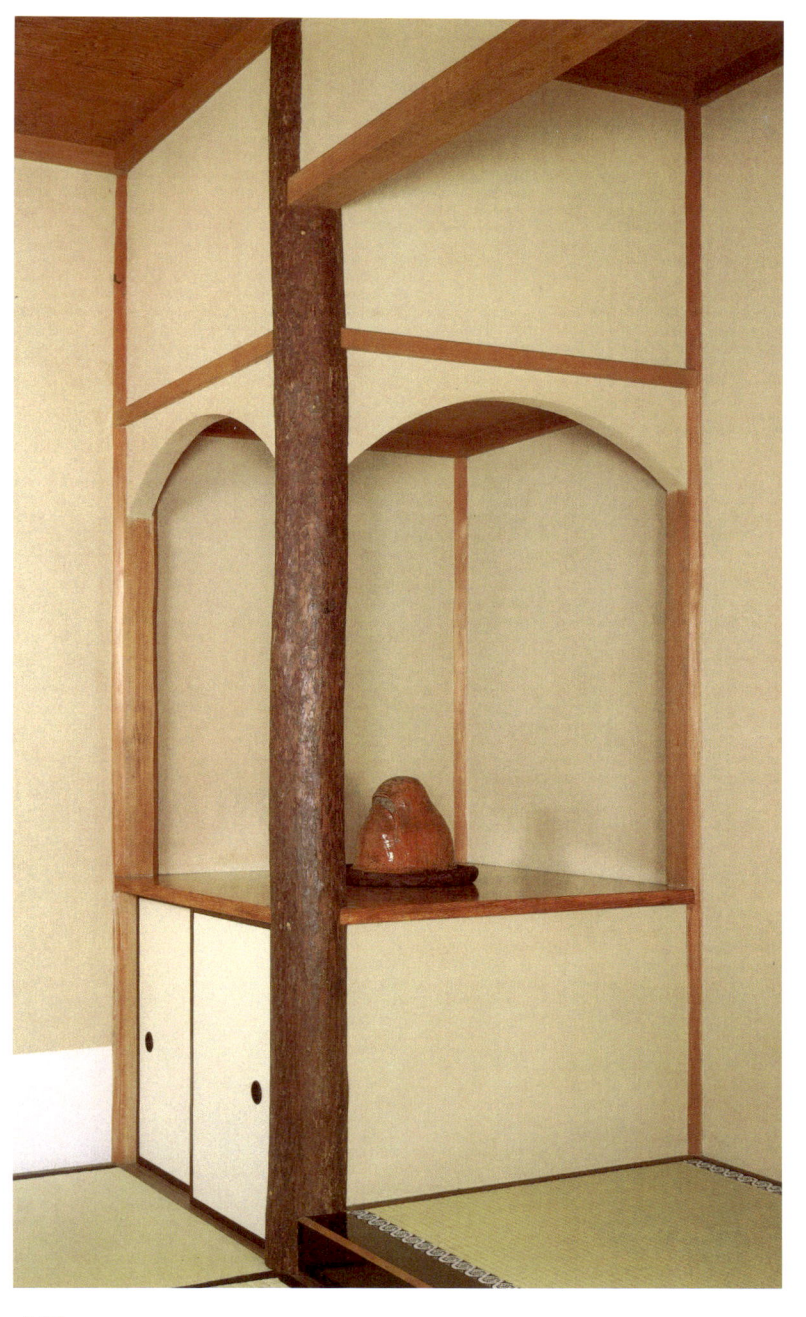

广间
左=床胁 地袋　右=床胁 棚

山翠楼

吹上之间
上＝床之间和床胁　下＝床胁 天花板　右＝床柱和长押

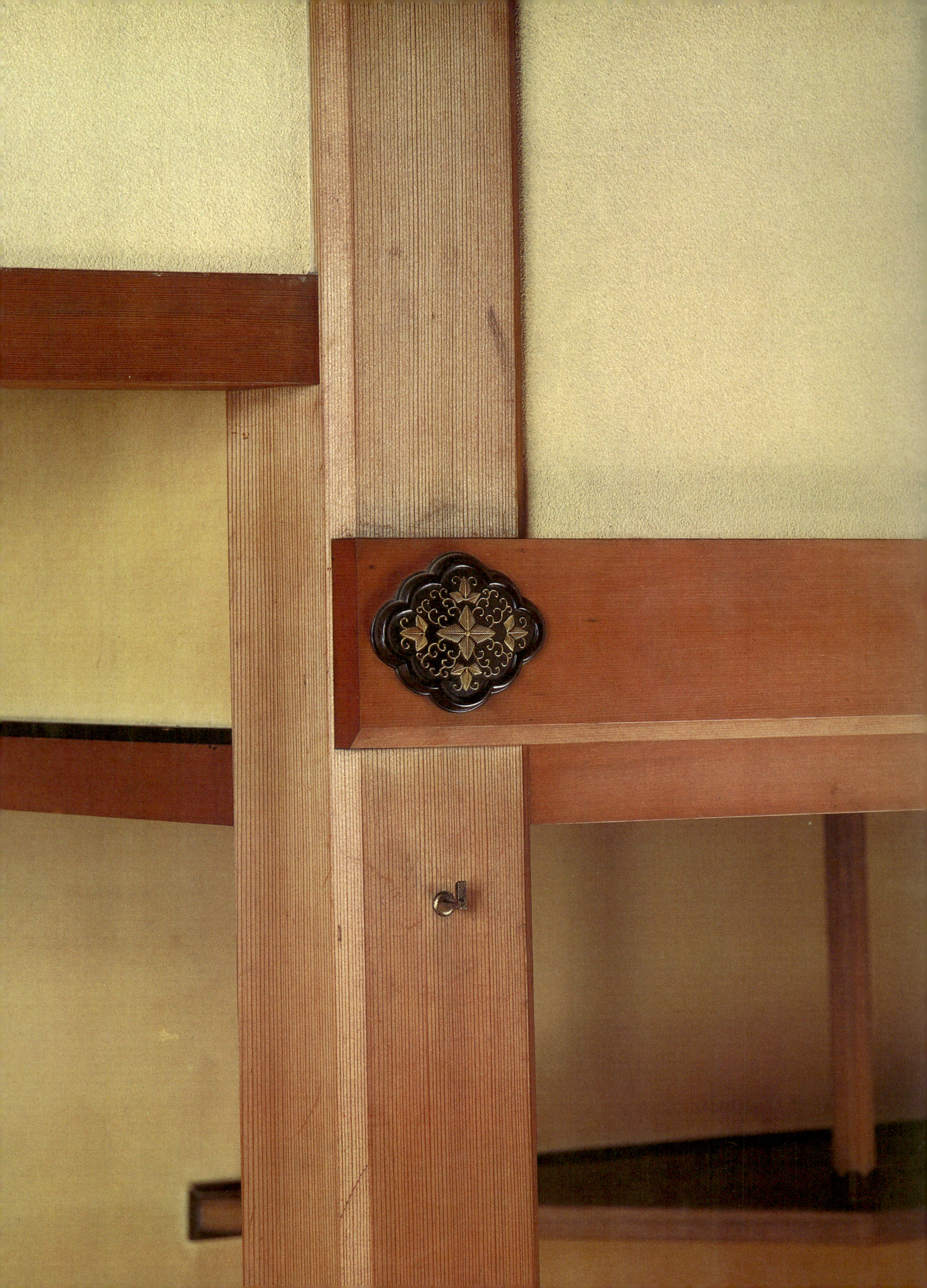

日本建筑集成　床之间的意匠

丰之间
上＝床胁挖空处理　右＝床之间和床胁

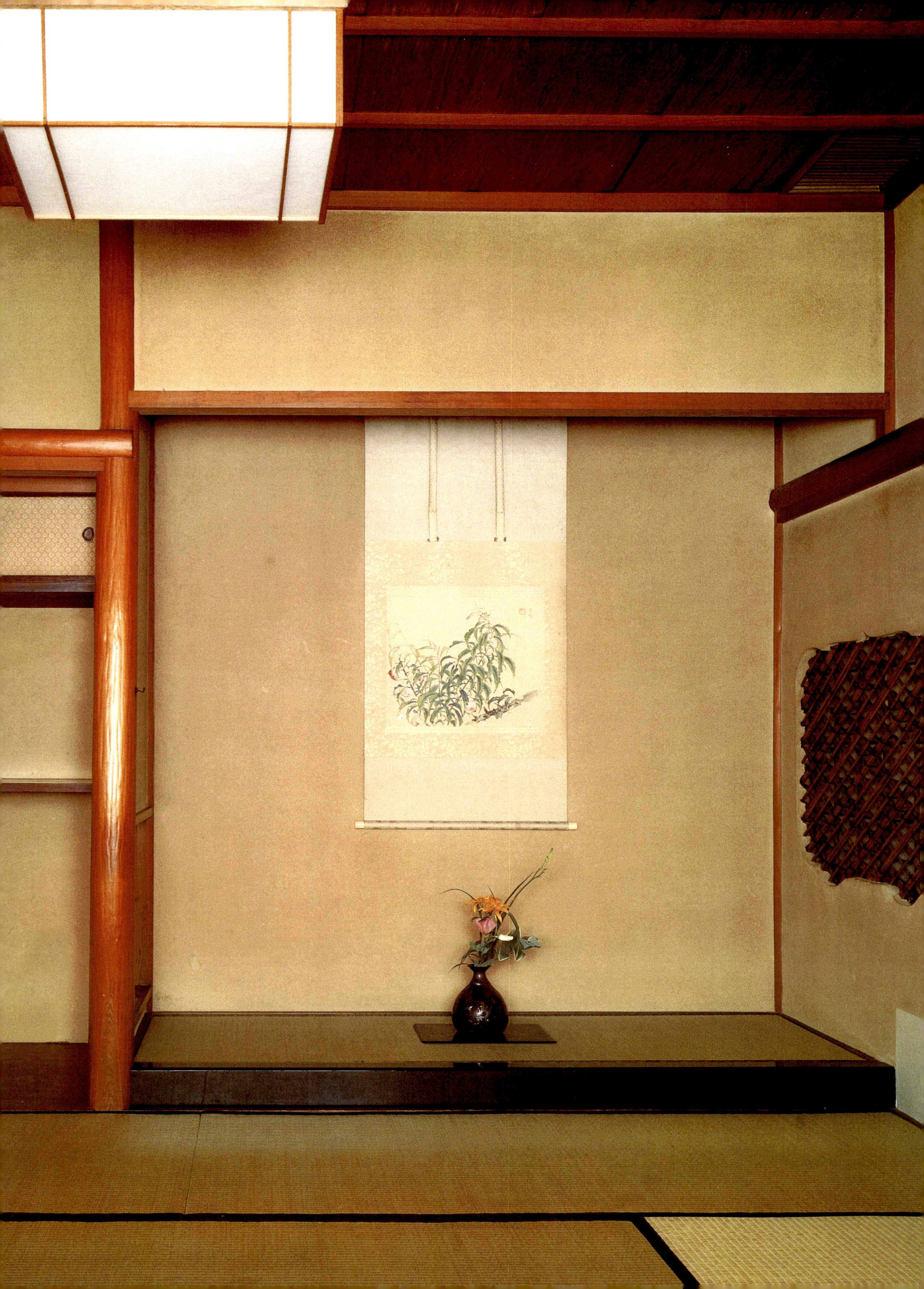

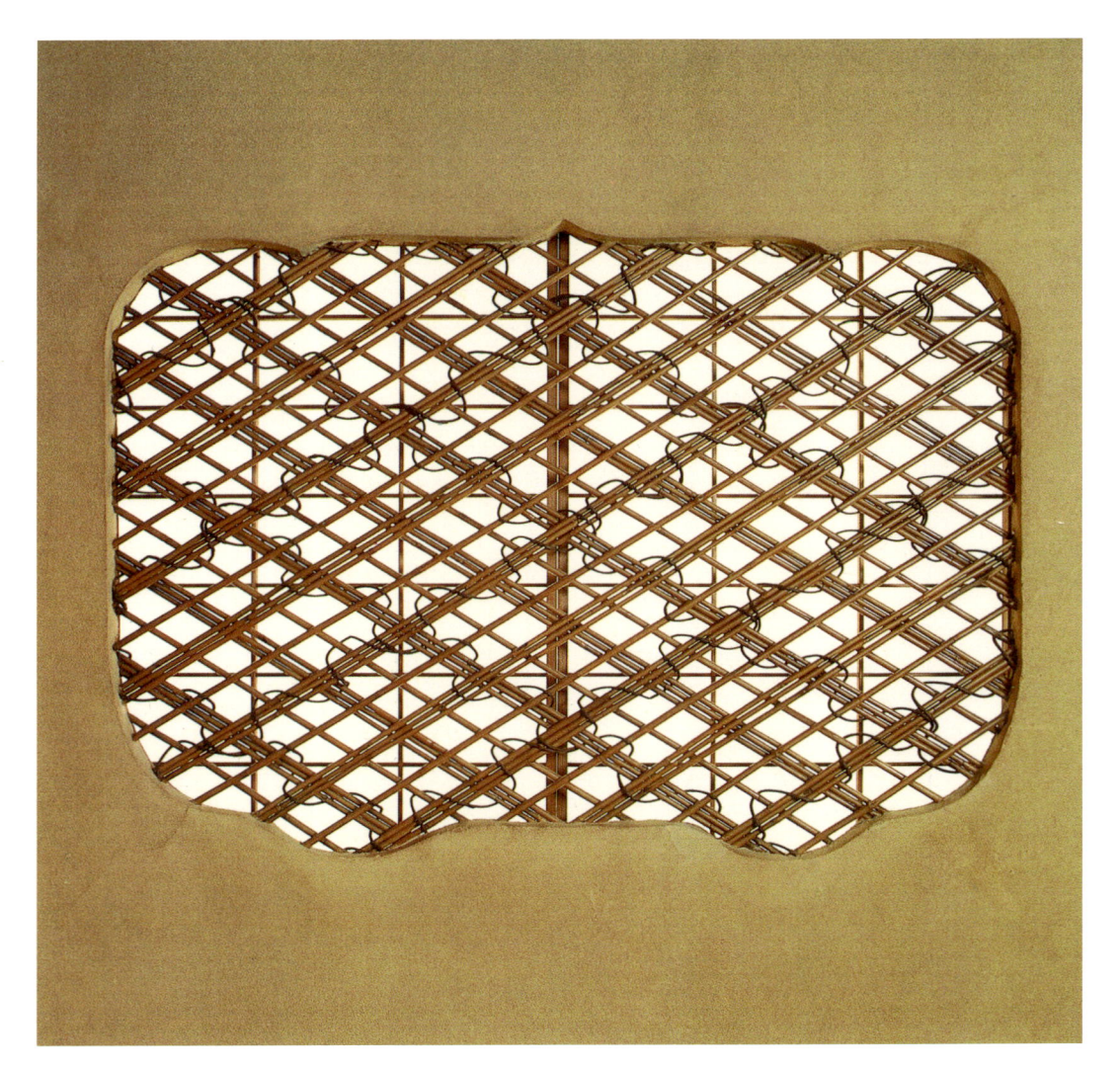

上＝丰之间 墨迹窗
下＝丰之间 平书院
右＝泉之间 床柱和长押

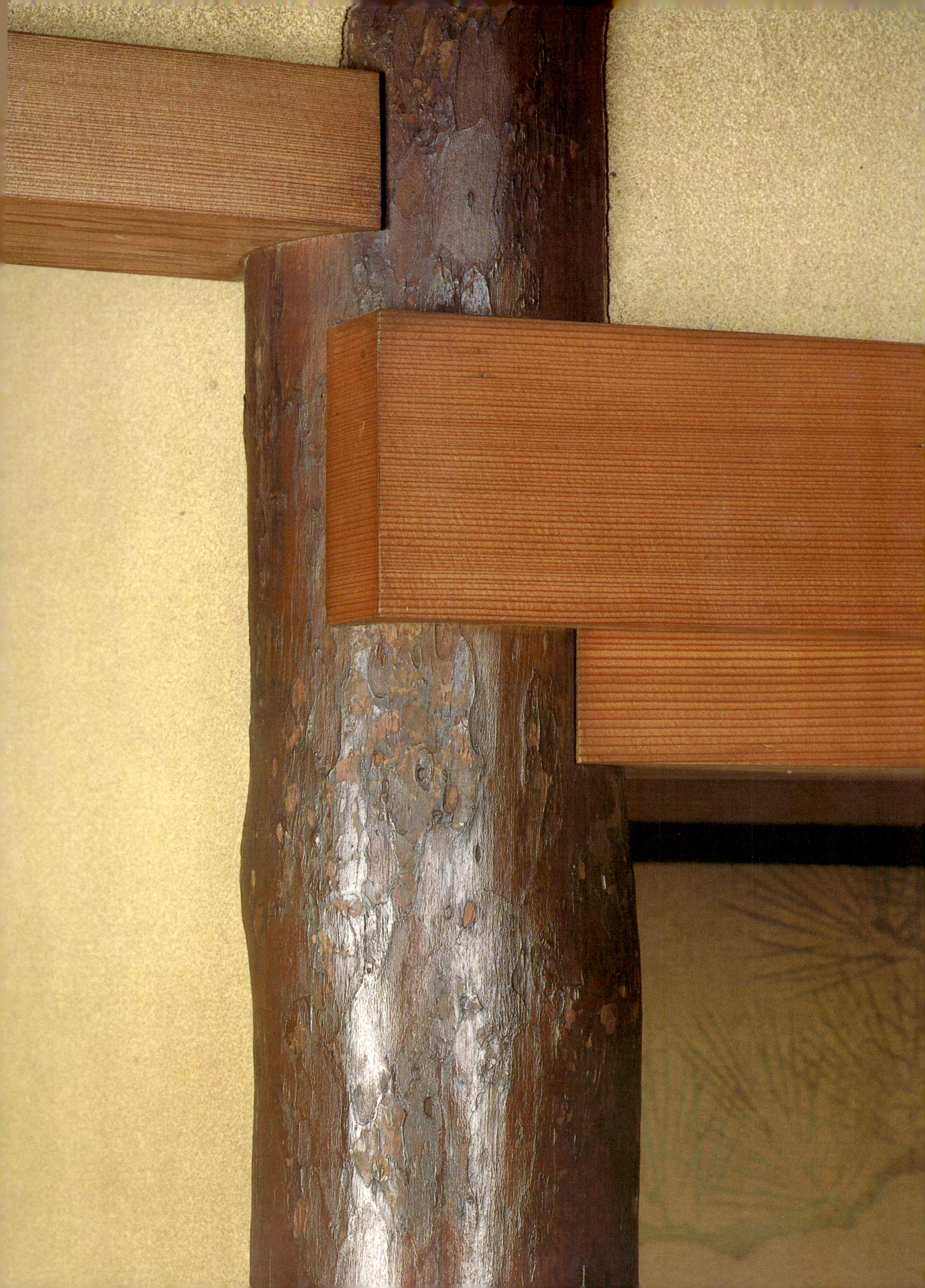

泉之间
上＝床之间和床胁　下＝床胁挖空处理

白兰之间
上＝床之间和床胁　下＝床胁

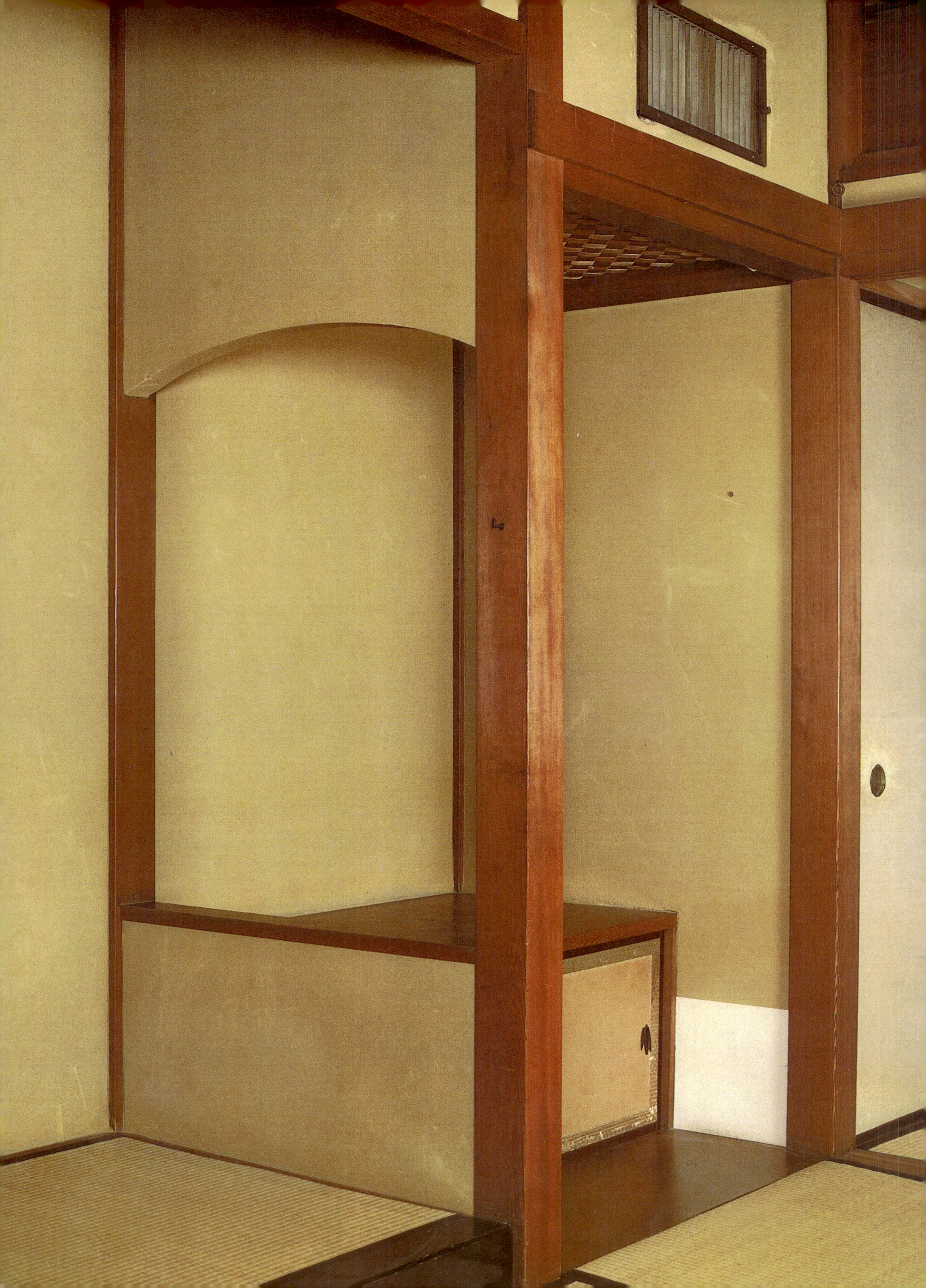

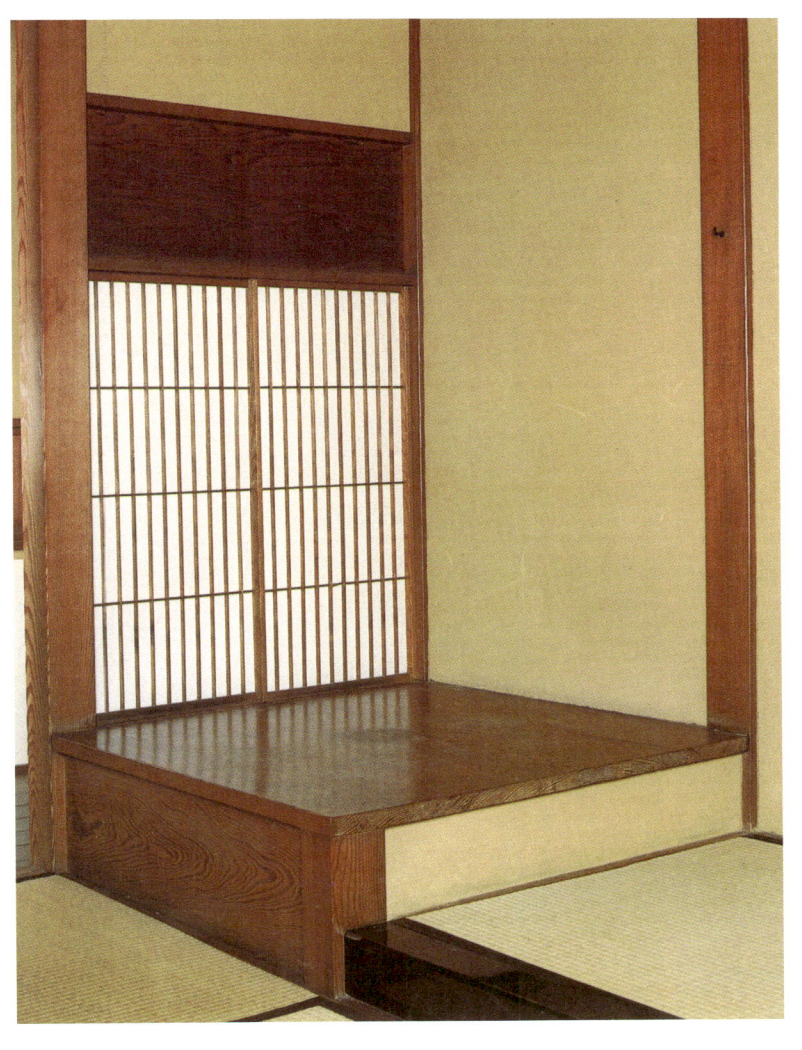

八胜馆八事店

竹之间　左＝挖空处理　上＝床之间和书院
左下＝琵琶台和书院窗　右下＝地袋把手

御幸之间
上＝安装了空调的天袋　下＝床之间和床胁

御幸之间
上＝付书院　下＝床胁　网代天花板

八胜馆中店

菊之间 床之间和床胁

菊之间
上＝袖壁上的下地窗　下＝床胁和付书院

松之间 床之间和床胁

松之间
上＝琵琶台　下＝地袋板户（木板门）把手

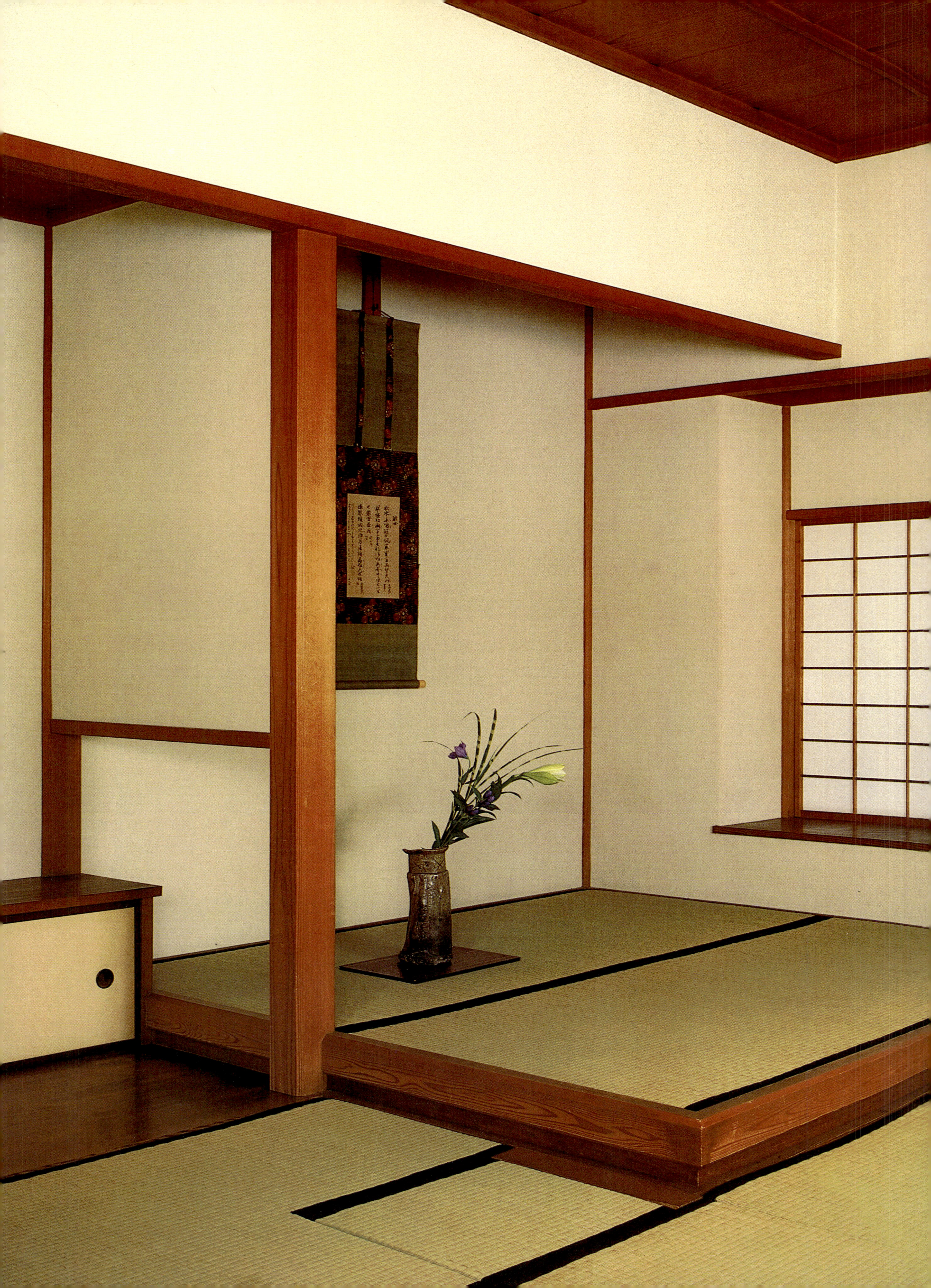

樱之间
左＝床之间　上＝床之间和床胁

河文

新用亭
上＝床之间和床胁　下＝床胁 天花板

葵之间
上＝床之间和床胁　下＝床胁的挖空处理和地袋

西上间
上＝床之间和床胁　右＝床胁的挖空处理和付书院

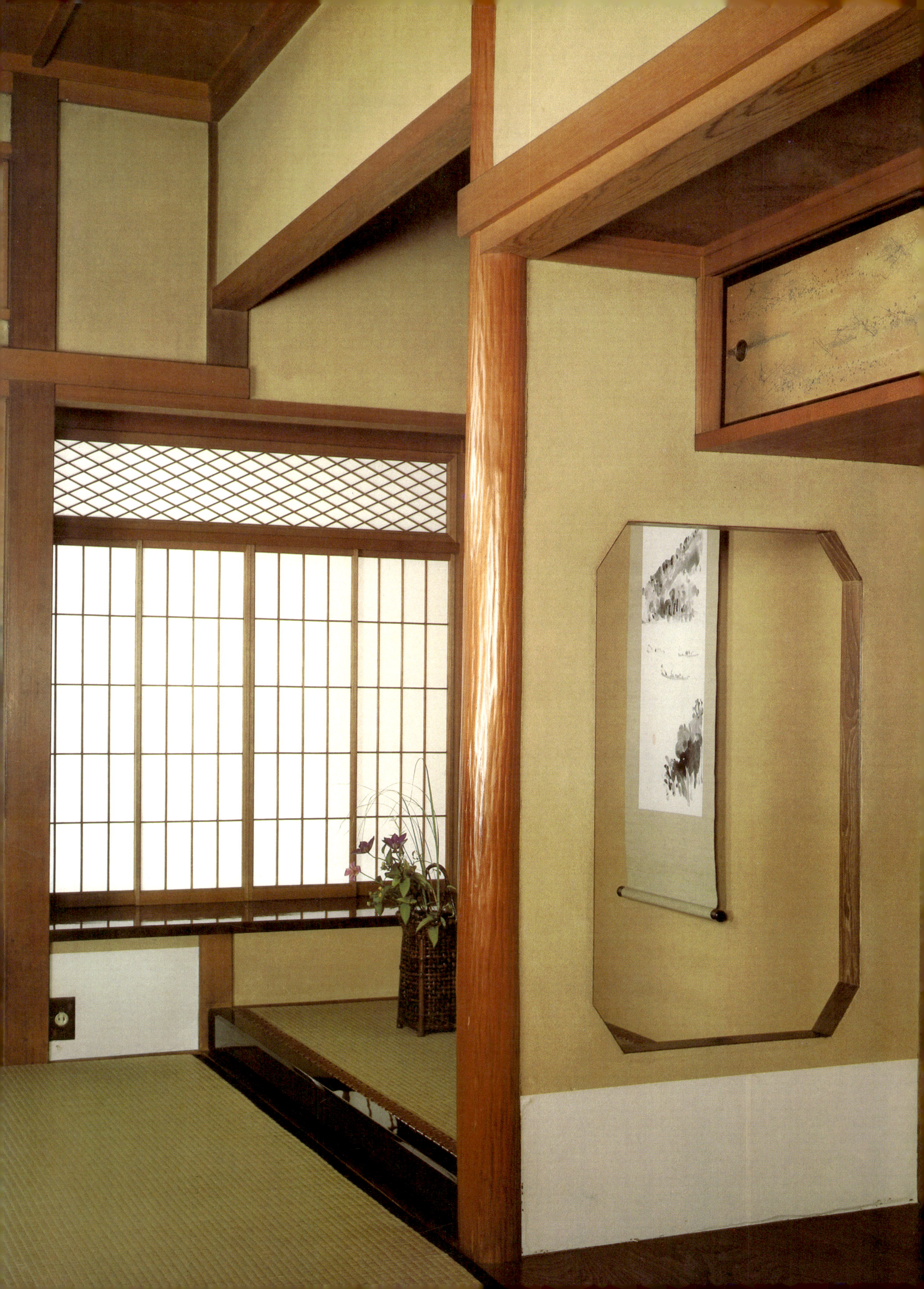

西下间
上＝床之间和床胁　下＝天袋　右＝平书院

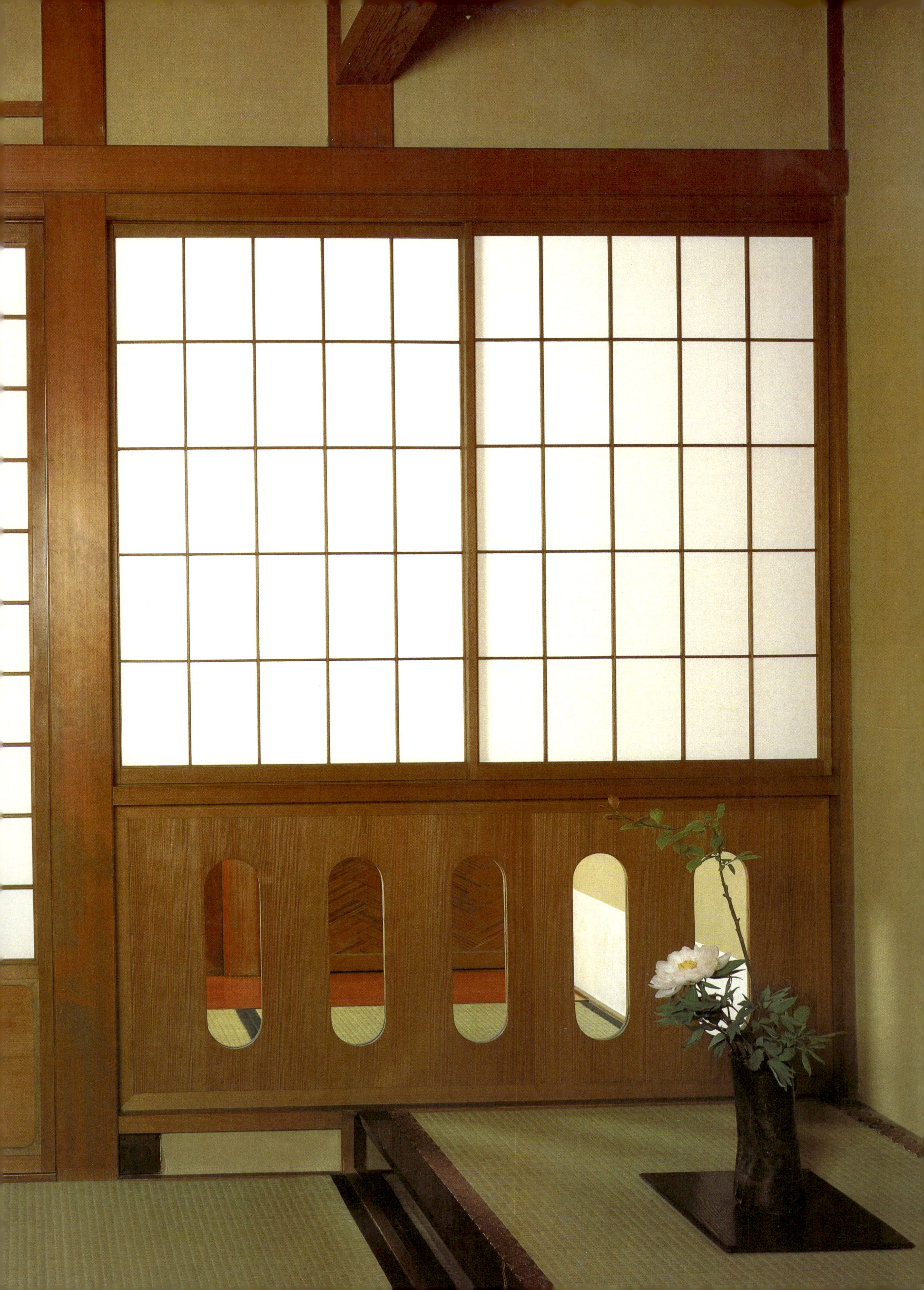

菊之间
上＝床之间和床胁　下＝床胁的挖空处理和平书院

坐渔庄

一层座敷 床之间和床胁

谷庄

店之间和奥座敷

上＝店之间 床之间　下＝奥座敷 床之间和床胁　右＝奥座敷 床框和挖空处理

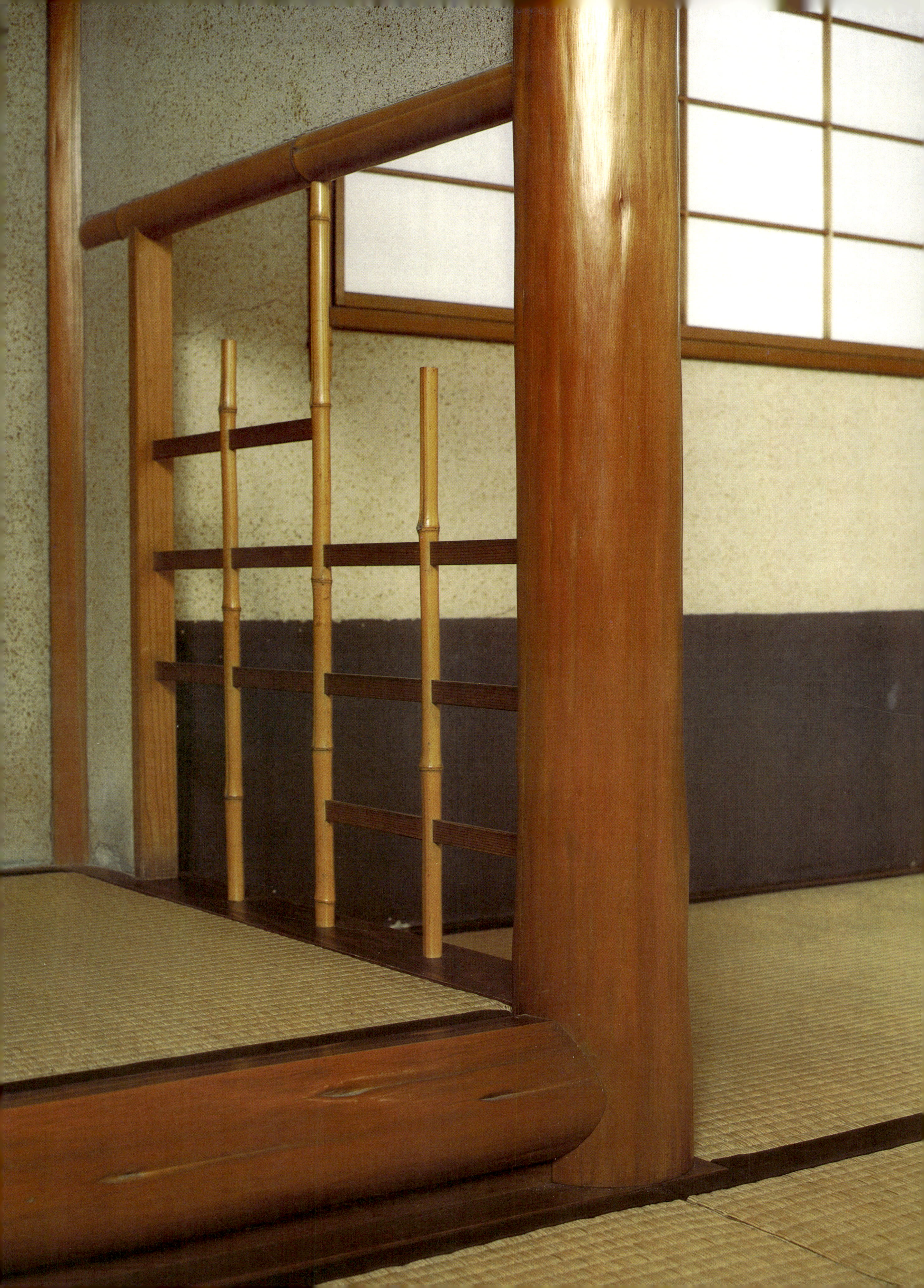

富贵楼

座敷
上＝床之间和床胁　下＝平书院

桥本

座敷
上＝床之间和床胁　下＝付书院

八芳园

锦之间和茶室
上＝锦之间 床之间和床胁　下＝茶室 床之间和床胁　右＝茶室 违棚和付书院

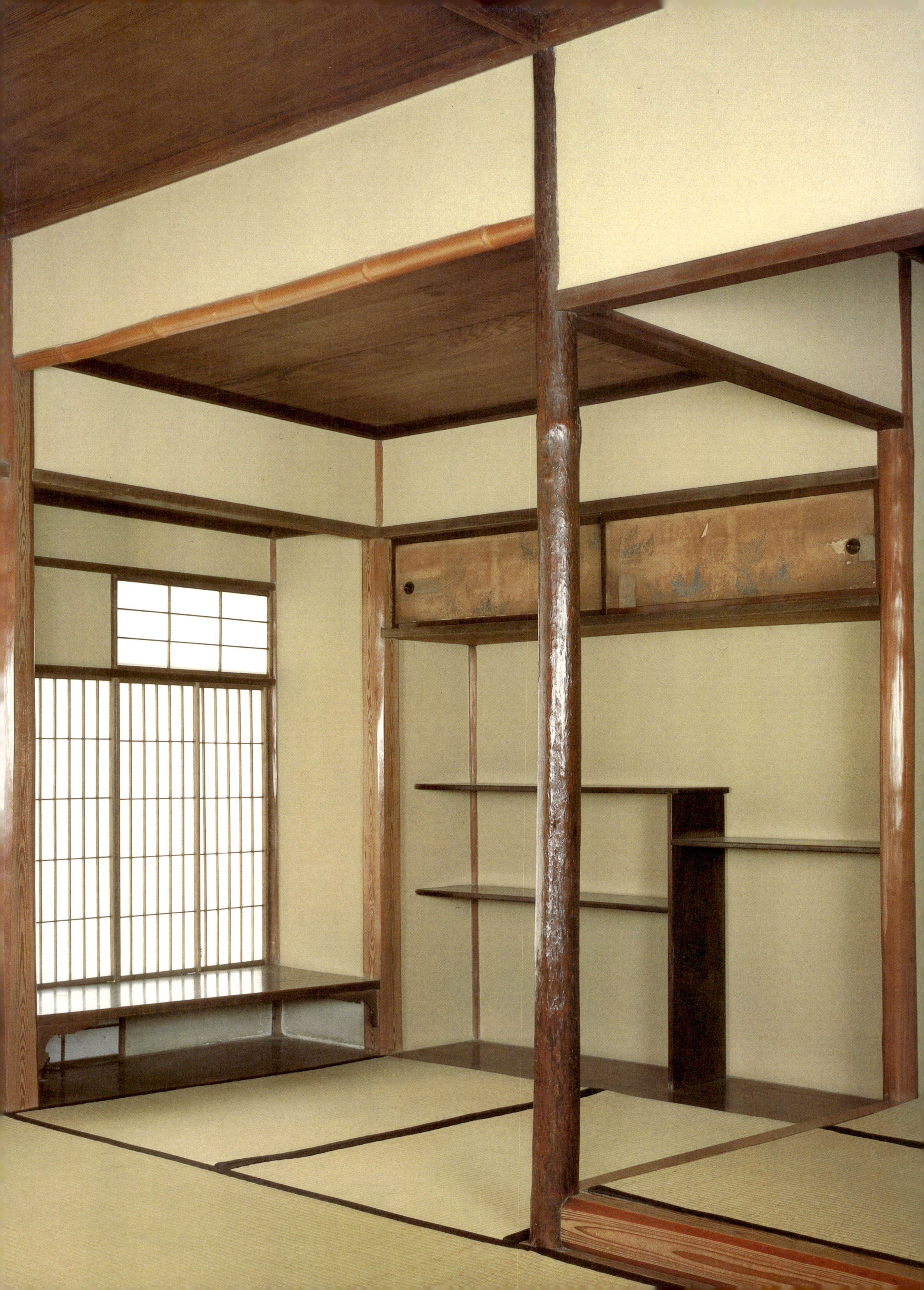

中野邸

一层座敷
上＝床之间　下＝挖空处理和窗

二层广座敷
上＝床之间和床胁　下＝床胁 棚

二层广座敷
床之间

大和

松之间 床之间和琵琶台

松之间
上＝吊束　下＝琵琶台

设计图详解（二）

信乐之间

所在地 东京都港区
所有者 新高轮王子酒店

清水

建造时间 1982年
设计 村野、森建筑事务所
施工 竹中工务店

本节介绍的是高轮王子酒店二层和式食堂"清水"的座敷之一——信乐之间。房间整体彰显着建筑大师村野藤吾的造型风格，但创意又实属新颖。

床之间的进深有三尺，铺有前板。床柱上有经过打磨的木制的框。不同寻常的是落挂处的处理——此处没有设计小壁，而是在回缘下加了二寸九分的幕板。其左端立有方立，上下嵌入圆弧状的藤条。该座敷的栏间做了木瓜形窗的挖空设计，窗户恰好挡住落挂的小壁。正是考虑到了这点，所以才采用了这种设计手法吧。

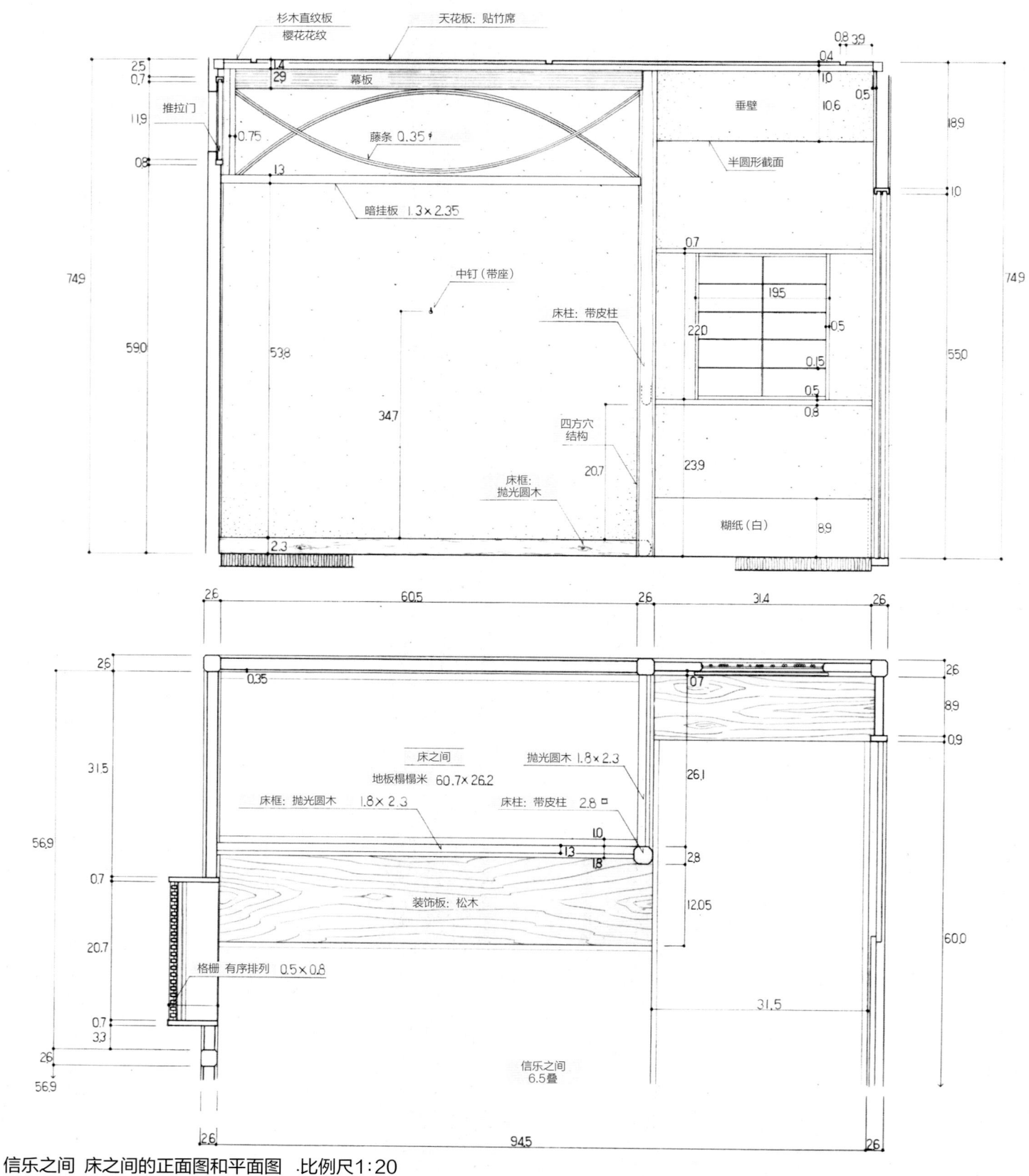

信乐之间 床之间的正面图和平面图　比例尺1:20

清水　实测图

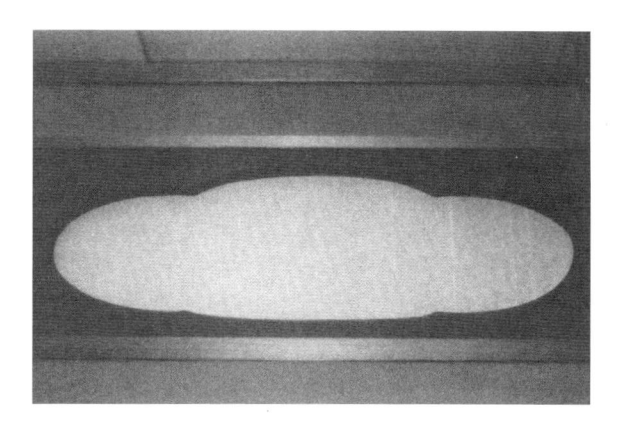

信乐之间 床胁栏间　　　　　　　　　信乐之间 天花板嵌入照明灯　　　　　　信乐之间 床胁的格窗

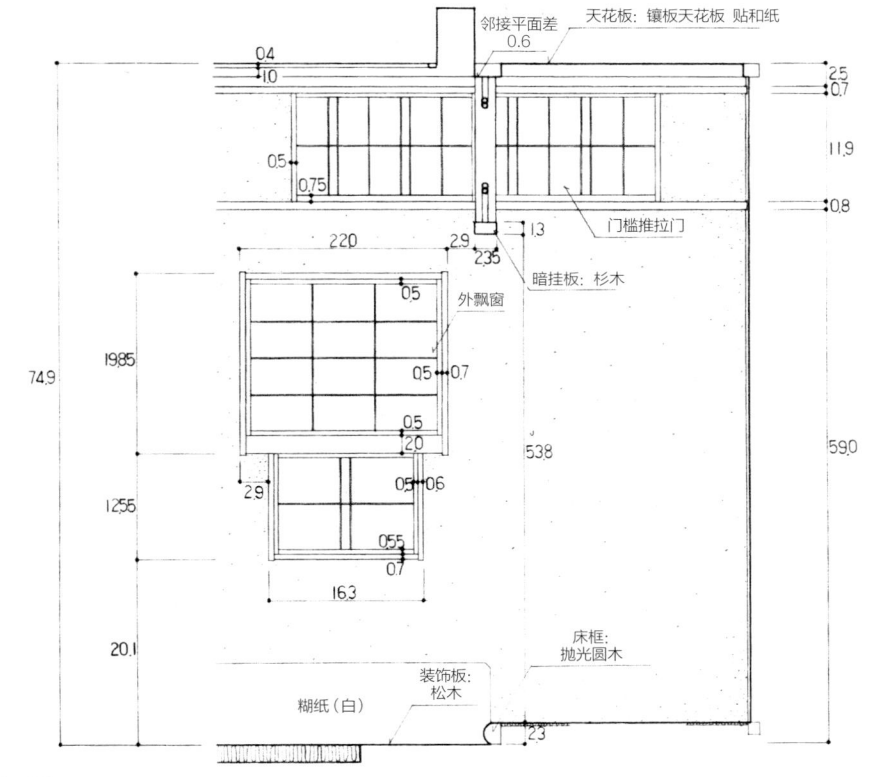

床之间的截面图　比例尺1:20

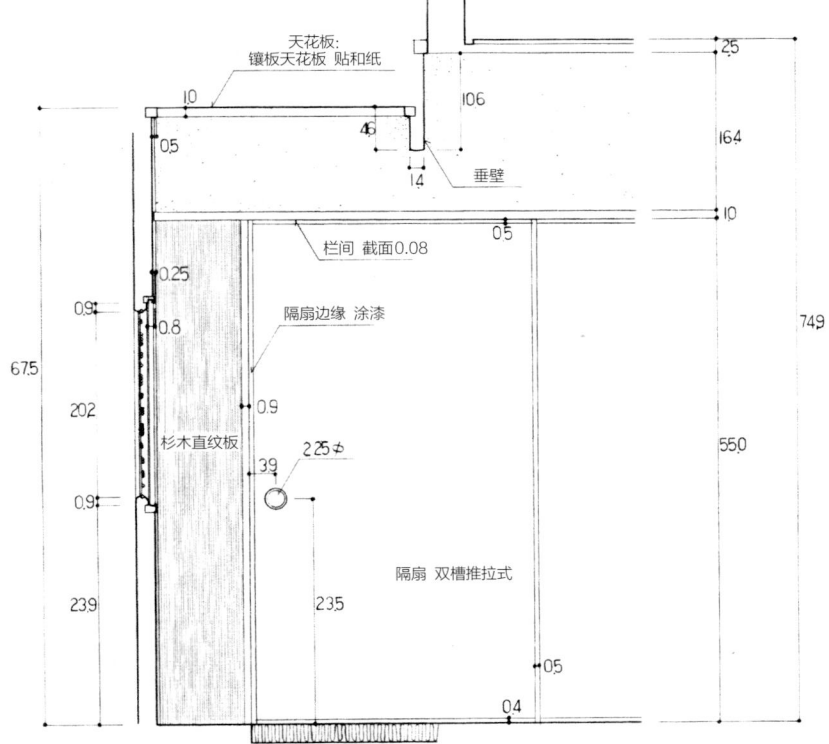

信乐之间 床胁的截面图　比例尺1:20

清水　实测图

九谷之间

建造时间 1982年
设计 村野、森建筑事务所
施工 竹中工务店

这个房间采用了宽敞的踏入式床之间形式。看得出来这种设计是借鉴了残月亭中床之间的设计，但是床胁有墙壁，下半部分做了挖空处理。地板的前端设有垂壁，但是床柱退后六寸六分，并设有落挂。一寸三分的落挂下方有二寸五分的无目，并嵌入了幕板。在远州偏好的泷本坊书院之中，也运用了类似的设计手法。不管怎么说，这都属于新颖的手法。

接下来看床之间的天花板。天花板高度六尺一寸有余，里侧显得较高。此设计是为了只将挂物钉的位置提高。

房间内安放有一重棚。棚板的前方立有支撑柱，背对圆窗。墙壁附近设有钓竹。房间的整体设计独具匠心。床之间的设计赋予房间整体茶室般的意蕴。

九谷之间 床之间

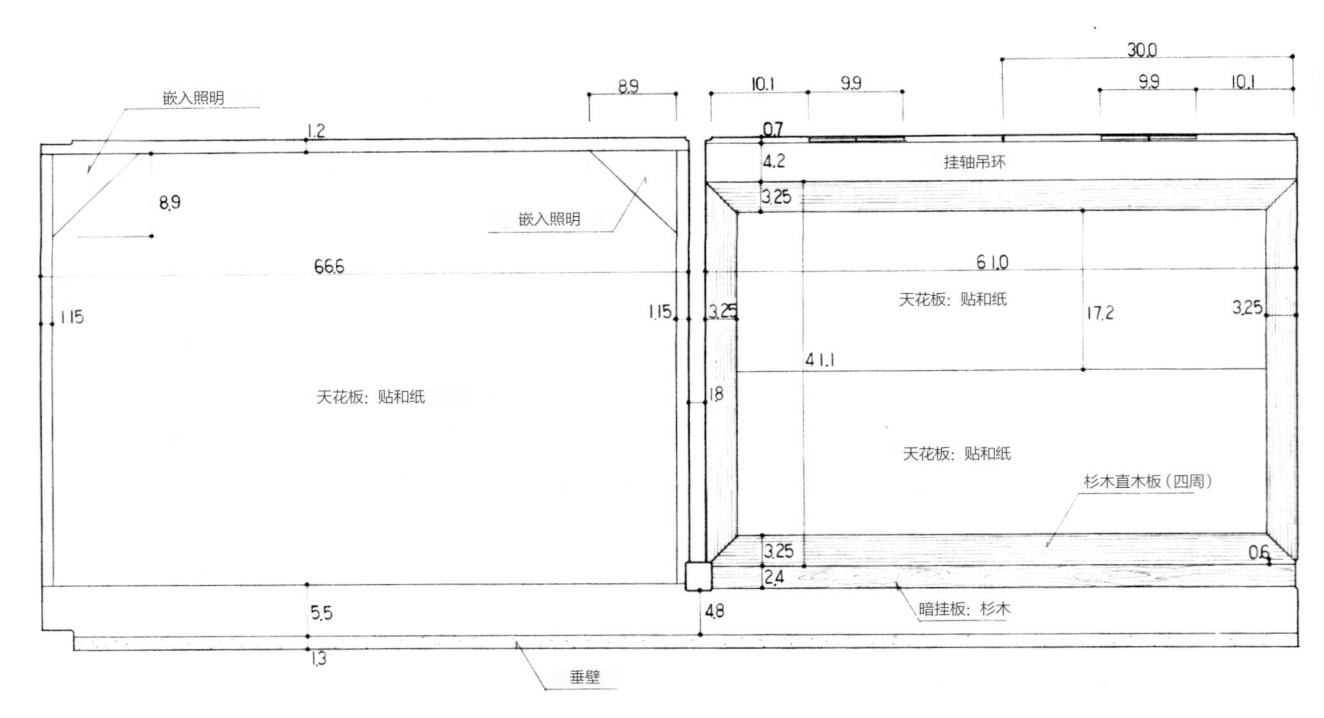

床之间的天花板平面投影图　比例尺1:20

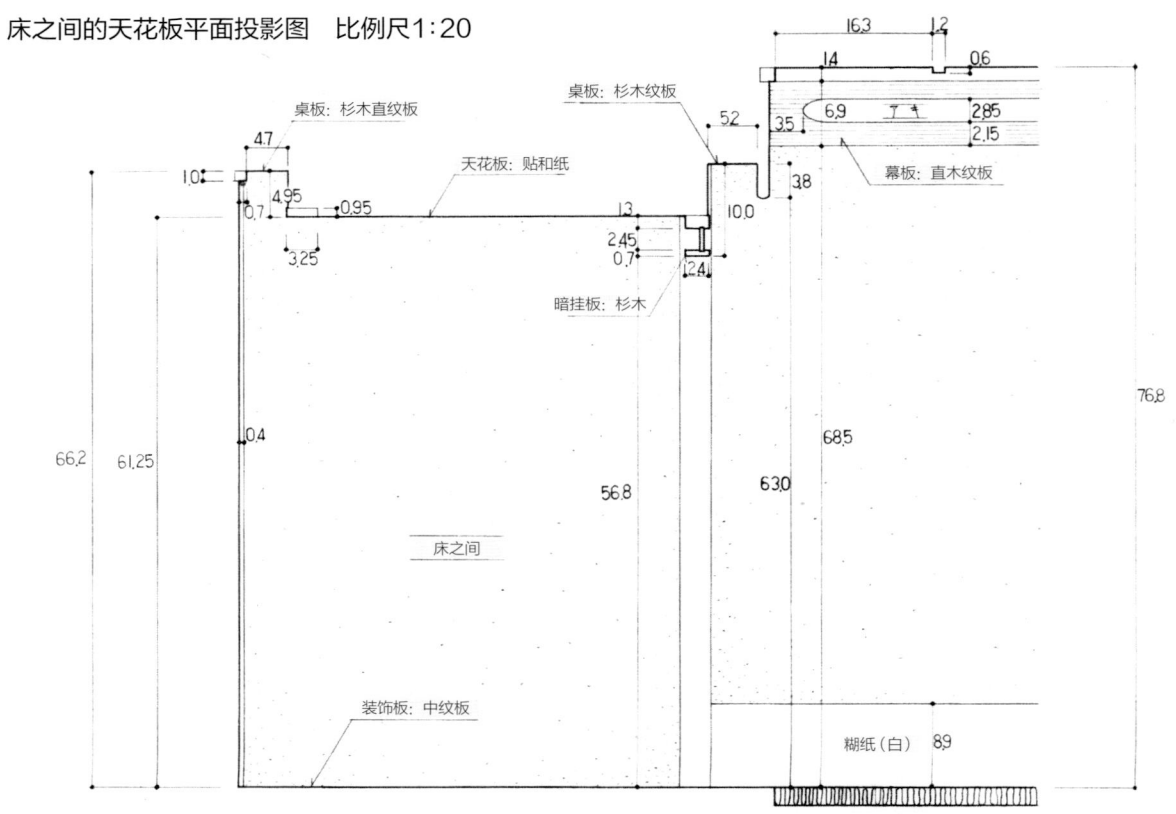

九谷之间 床之间的截面图　比例尺1:20

清水　实测图

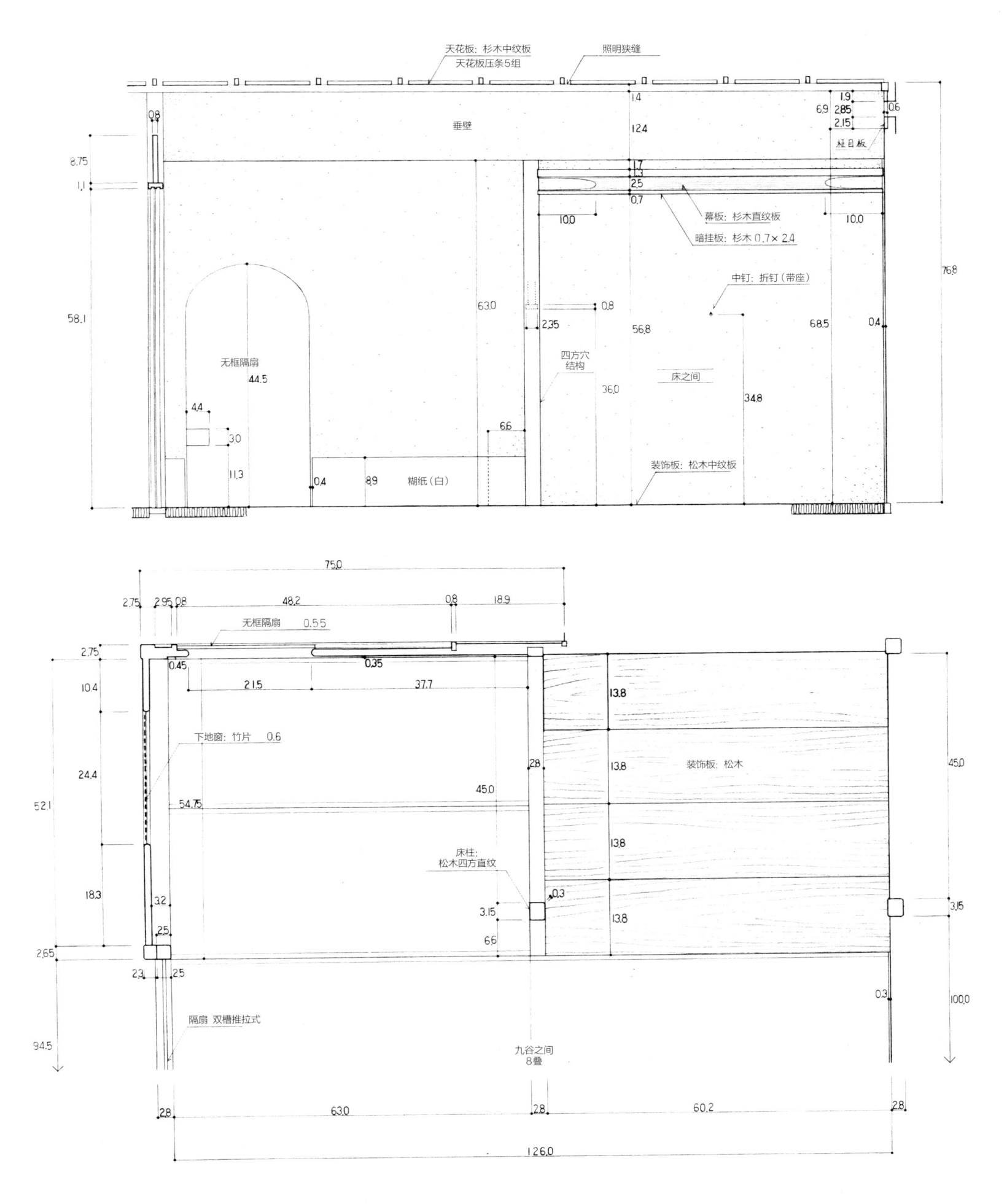

九谷之间 床之间的正面图和平面图　比例尺1:20

清水　实测图

九谷之间 一重棚的收边

九谷之间 一重棚

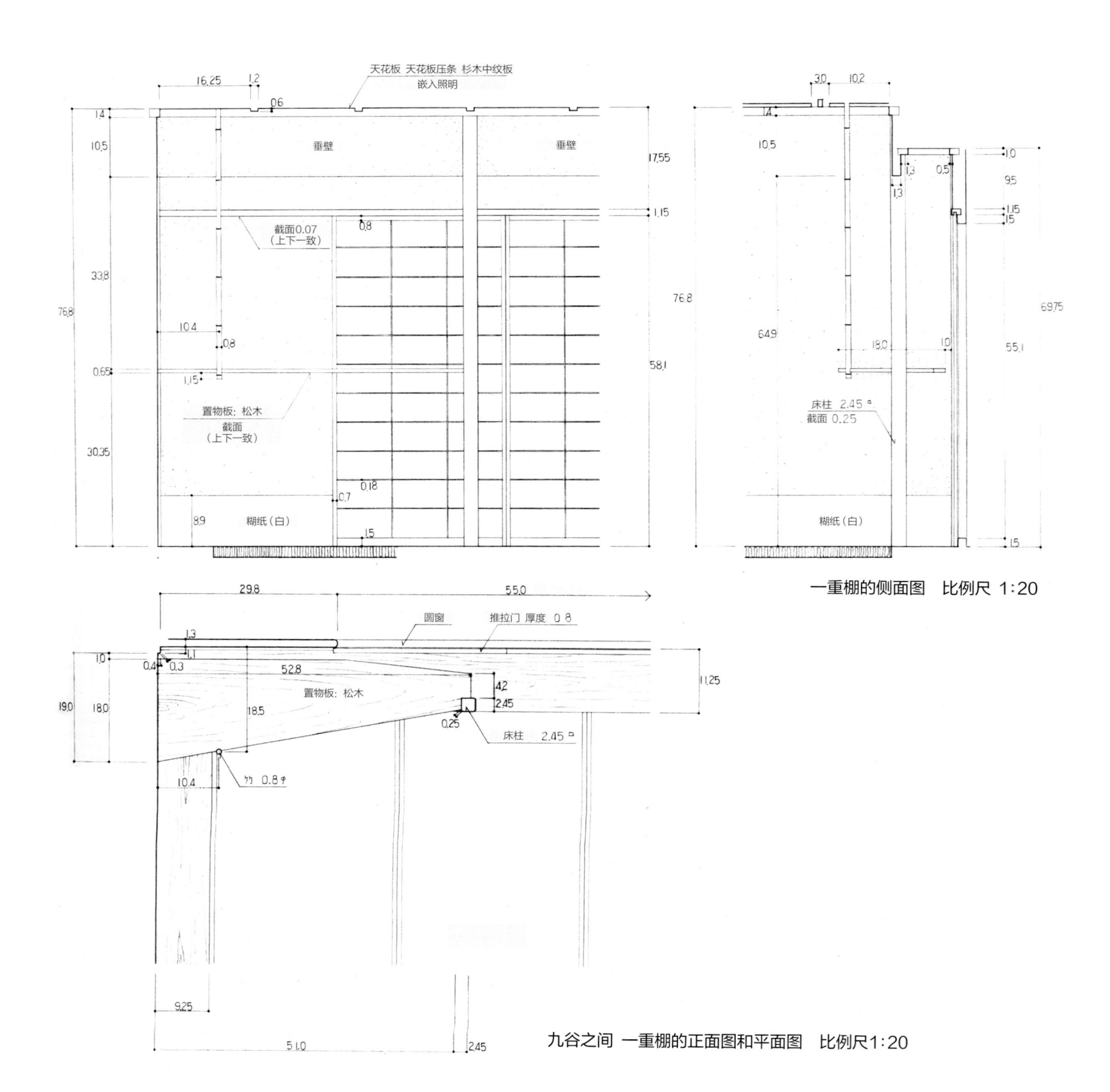

一重棚的侧面图　比例尺 1:20

九谷之间 一重棚的正面图和平面图　比例尺 1:20

清水　实测图

鼓之间

秀明
所有者　新高轮王子酒店
所在地　东京都港区

建造时间　1982年
设计　村野、森建筑事务所
施工　竹中工务店

"秀明"是新高轮王子酒店大堂正上方三层屋顶庭院中的和室。

本节介绍的座敷为6叠大小的茶室。床柱加设了外框，左侧立有竹方立，嵌有杉木板。这种构成相当于袋床之间的格局了，但是羽目板（护墙板）却避免了通常手法，设计了上下错落的矩形挖空。而且其上下大小也不相同，格外引人注目。

鼓之间 床之间

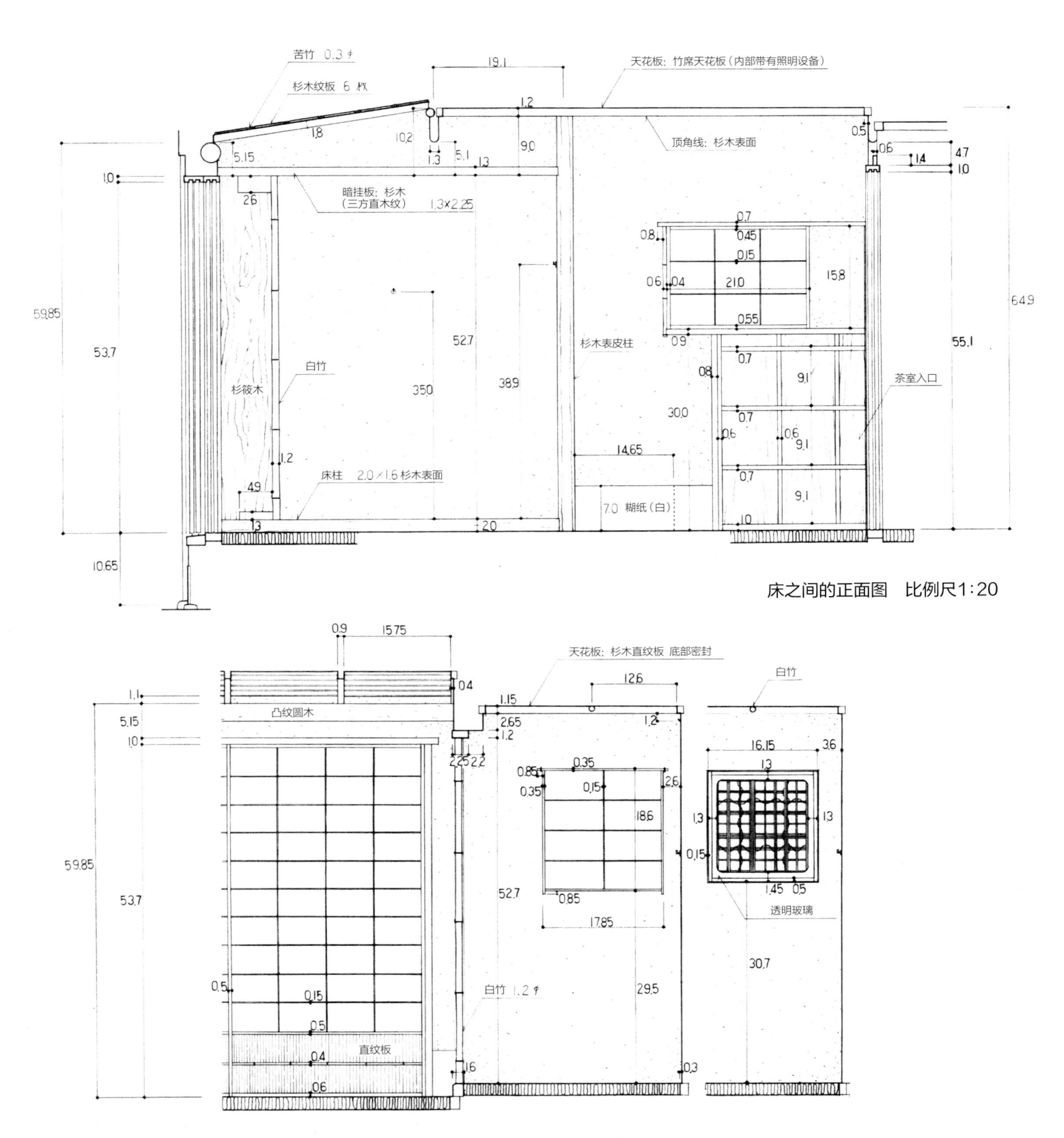

床之间的正面图　比例尺1:20

鼓之间 床之间的截面图　比例尺1:20

秀明　实测图

扇之间

建造时间 1982年
设计 村野、森建筑事务所
施工 竹中工务店

八叠主间和六叠次间被纸拉门分隔开。八叠主间的中央位置立有床柱，是常见的床之间结构，其左侧设有付书院。床柱较细的一面朝外。

书院右侧是袖壁，所占空间较小，整体平衡感很好。书院窗的障子组子与座敷明障子的组子风格一致，体现了细腻的设计。

次间则采用了踏入式床之间，左侧床胁设有火灯口。或许正因如此，挂物钉被钉在偏右的位置。床胁中的火灯口极其特别，从未见过先例，也不清楚具体用途，但是其弧形的轮廓显得格外沉稳，着实形成此房间的一大特色。房间中的天花板较低，只将里侧挂垂物用的部分做了挑高。

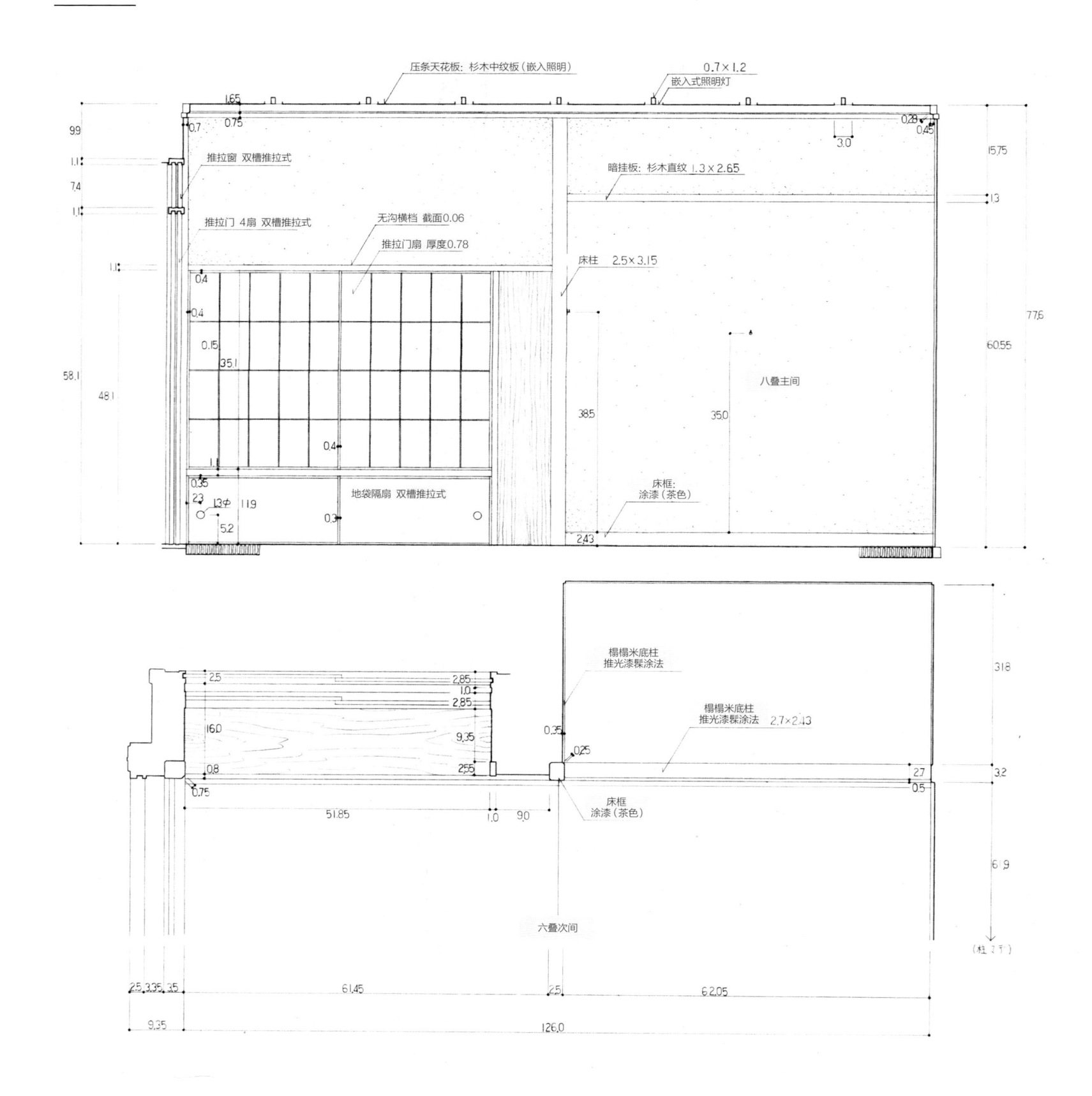

扇之间 床之间的正面图和平面图　比例尺1:20

秀明　实测图

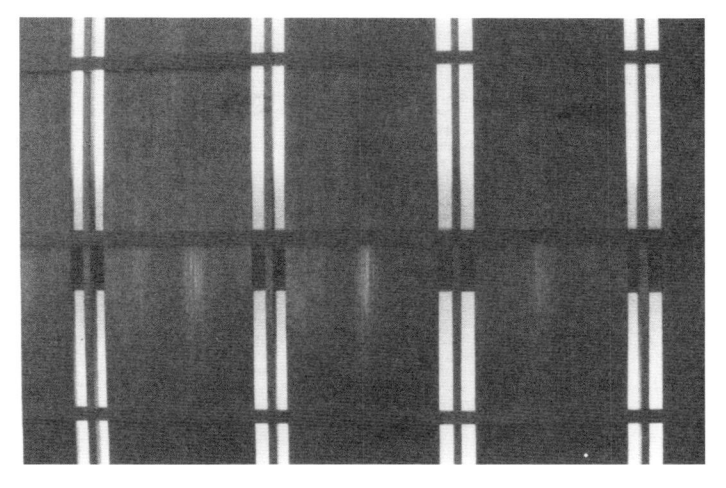

扇之间 嵌入式照明灯

扇之间 付书院

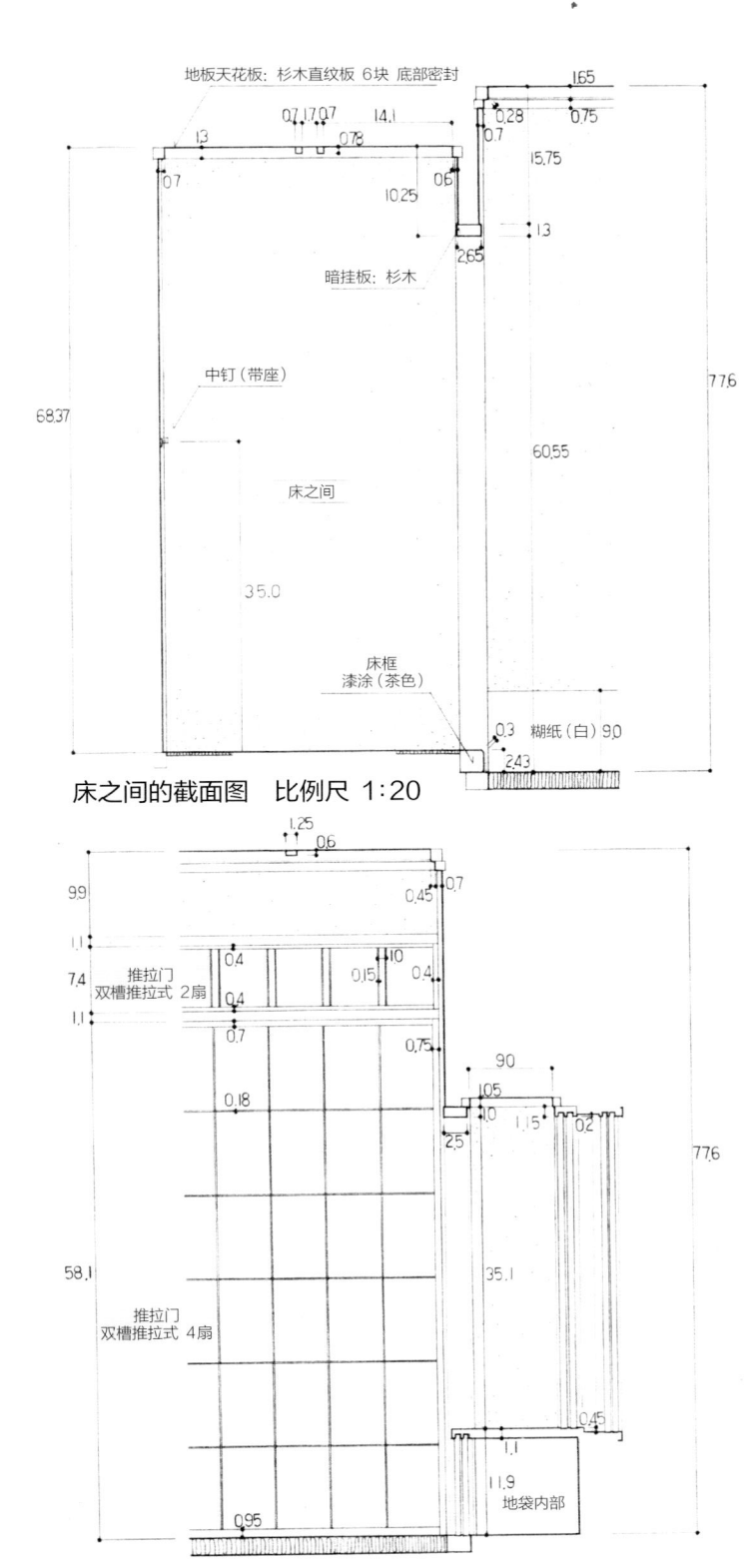

床之间的截面图　比例尺 1:20

扇之间 床胁截面图　比例尺1:20

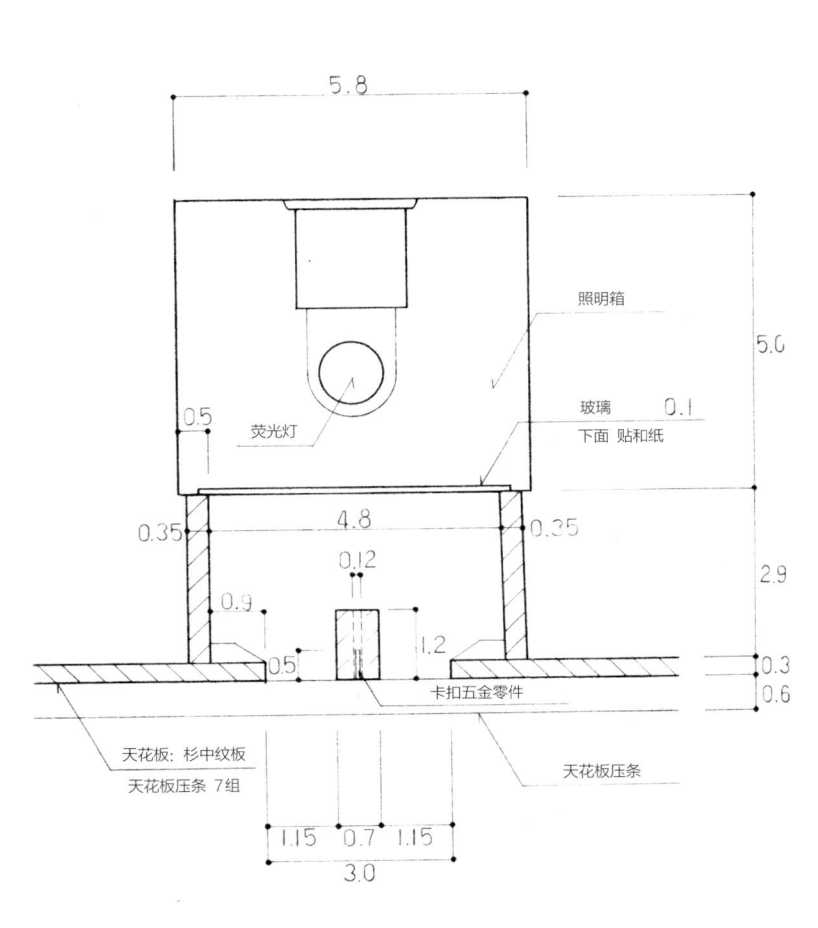

嵌入式照明灯详细图　比例尺1:3

秀明　实测图

花桐之间

所有者 楠本纯子
所在地 东京都千代田区

滩万山茶花庄

建造时间 1974年
设计 村野、森建筑事务所
施工 大成建设 水泽工务店

位于新大谷酒店园内的滩万山茶花庄是由村野藤吾改造的。村野先生曾这样说："虽然保留了旧有宅邸的主体构造，但是内部全采用创新的手法。座敷天花板采用贴纸的手法，里侧嵌入了照明设备。这座建筑物可谓是首创。"

本节介绍的座敷名为"花桐之间"。贴纸的天花板格外引人注目。床之间的设计也极其新颖。

房间里侧的上座处立有两根床柱，中间形成了床之间。其后还留了一尺左右的空间。床柱立于床框的里面。落挂的内法高（净空高度）为五尺七寸八分，两侧的同样高度处设有壁留，下部分是挖空设计。无论是大平壁还是两侧的小壁都有设计装饰物。

上座的周围三边都设有内法高四尺一寸的中敷居窗，内侧嵌入了黑涂的菱格悬窗。此设计应该是借用了栗林公园内掬月亭的处建观的设计吧。床之间位于房间中央，左右均设有床胁，这种设计也被运用在了远州的孤篷庵直入轩书院（初建时）中。这种用装饰性菱格将床之间包围起来的设计风格确实很像远州的偏好。

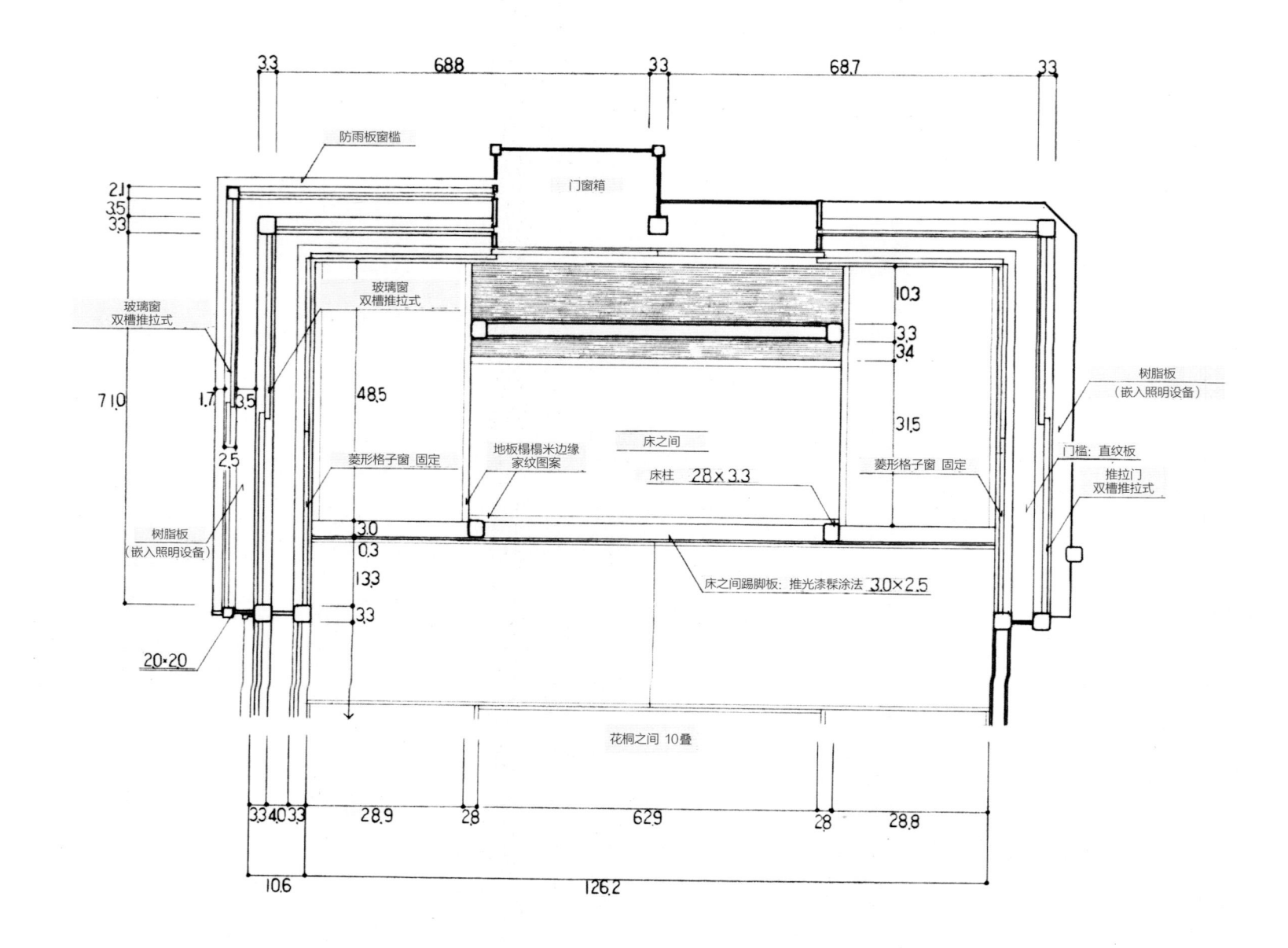

花桐之间 床之间的平面图 比例尺1:30

滩万山茶花庄 实测图

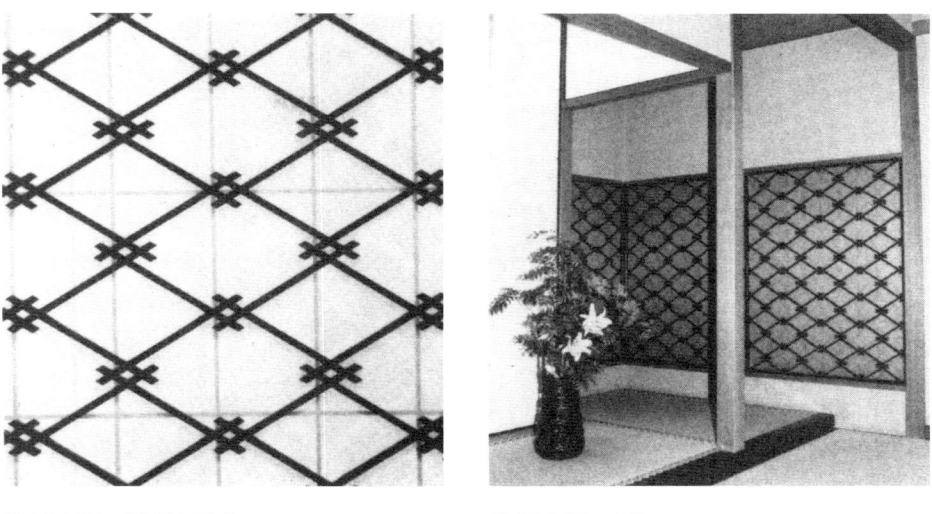

花桐之间 菱形格子窗　　　　花桐之间 床胁

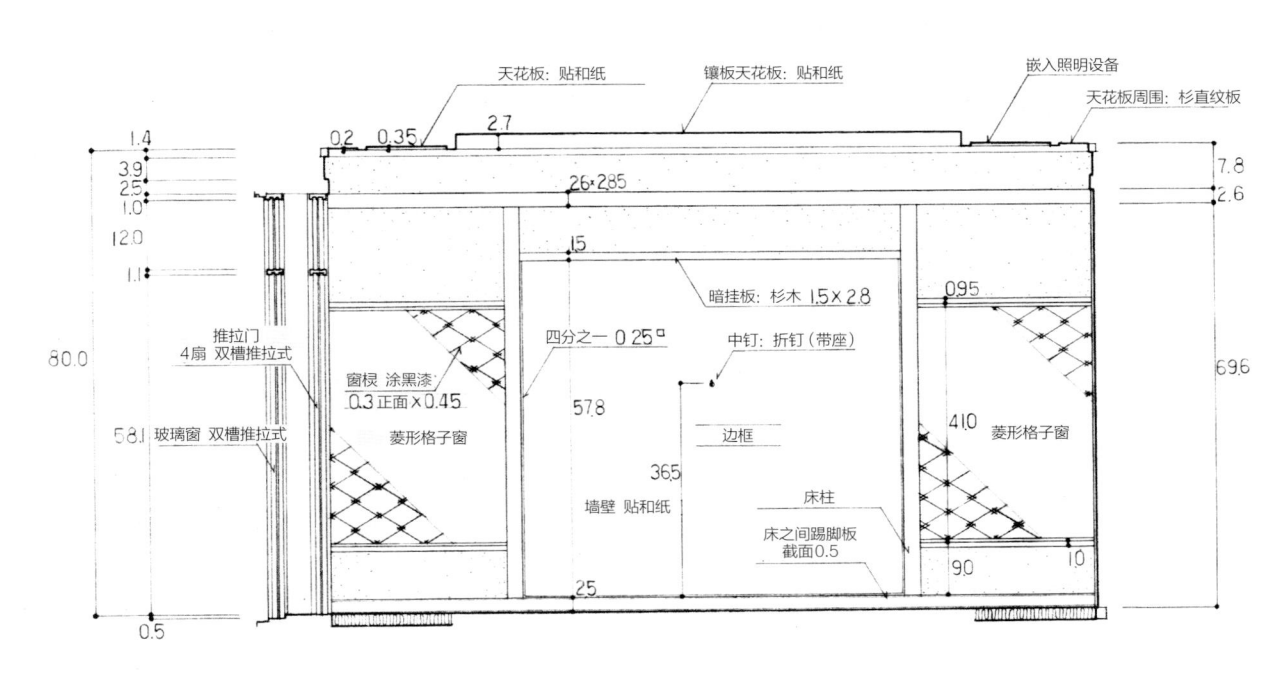

床之间的正面图　比例尺1:30

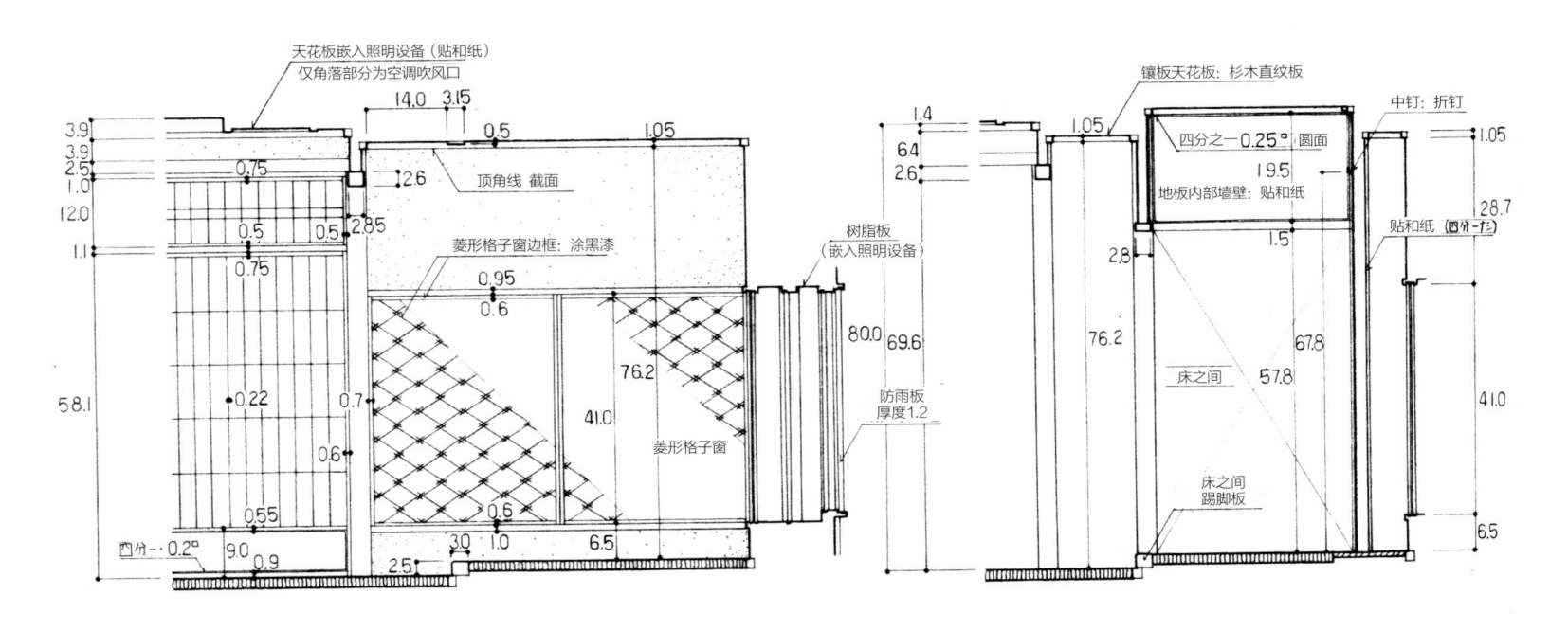

花桐之间 床胁截面图　比例尺1:30　　　　床之间的截面图　比例尺1:30

滩万山茶花庄　实测图

紫之间

6叠大小的座敷中央的部分设有固定脚炉。

将房间内铺有一整面的地板处设计成洞式床之间。露出前板，将洞床之间设置在小壁内侧，强调进深。前方墙壁呈倾斜状态，挂物钉看上去似乎就钉在开口部中心垂线上。

建造时间 1974年
设计 村野、森建筑事务所
施工 大成建设 水泽工务店

葵之间

这一座敷有12叠大。

床之间的形式很正规。床胁处没有设置桌板，仅铺设地板，并开有书院窗。

床之间的右侧看不到吊束，但却形成了很大的壁面。床之间当中设置了桌板的形式较为罕见，可以说是床胁和床之间的组合。虽然没有设置付书院，但却形成了独特的庆之间格局。

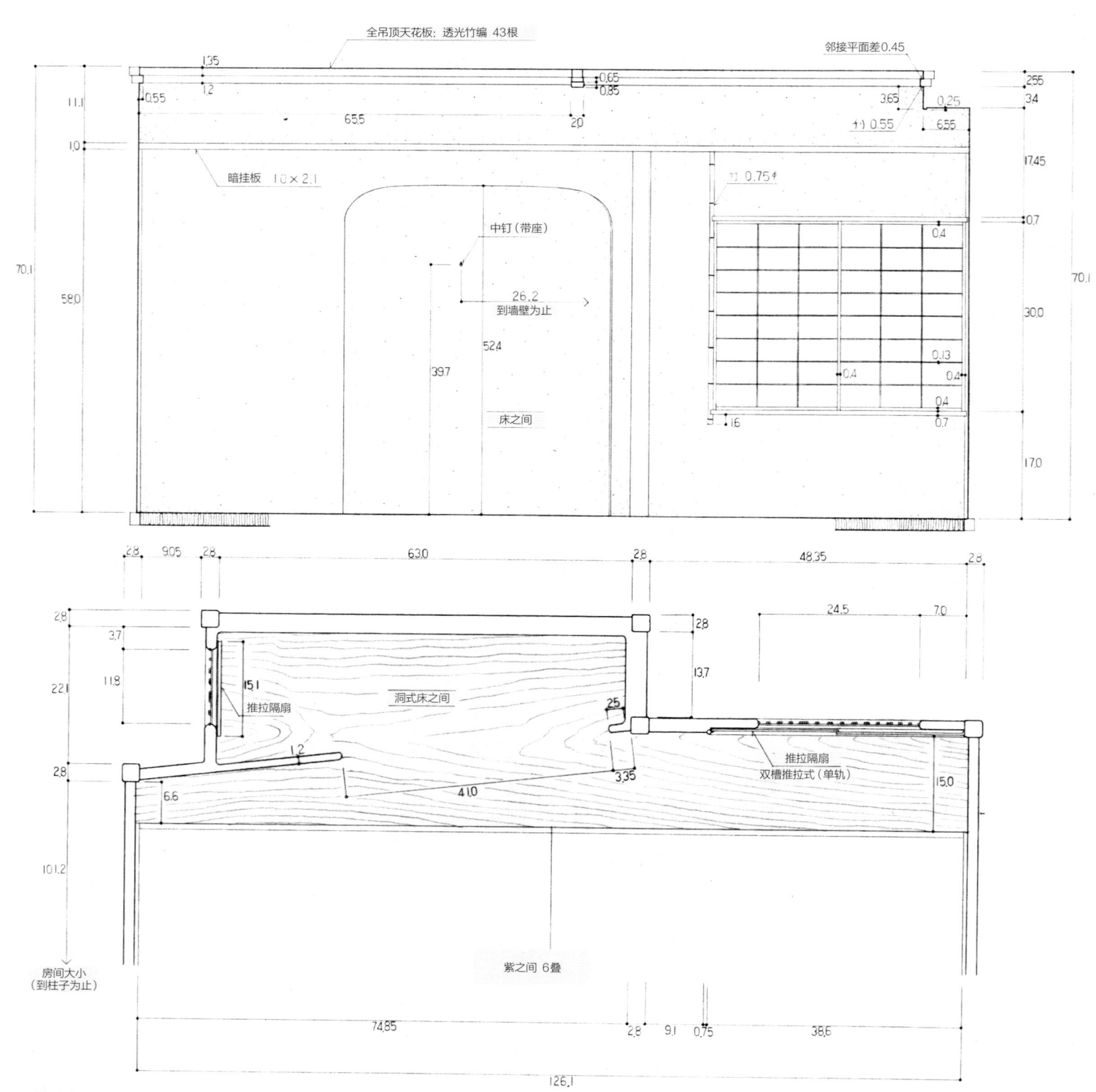

建造时间 1974年
设计 村野、森建筑事务所
施工 大成建设 水泽工务店

紫之间 床之间的正面图和平面图 比例尺1:20

滩万山茶花庄 实测图

葵之间 床胁处的棚

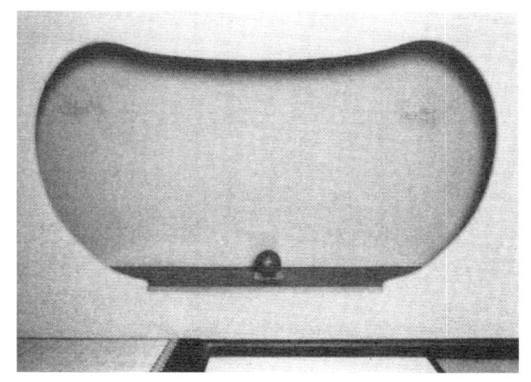

葵之间 棚的正面

紫之间 天花板

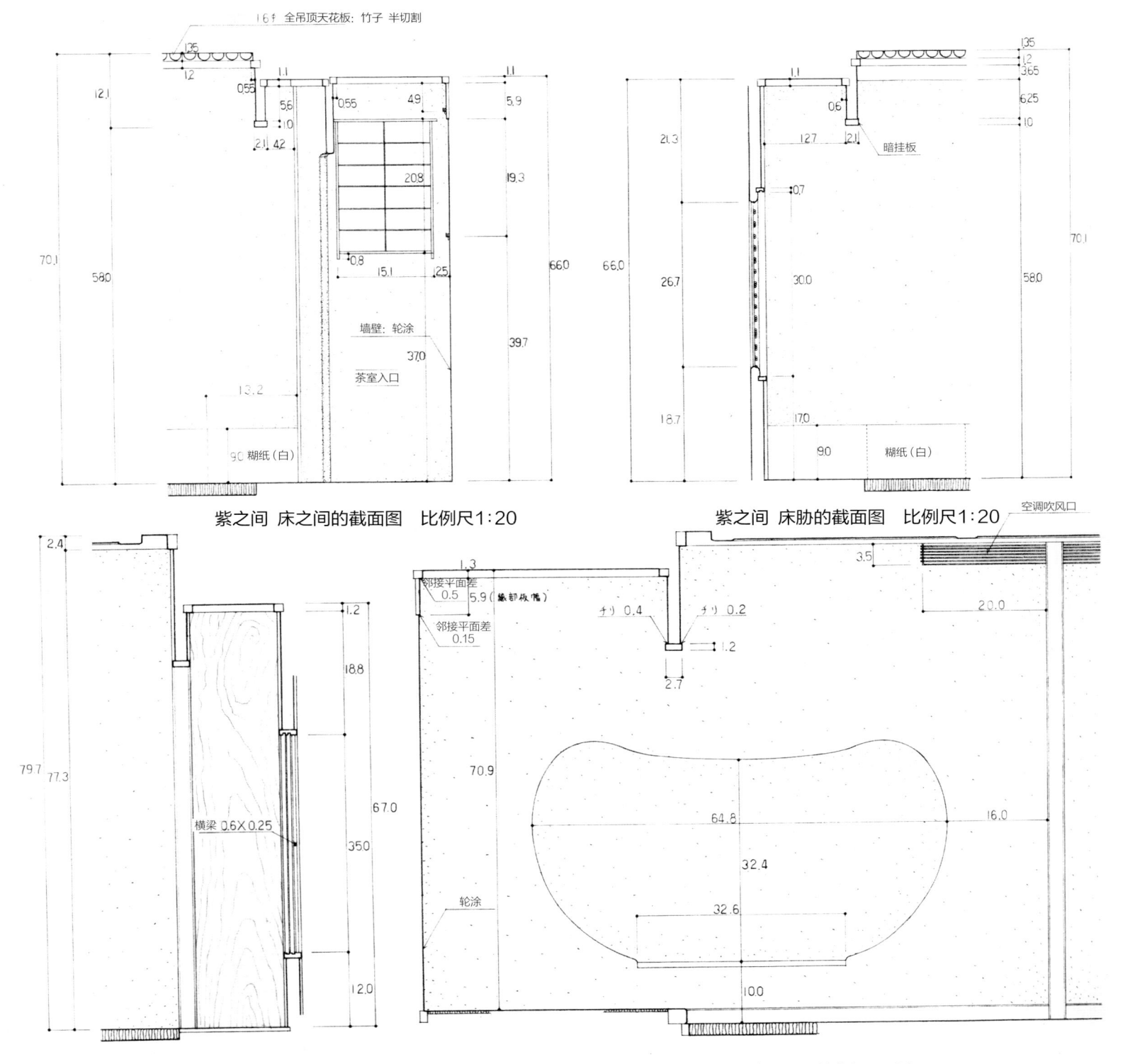

紫之间 床之间的截面图　比例尺1:20

紫之间 床胁的截面图　比例尺1:20

葵之间 床胁的截面图　比例尺1:20

葵之间 床之间的截面图　比例尺1:20

滩万山茶花庄　实测图

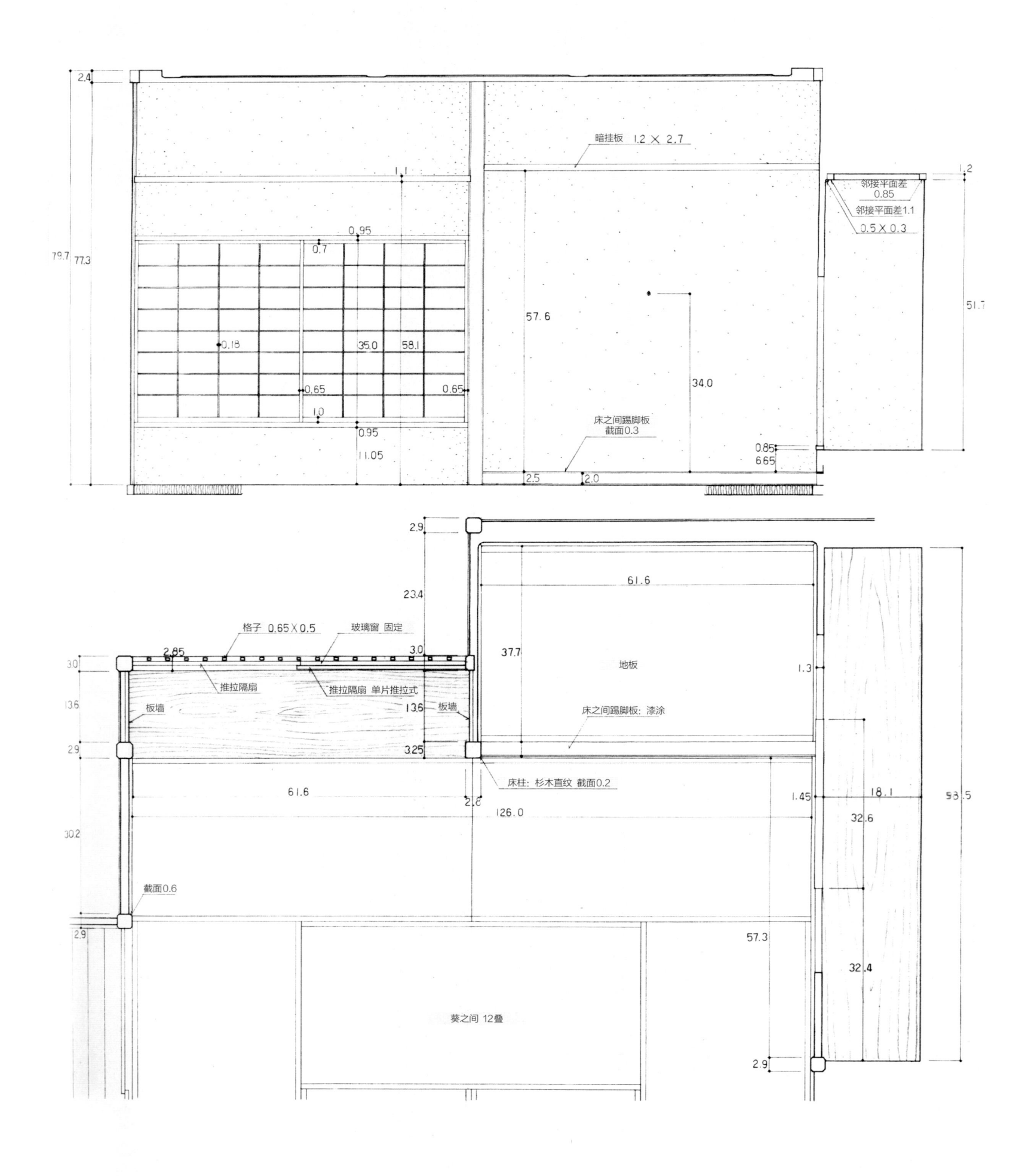

葵之间 床之间的正面图和平面图　比例尺1:20

滩万山茶花庄　实测图

江户千家

所有者 川上闲雪
所在地 东京都文京区

广间

建造时间 1964年
设计 川上不白
施工 清水繁太郎

表千家如心斋与里千家的一灯携手确立了"七事式"。这是江户时代中期确立的为了在新时代普及千家茶道的修炼法。在江户千家人们精心打造了符合七事式的广间形式。其特色是大小为8叠，中间设计了床之间，两侧设有棚，中央床之间前横铺着榻榻米。

此广间可谓是如心斋的得意之作，之后流传其为千家祖先川上不白的偏好。床之间位于中央，左右设有棚。左侧还立有赤松木的床柱，右侧同样有床柱，并设有吊束。左侧床胁设有地袋，付鸭居设在两侧，两侧的小壁都设计为火灯形。

右侧的床胁设在高出地板平面处，入隅处悬挂二重棚。除了这些设计，也有过其他基本形式类似、细节设计不同的实例。例如一边设有地袋，另一边有棚或天袋；或者一边作为床胁使用，设置琵琶台。此形式是服务于茶道的广间基本形式之一。

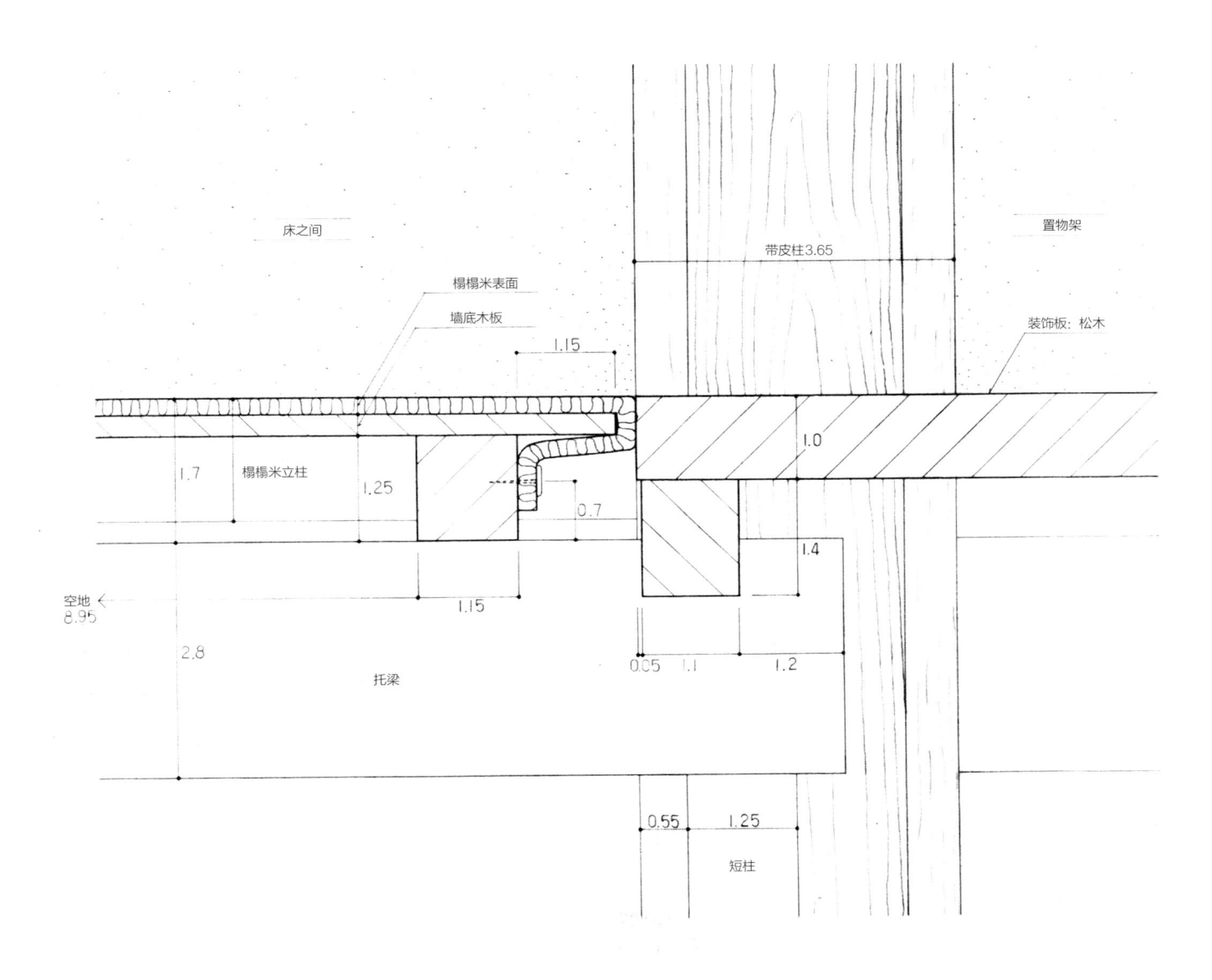

广间 床之间薄缘截面详细图　比例尺1:2

江户千家　实测图

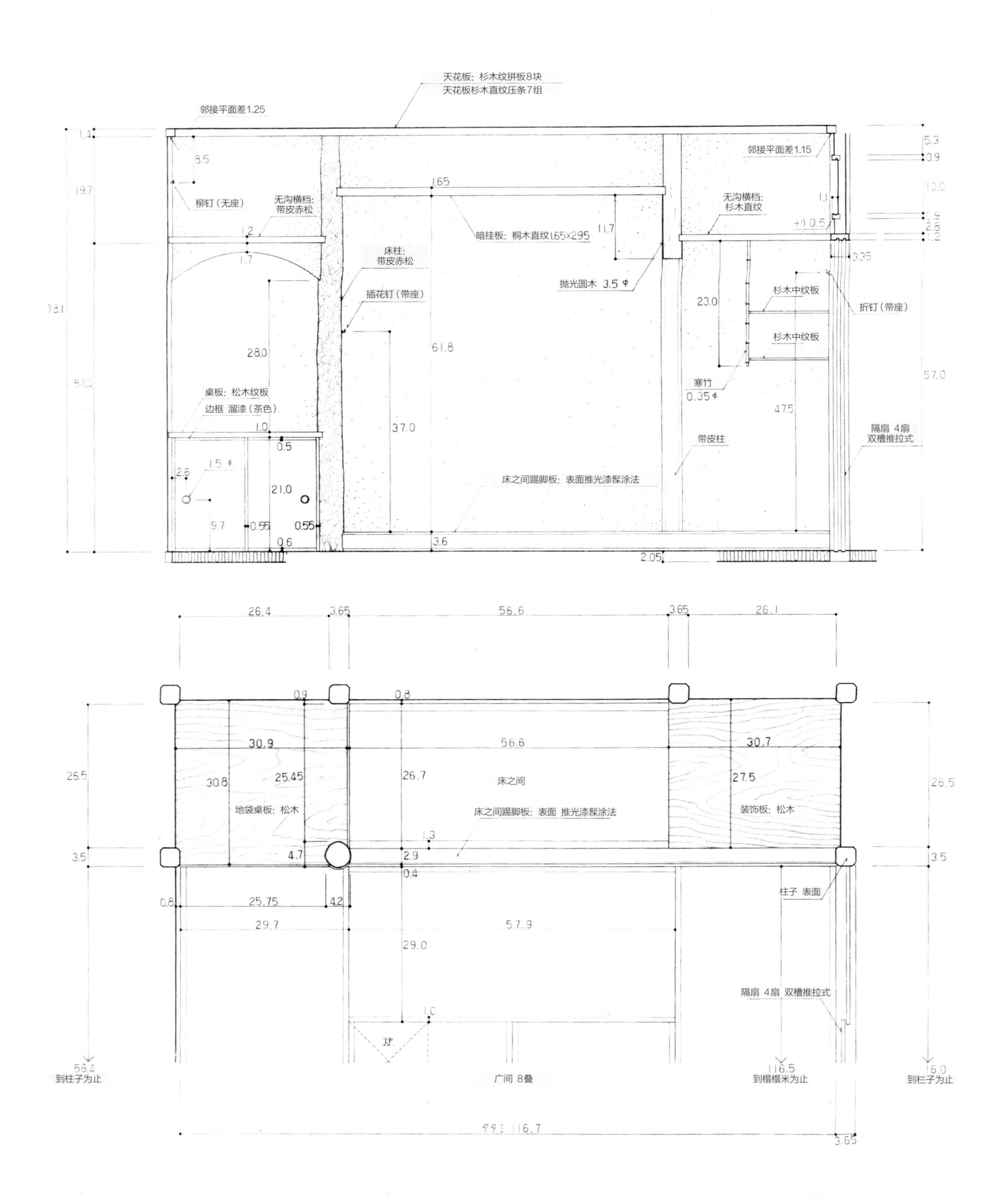

广间 床之间的正面图和平面图　比例尺1:20

江户千家　实测图

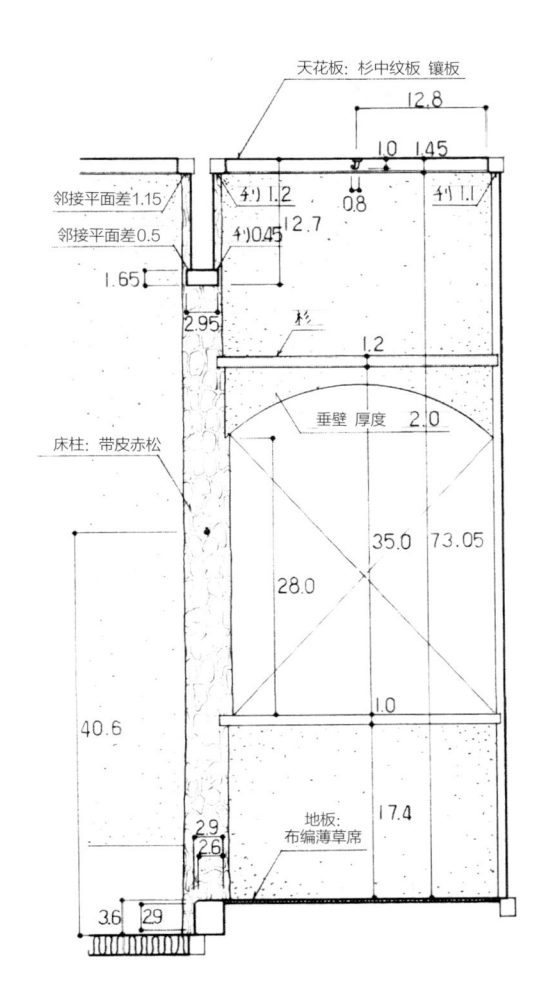

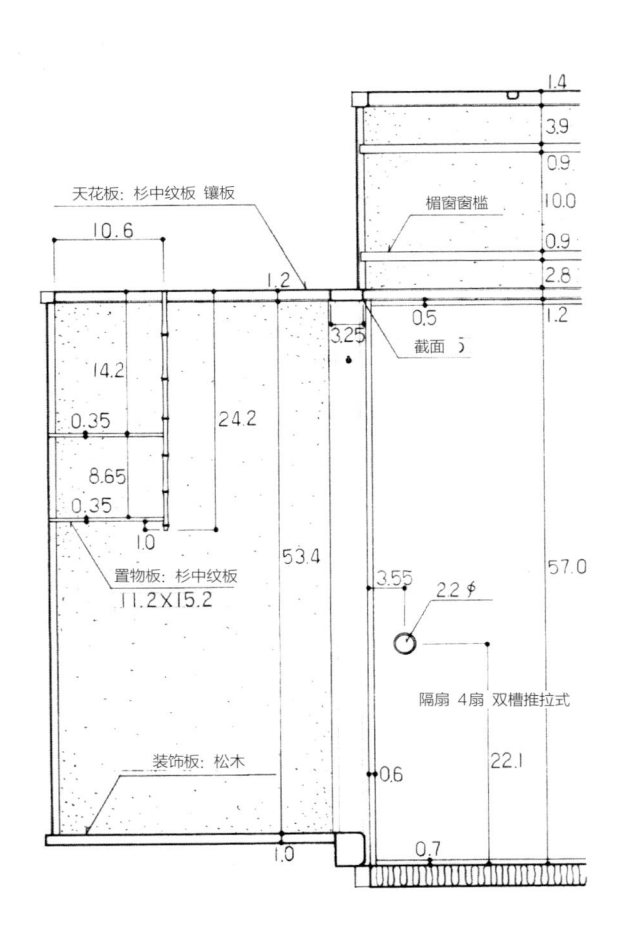

床之间的截面图　比例尺1:20

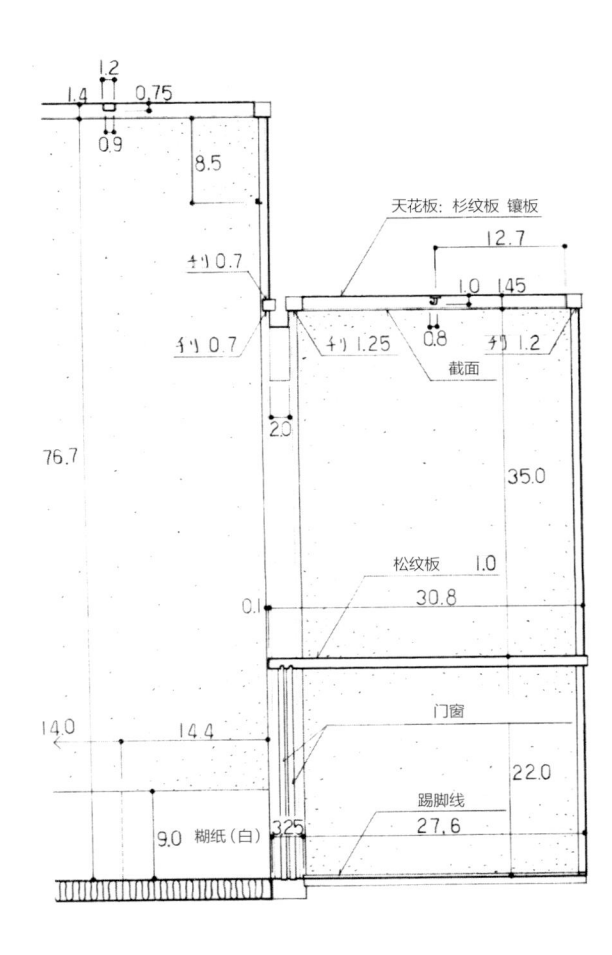

广间　床胁的截面图　比例尺1:20

江户千家　实测图

吹上之间

山翠楼

所有者 加藤幸三郎
所在地 名古屋市中村区
建造时间 1917年
设计、施工 山田龟太郎

本节展示了山翠楼中座敷的床之间。座敷为12叠，房间内设有长押，天花板高达十尺。

床之间的左边设有付书院，右边的床胁根据前板位置设有地袋，右入隅处设有一重棚。

床柱为杉木。长押宽三寸三分，落挂宽一寸七分，木割（木构件尺寸比例）较为精细。长押下端与床柱相交。

床框设在床柱与地袋之间，其上方做了挖空。床胁上方为网代天花板。一重棚采用了桐木，上下端的棱角进行了磨圆处理，出隅附近设有钓木。钓木也做了磨圆处理，下部装饰有装饰性金属物。

吹上之间 床胁处钓木

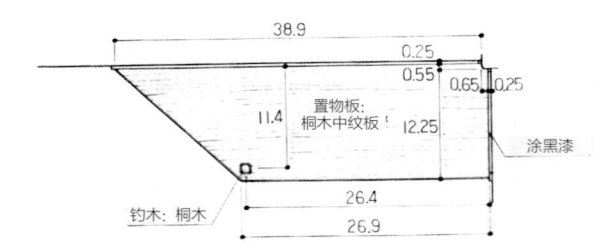

棚平面详细图　比例尺1:20

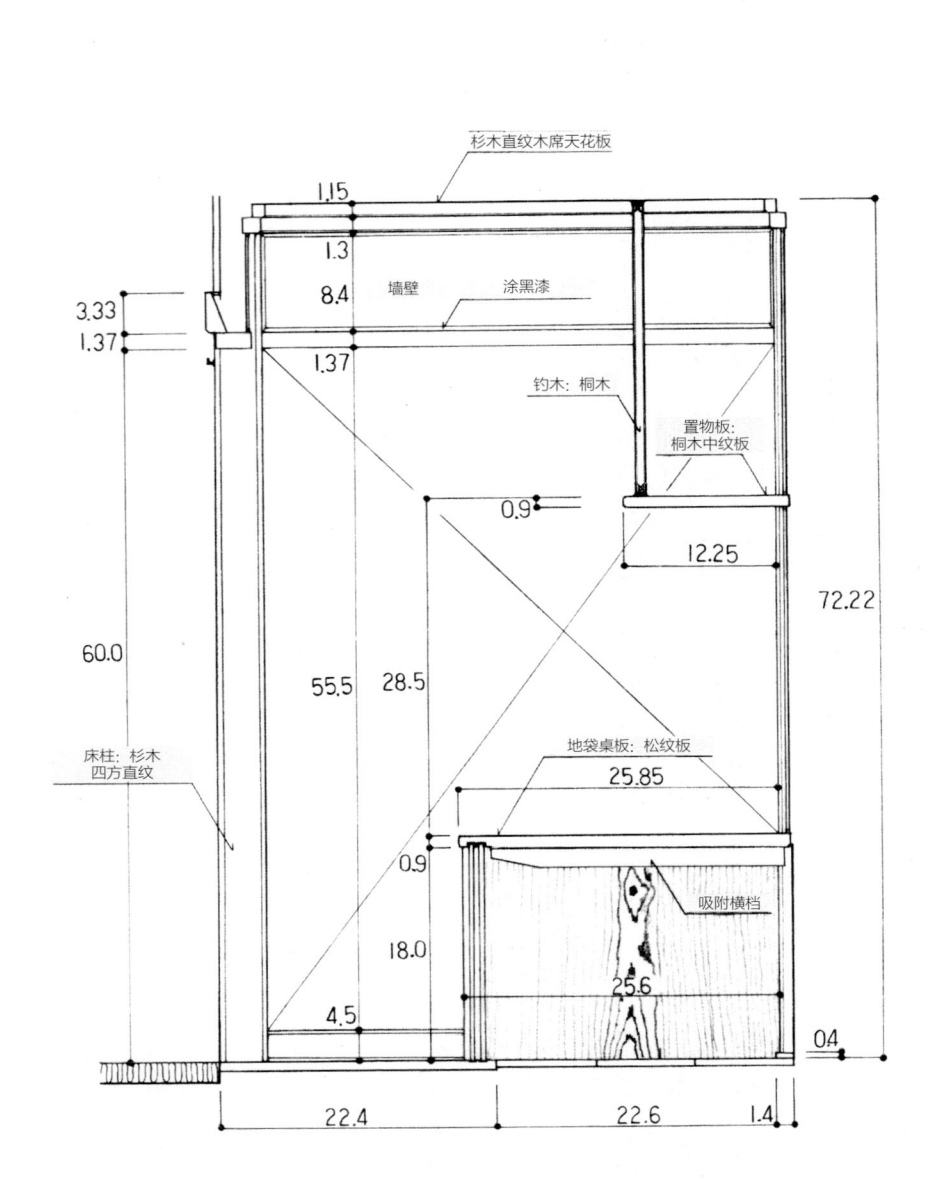

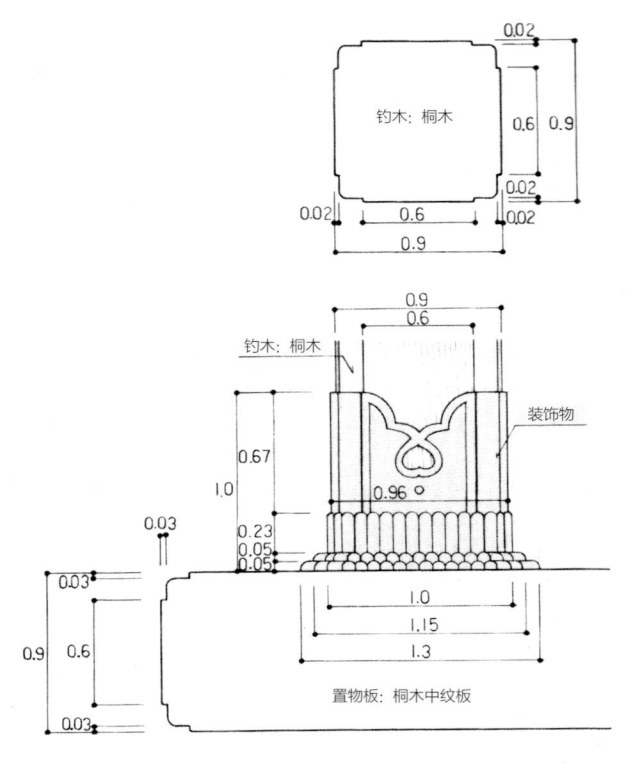

床胁钓木详细图　比例尺 1:1

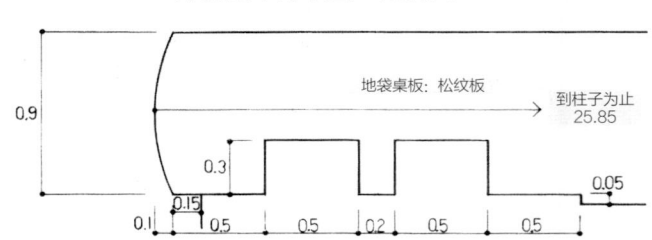

吹上之间 床胁截面图　比例尺1:20

地袋桌板详细图　比例尺 1:1

山翠楼　实测图

床柱上部详细图　比例尺1:3

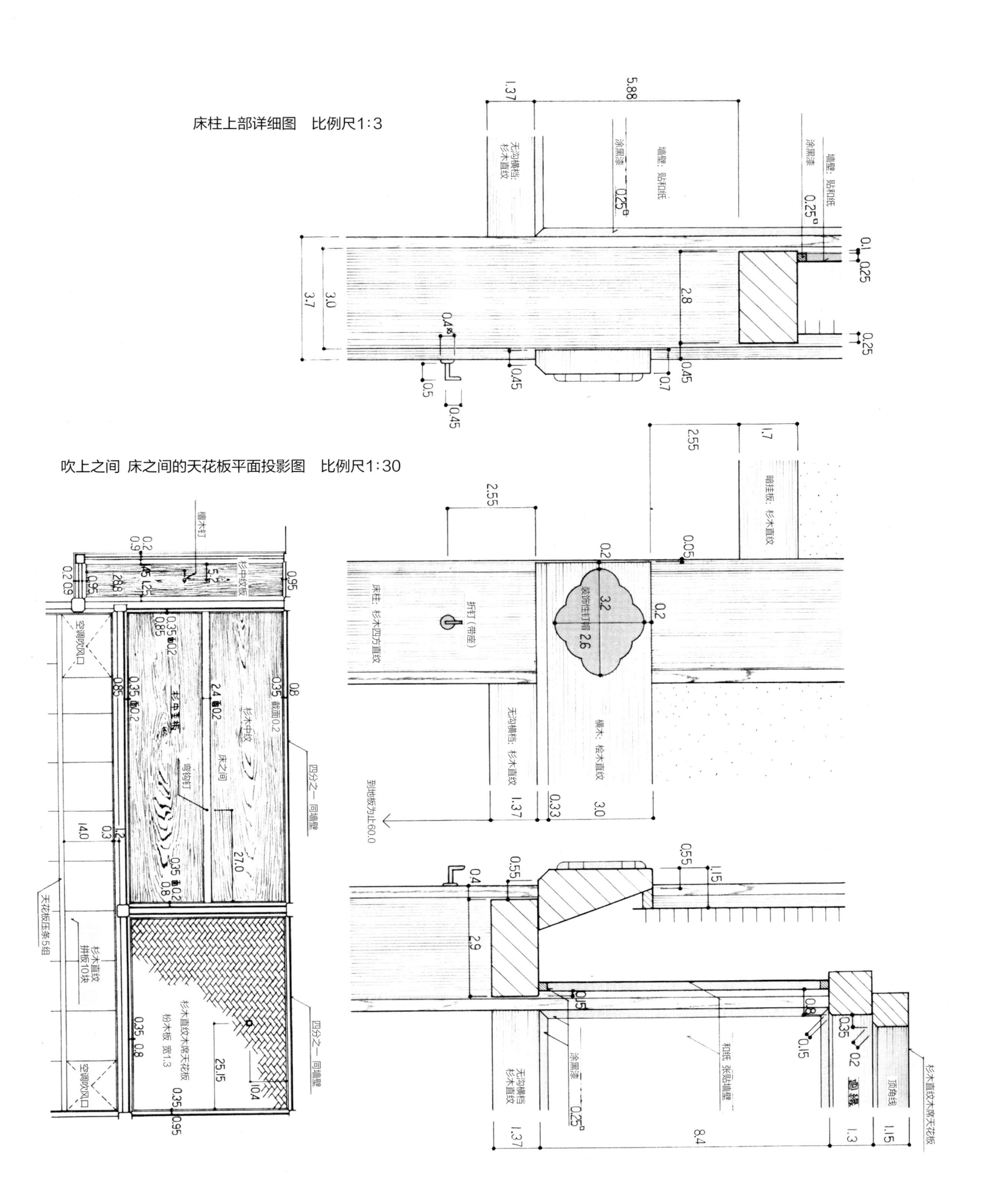

吹上之间　床之间的天花板平面投影图　比例尺1:30

山翠楼　实测图

丰之间

设计、施工 山田龟太郎
建造时间 1917年

本节介绍的座敷大小为10叠。

床之间宽为七尺，床柱采用品质上好的圆木，显得十分有格调。右侧没有设置付书院，但开有火灯窗。这应该可以算是墨迹窗了。

床胁布置了天袋和二重违棚。长押围绕床胁，再到床柱。棚没有安装笔返。床胁和床之间的交接处下部设有墙壁，做了挖空处理。

与床胁成直角处设有平书院。栏间有排列成菱形的障子，中敷居下方设有无双窗（双层错动板条通风窗）。无双窗分为两段，打开时，板和明亮的部分看上去像市松纹样（一种棋盘方格纹样），设计非常巧妙。

丰之间 棚详细图

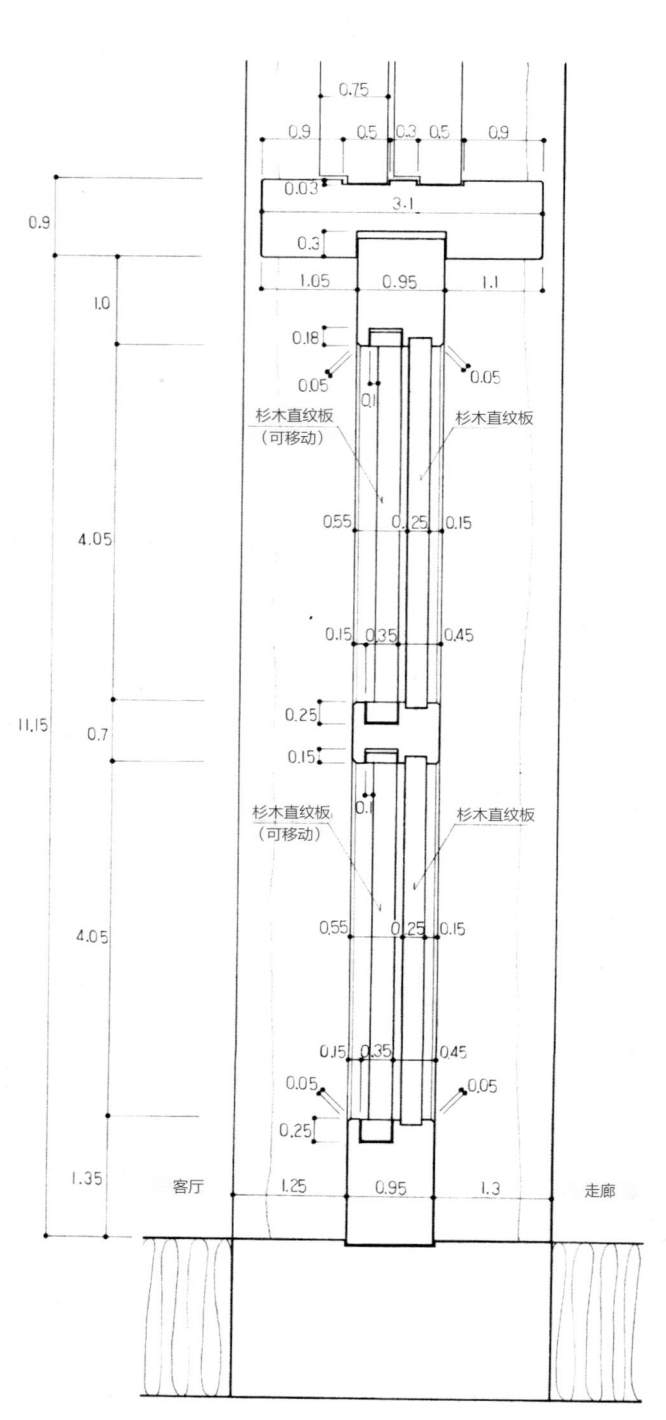

丰之间 平书院下部截面详细图　比例尺1:2

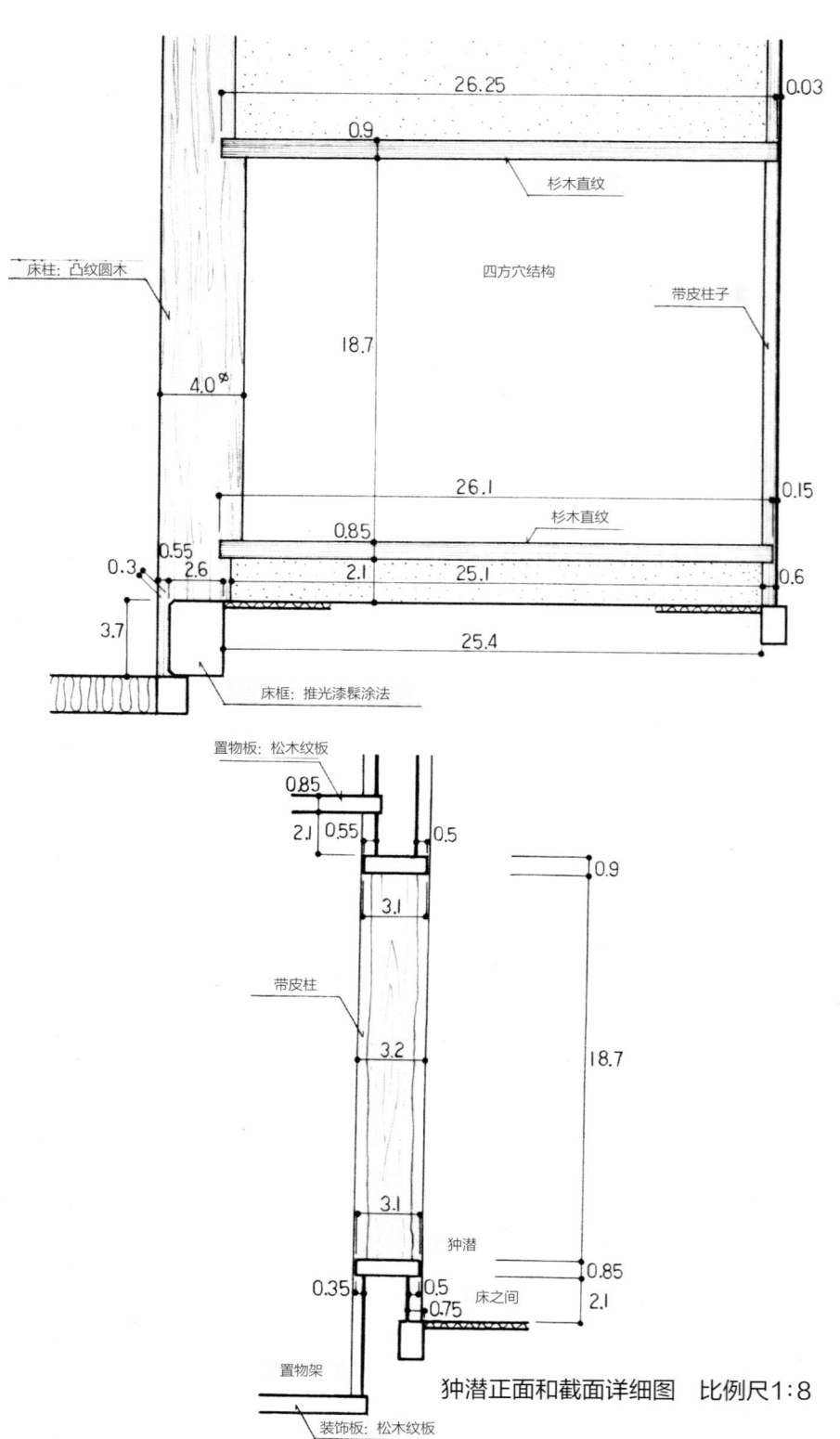

独潜正面和截面详细图　比例尺1:8

山翠楼　实测图

平书院的正面图　比例尺1:15

丰之间　床胁窗详细图　比例尺1:8

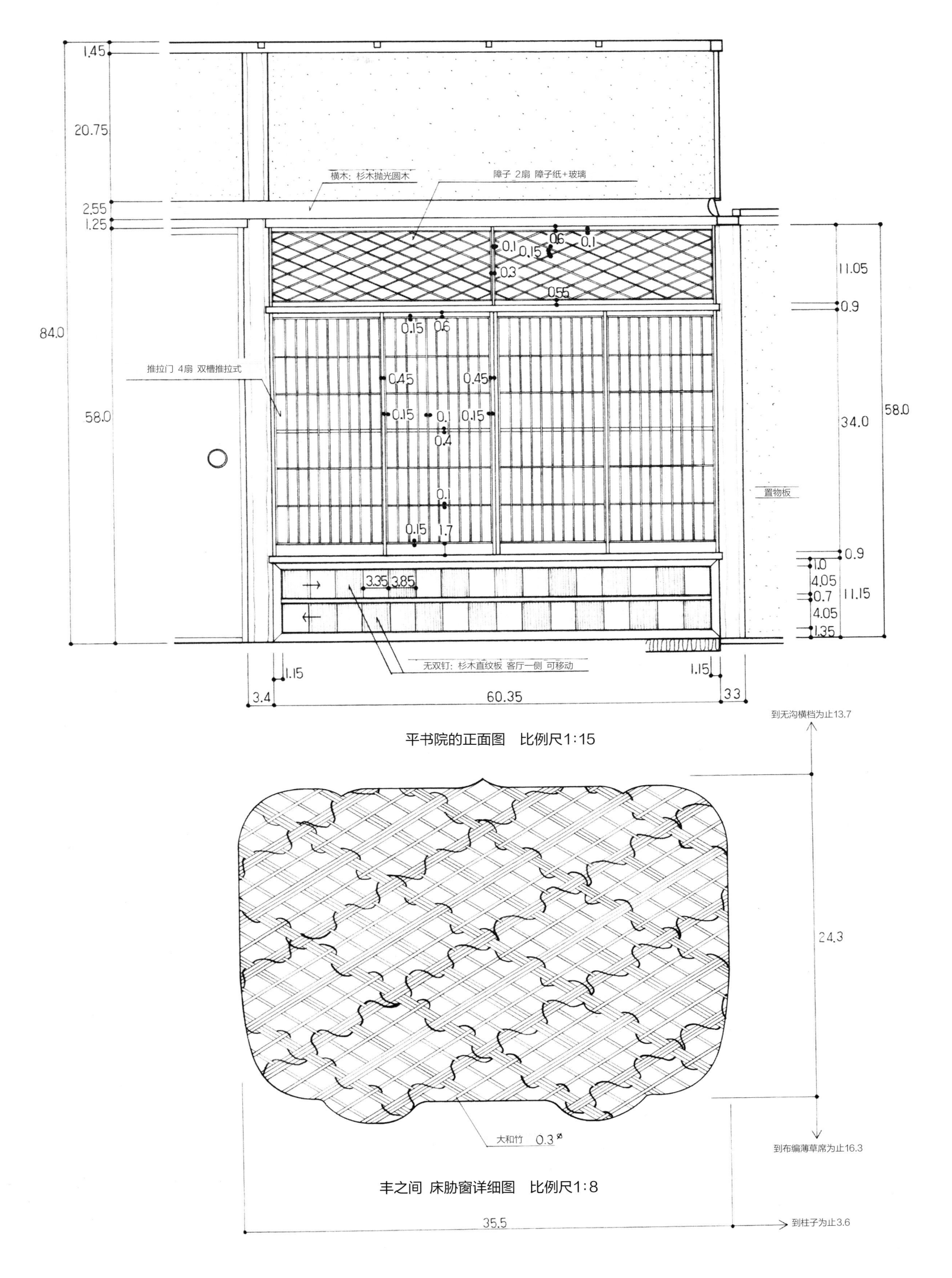

山翠楼　实测图

泉之间

建造时间 1917年

设计、施工 山田龟太郎

本节的主角是一间采用了角柱、内法长押（横木板条）的座敷。其中央位置立有床柱，床之间和床胁被分隔开，左侧设有平书院。

床柱采用了带皮赤松木，带有若隐若现的弧度，散发着自然气息。床框采用了春庆涂的手法。

平书院的长押延伸至内侧，省略了下面的束。障子的纹样富于变化，颇有趣味。棚的把手也很多样。床之间与床胁的交界处的墙壁采用了横长隅切（多棱角）形的挖空。各部分的构成非常规范，但是又蕴含多种特别的设计，使角柱、长押凸显了温和气息。

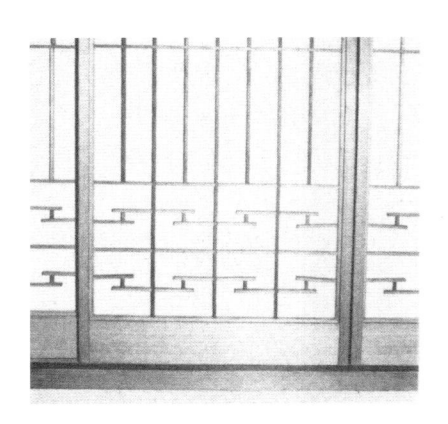

泉之间 书院障子

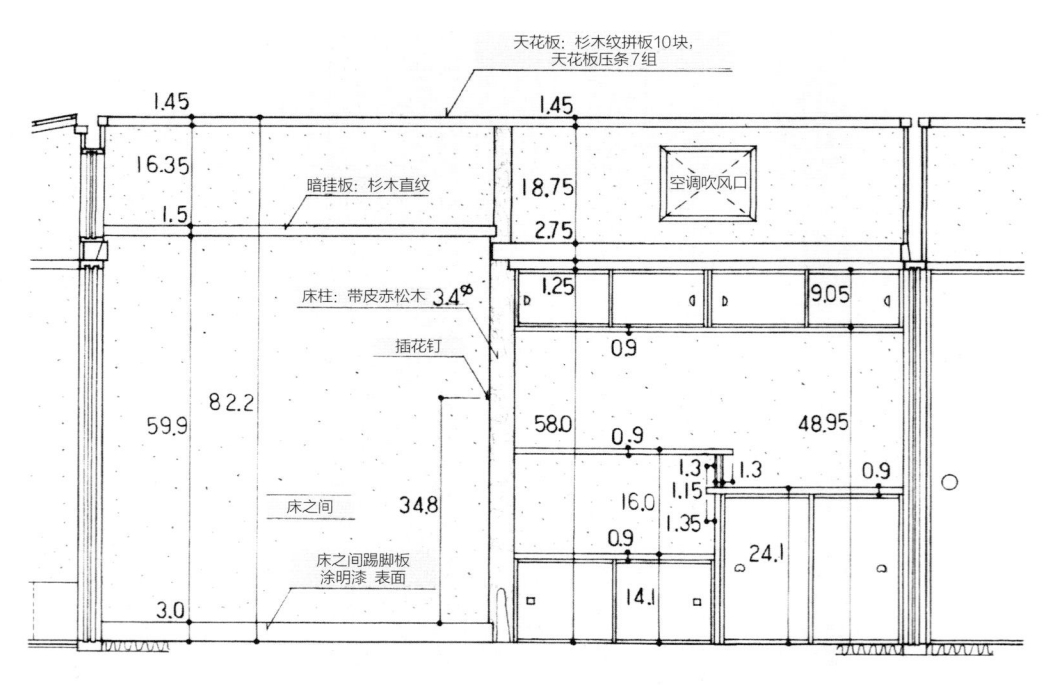

床之间的正面图　比例尺1:30

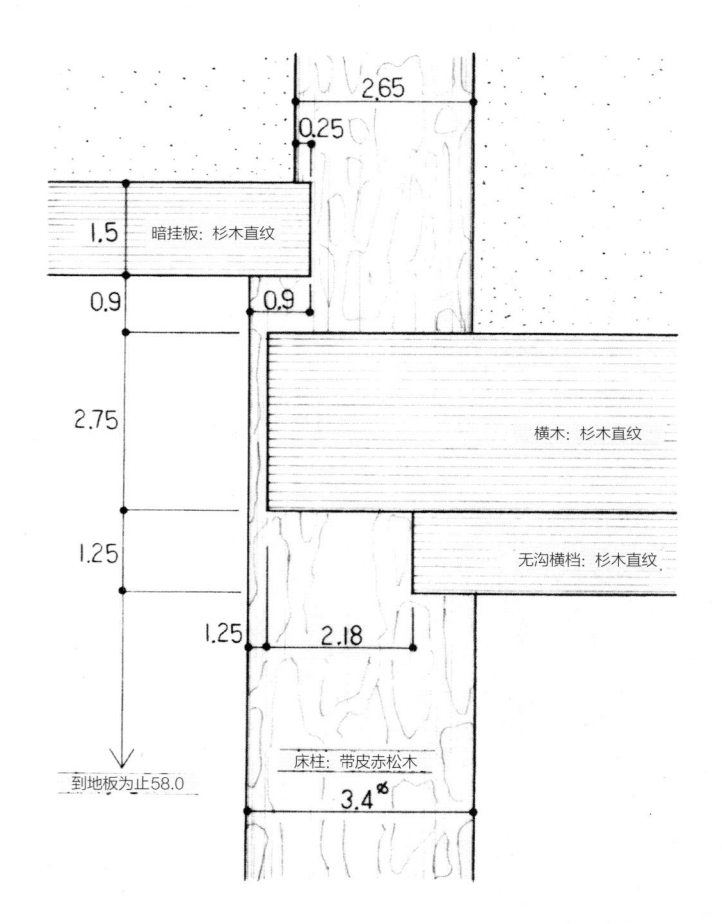

泉之间 床柱上部详细图　比例尺1:3

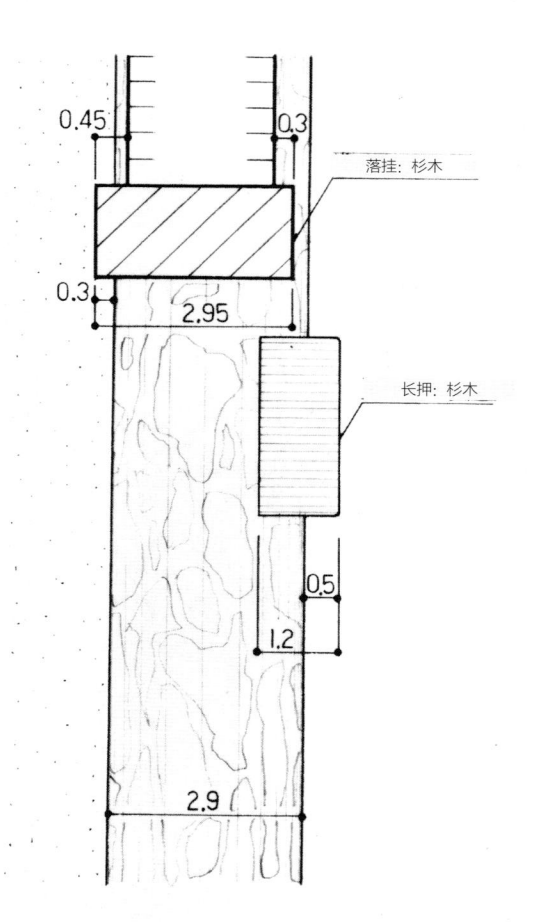

山翠楼　实测图

泉之间 地袋的把手 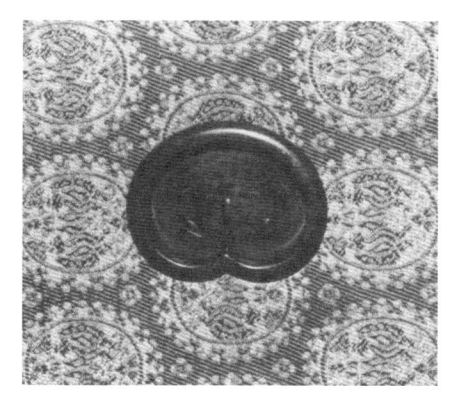　　　　泉之间 地袋的把手 　　　　泉之间 天袋的把手

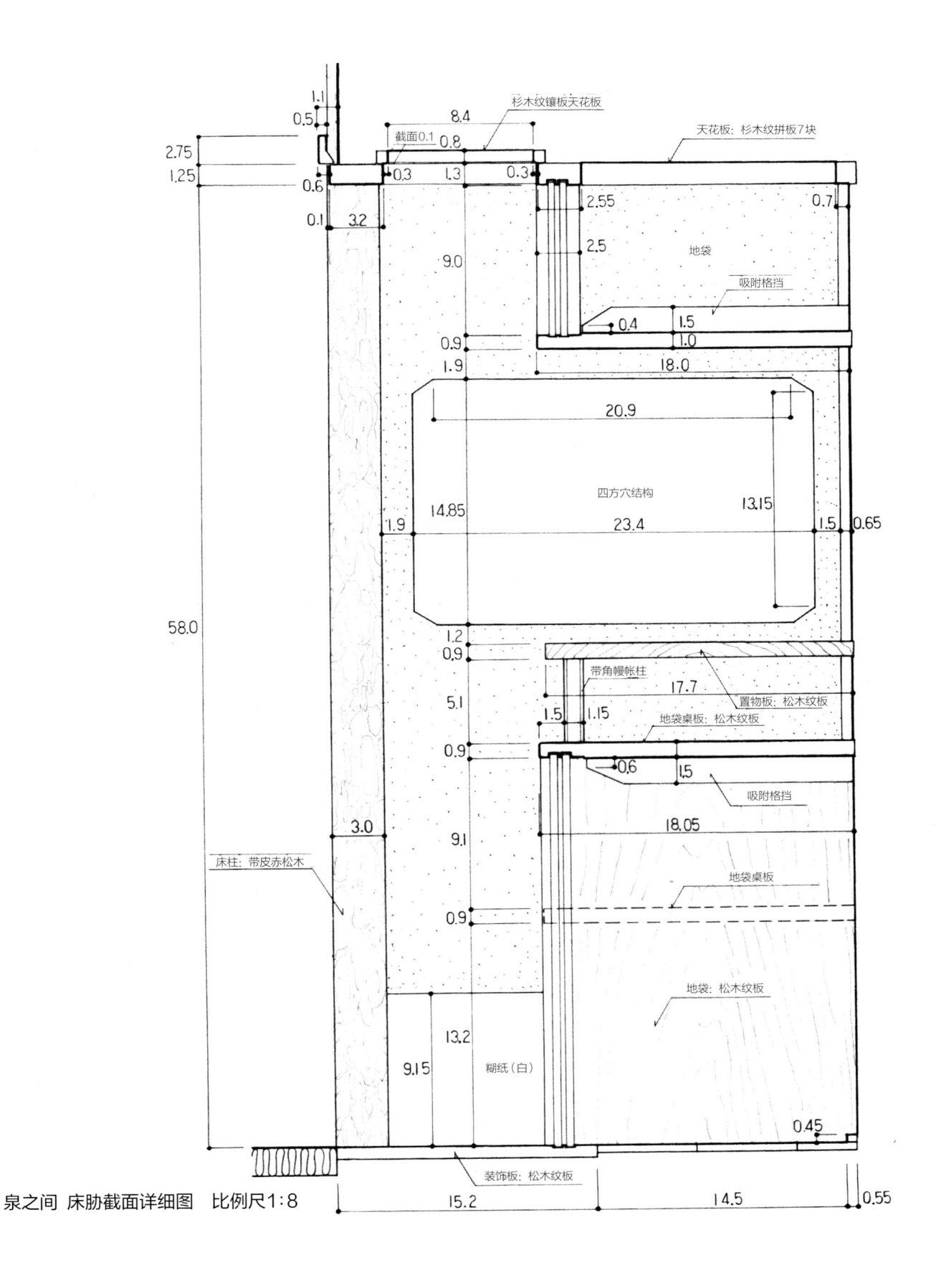

泉之间 床胁截面详细图　比例尺1:8

山翠楼　实测图

白兰之间

建造时间 1917年

设计、施工 山田龟太郎

这一座敷的中央铺有地板，前面设有竹壁留和小壁，地板中央立有带皮赤松柱，将空间一分为二。右侧设有床之间，左侧设有床胁，天花板也被分隔开。床之间为镜天花板，床胁为网代天花板，位置稍低。两种天花板的交界处使用了无目，延伸到床柱。床柱为圆木柱，没有多余的装饰。床胁上方入隅处设有焙烙棚（浅底棚）。棚的侧板上有形状美观的镂空设计。焙烙棚的设计初衷应该是水屋的置物架，但是这里将其挪用到床胁，实在是新颖的创意。床胁与床之间的交接处的墙壁也考虑到了棚和地板的位置，做了两处挖空。

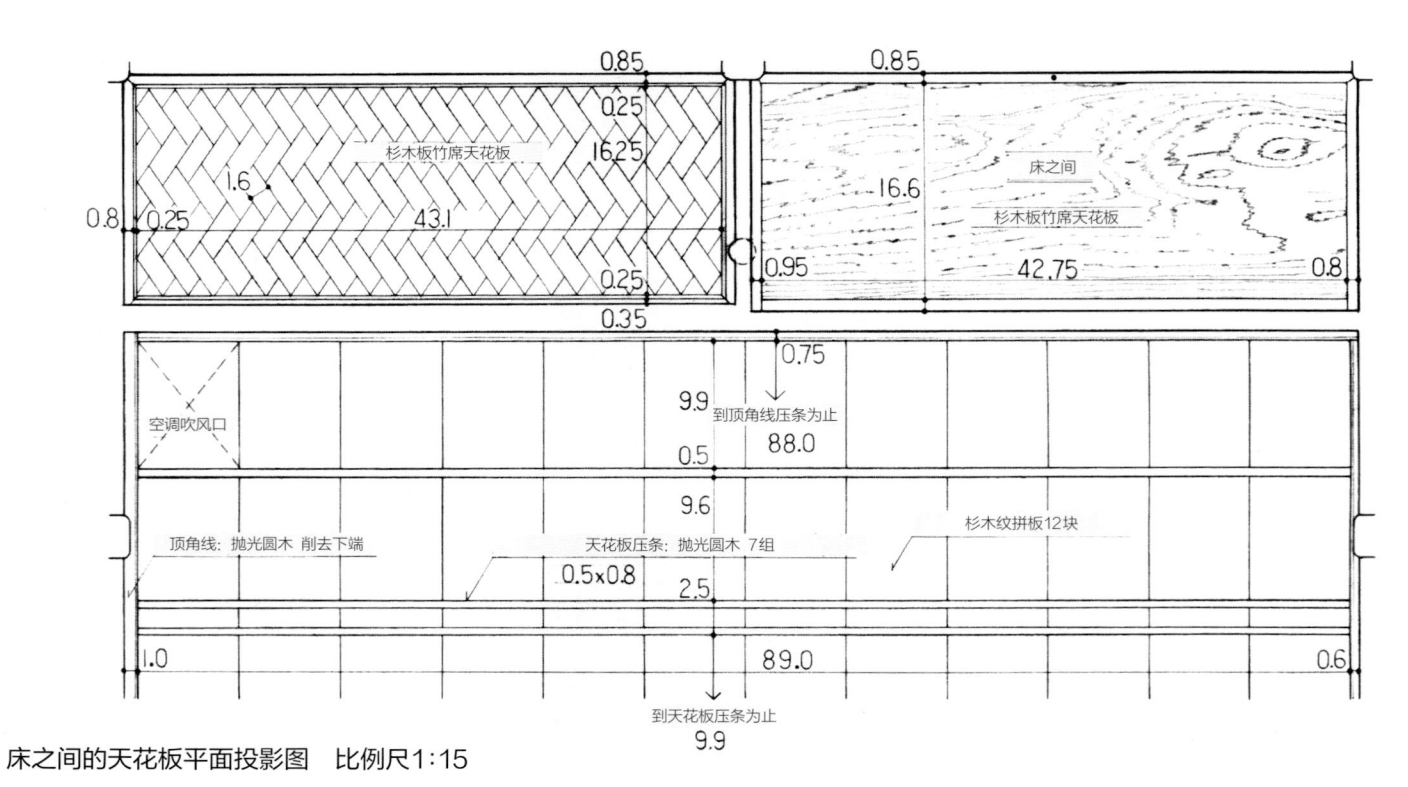

床之间的天花板平面投影图　比例尺1:15

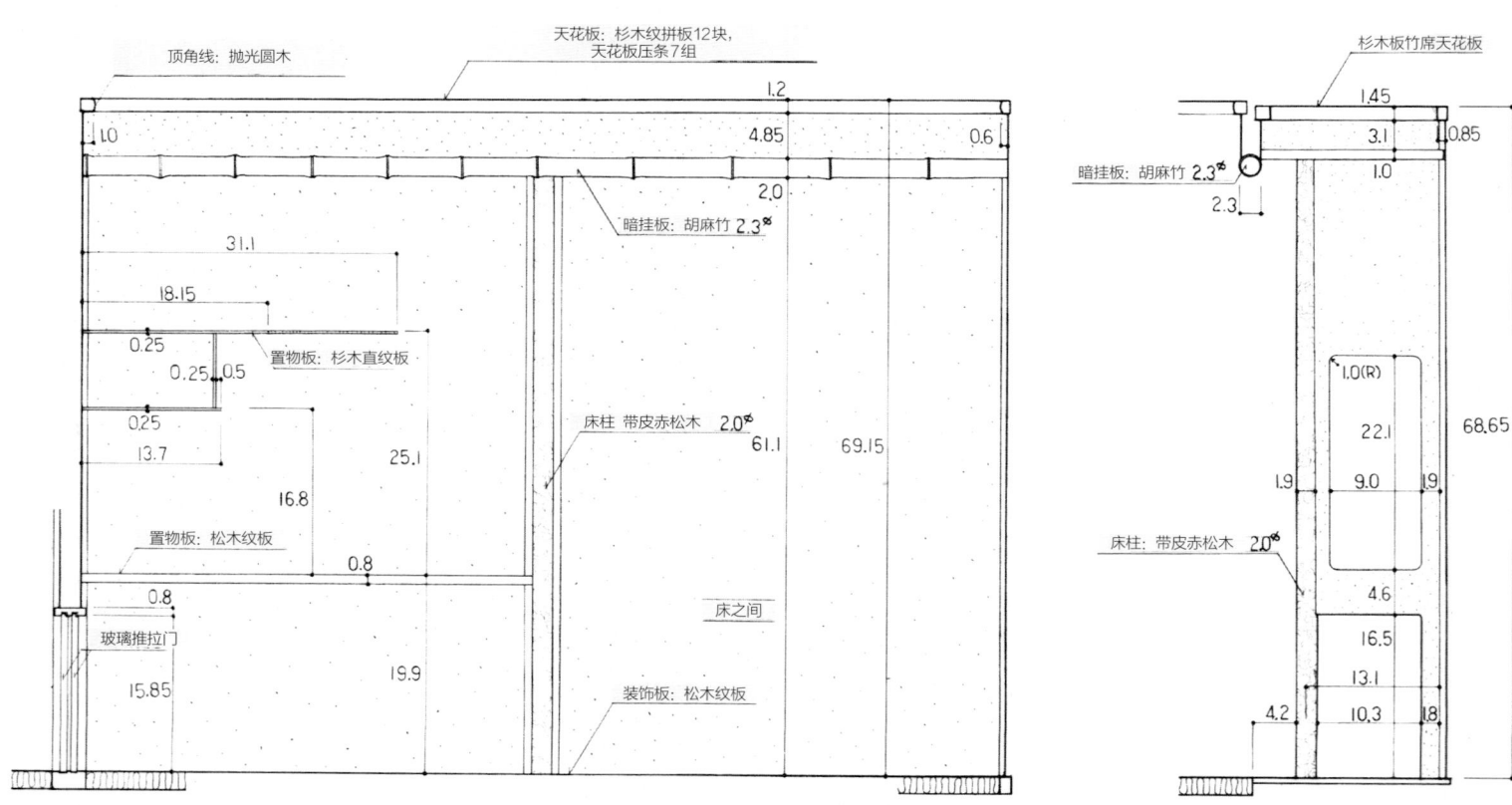

白兰之间　床之间的正面图和截面图　比例尺1:20

山翠楼　实测图

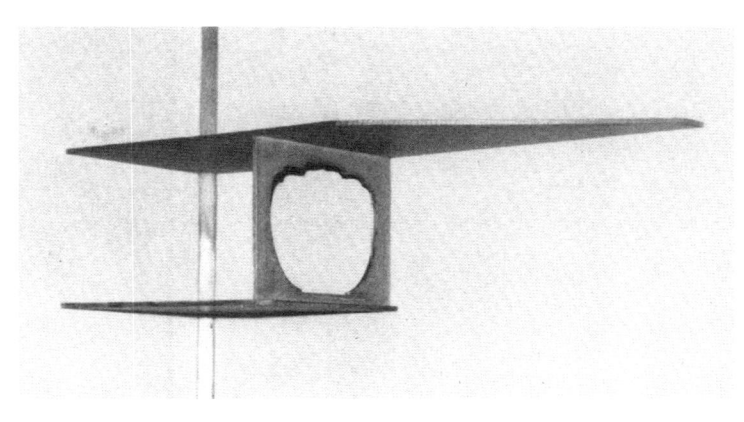

白兰之间 棚

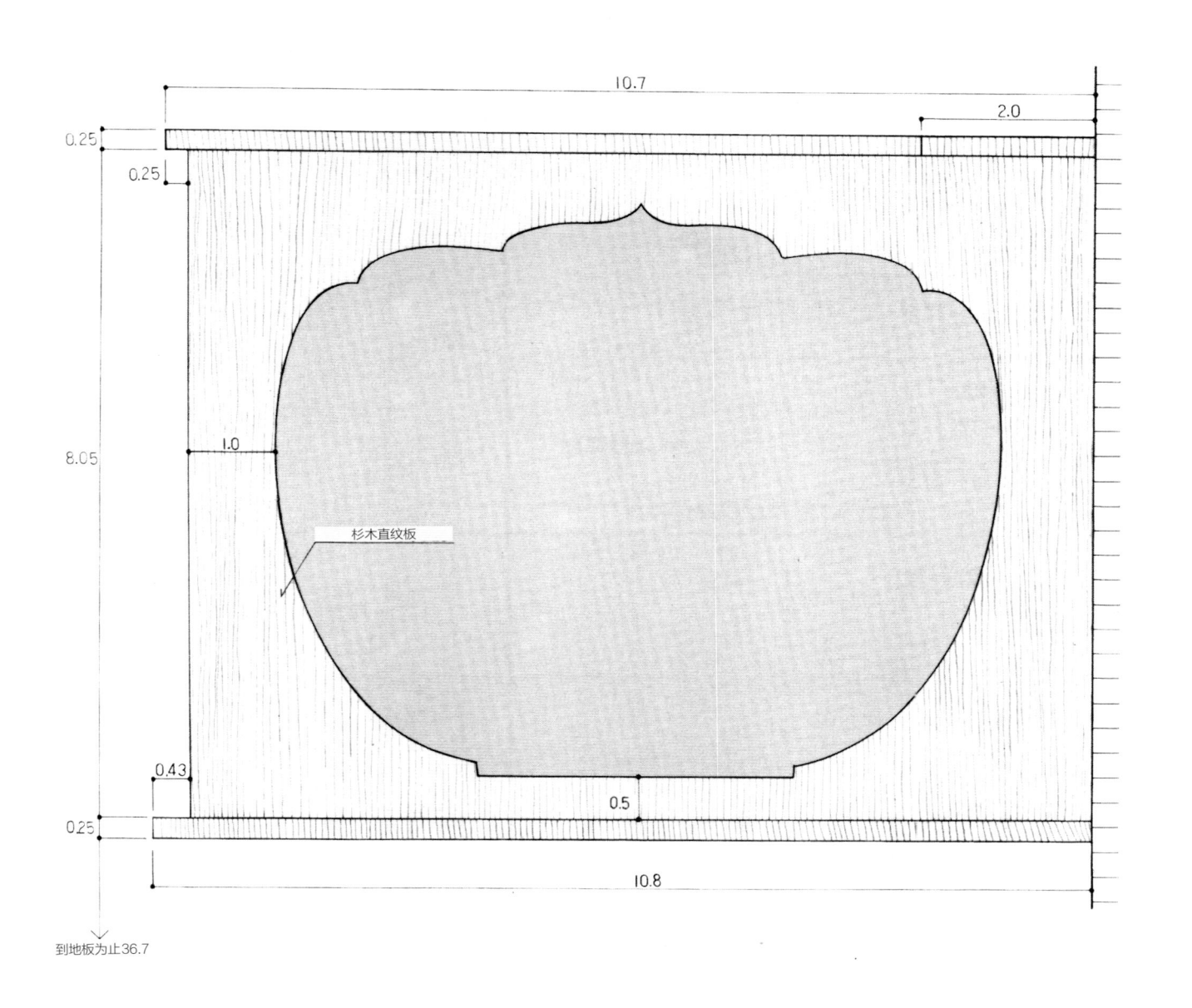

白兰之间 棚妻板镂空处　比例尺1:2

山翠楼　实测图

竹之间

所有者 杉浦胜一
所在地 名古屋市昭和区

建造时间 明治末期
设计 不明
施工 不明

八胜馆八事店

八胜馆属于古老建筑，是明治末期的建筑。其中的座敷运用了角柱、长押。

床之间位于中央位置，设有琵琶台和地袋，还设有平书院。平书院采用与众不同的柳障子，栏间嵌有杉木板，整体高度控制在较低的范围内。与地袋相接的床胁墙壁下方有壁留，有镂空设计，上部运用了涂回手法，做成圆弧形。地袋上方为桐木网代天花板。整体风格非常沉稳。

竹之间 床胁的地袋

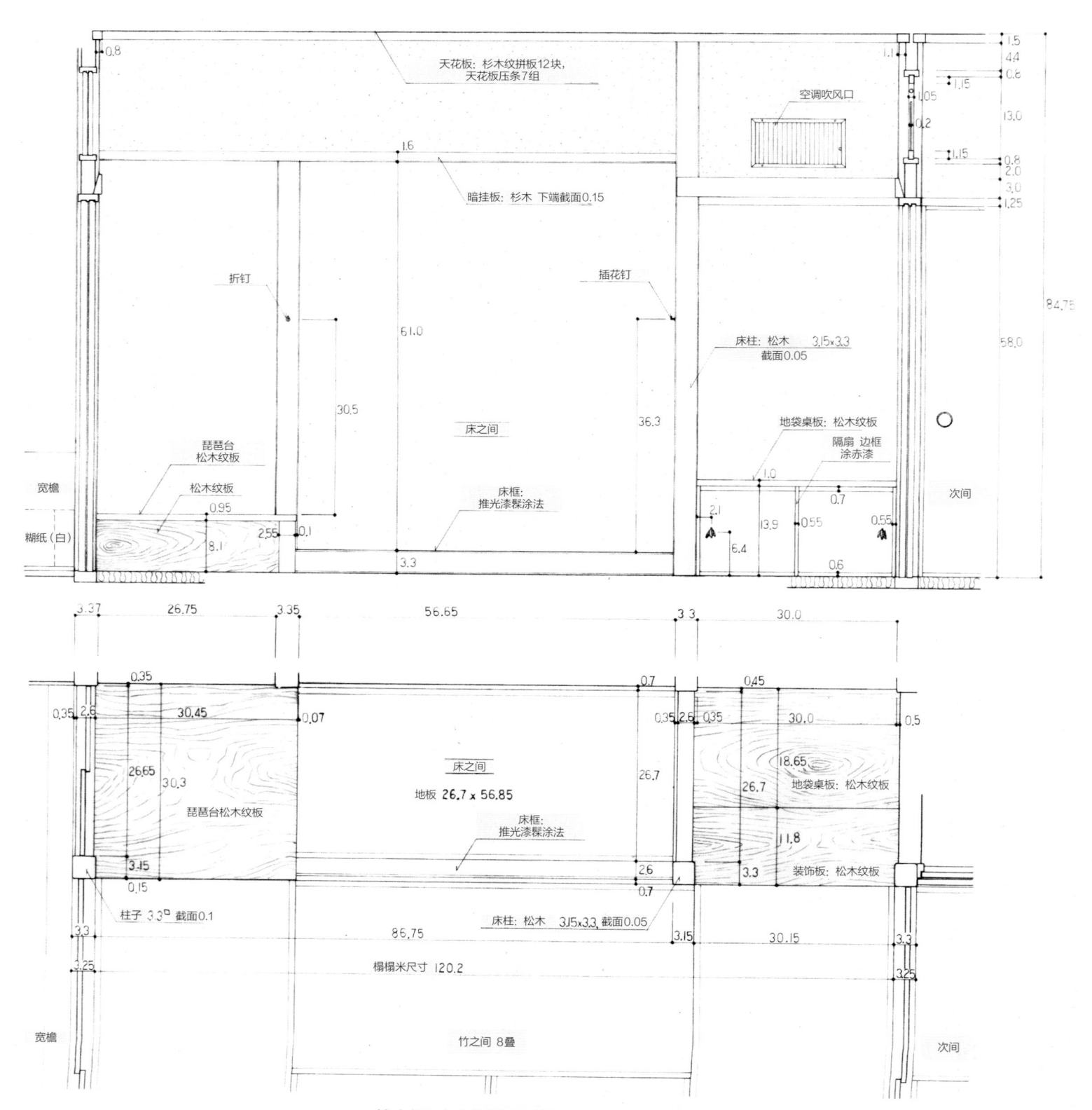

竹之间 床之间的正面图和平面图　比例尺1:20

八胜馆八事店　实测图

床之间的截面图　比例尺1:20

床胁的截面图　比例尺1:20

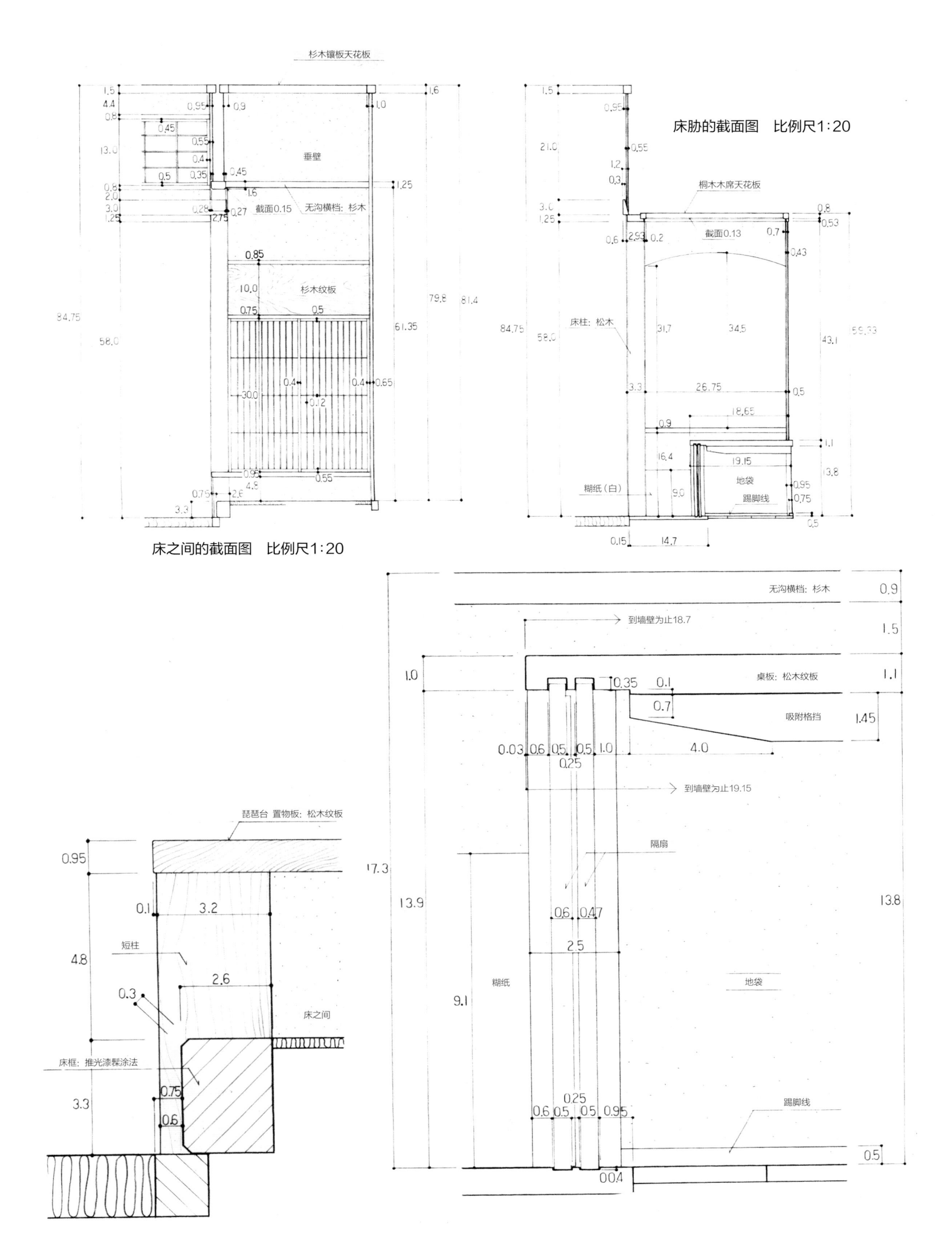

竹之间 床框截面详细图　比例尺1:3

地袋截面详细图　比例尺1:3

八胜馆八事店　实测图

床胁网代天花板详细图　比例尺1:2

竹之间 琵琶台截面详细图　比例尺1:3

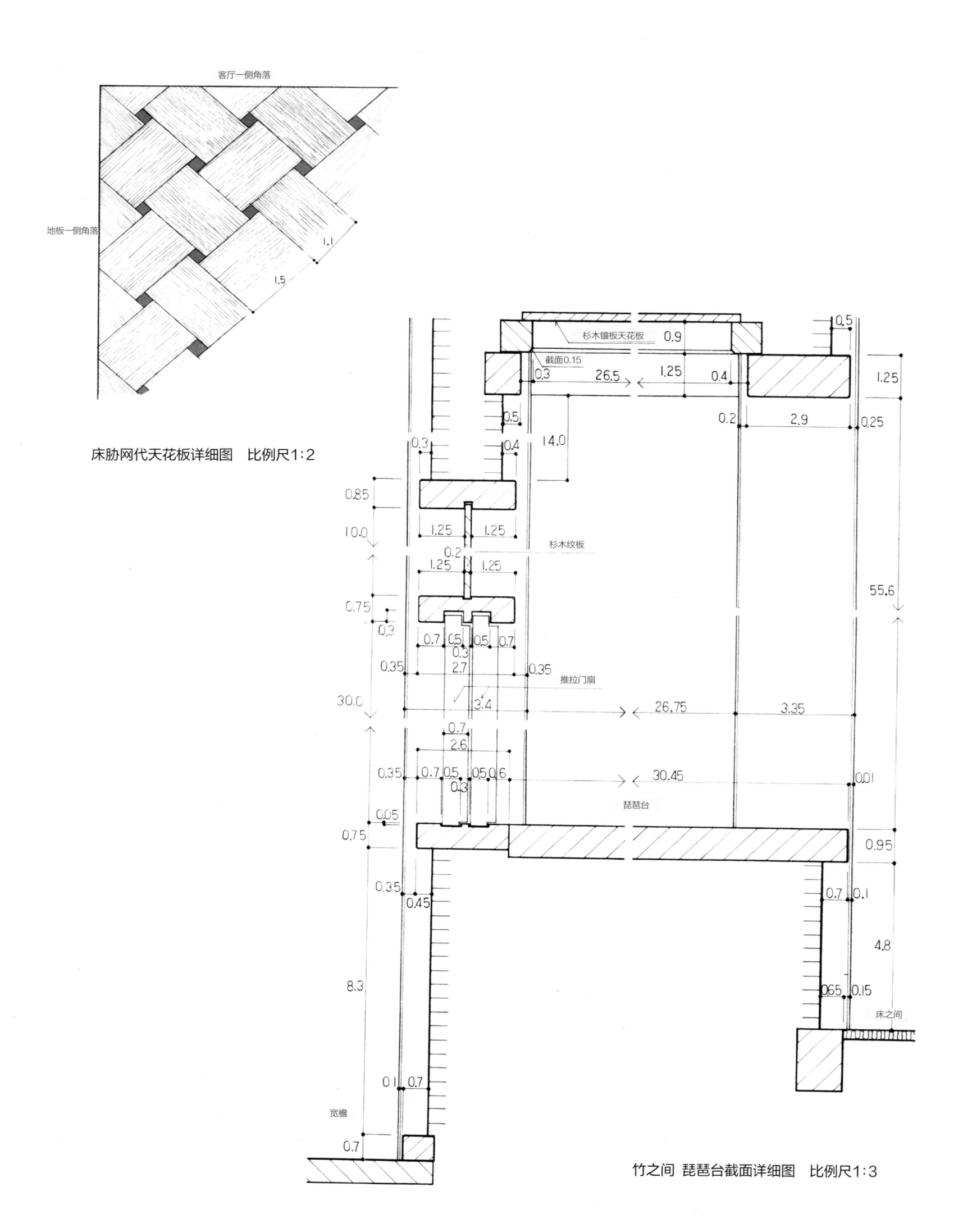

八胜馆八事店　实测图

御幸之间

建造时间 1950年
设计 堀口舍己
施工 清水建设

御幸之间 床胁

御幸之间是1950年为了爱知县召开国民体育大会而建造的，其作为堀口舍己的代表作而广为人知。

御幸之间是运用了磨皮柱和丸太长押的大广间，整体实现了传统的床之间、棚、书院相结合的形式，彰显了独具舍己风格的精练手法。

房间正面设有进深一间的上段，进深半间的位置立有柱子，划分出了中央空间。设计者首先构建出了床之间和左右床胁的空间。左柱为磨皮圆柱，右柱为松木角柱。长押一直延伸至左侧床柱，上方有吊束，再往上设有落挂。落挂以及与之相对的左侧床胁部分都设有无目。

左侧床胁设有桌板和地袋。地袋前方铺有板叠，旁边的空间作为点前座使用。左侧床胁上方的天花板为化妆屋根里天花板。书院窗上方的小壁上开有圆形下地窗，整体显得十分和谐。

中央床之间的天花板一直延伸到回缘下段。另一方面，左床胁在落挂的上端设有壁留。墙壁部分做了挖空处理。右床胁壁的地袋上方也设计了壁留和挖空。天袋下方设有地袋，地袋正面则设有下地窗。

御幸之间 床之间的正面图 比例尺1:30

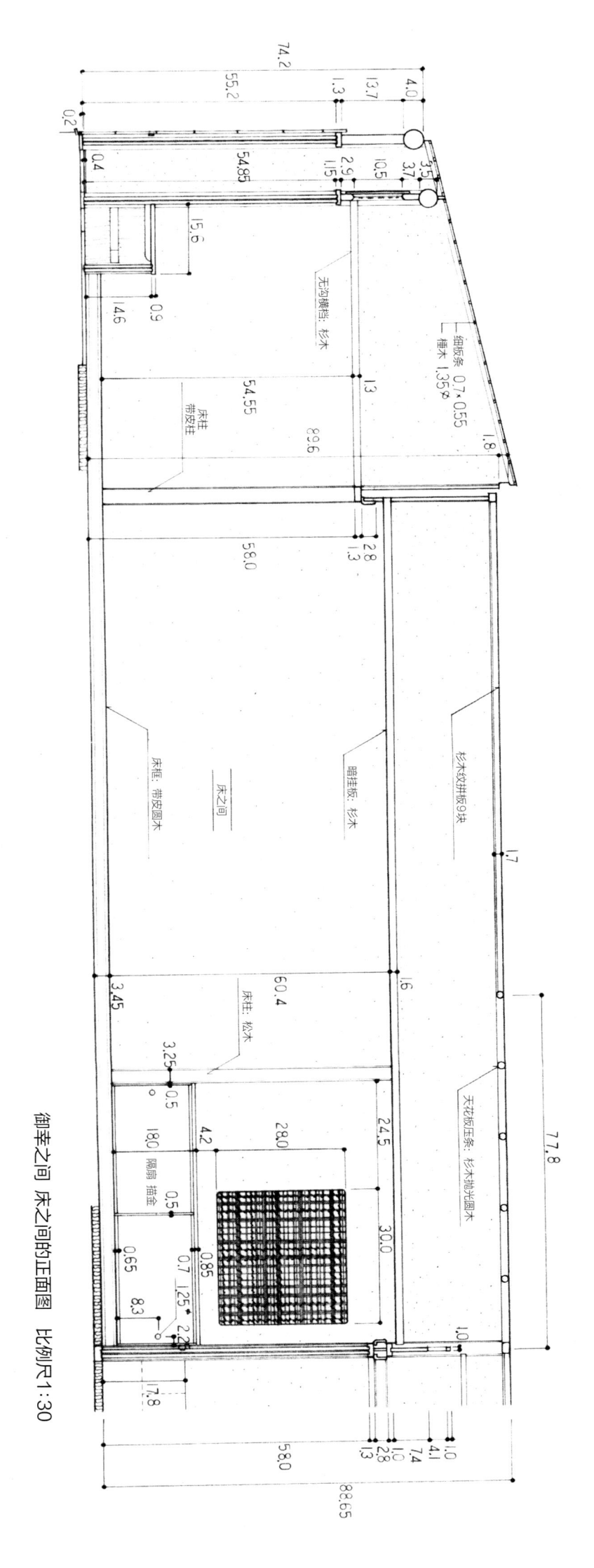

八胜馆八事店 实测图

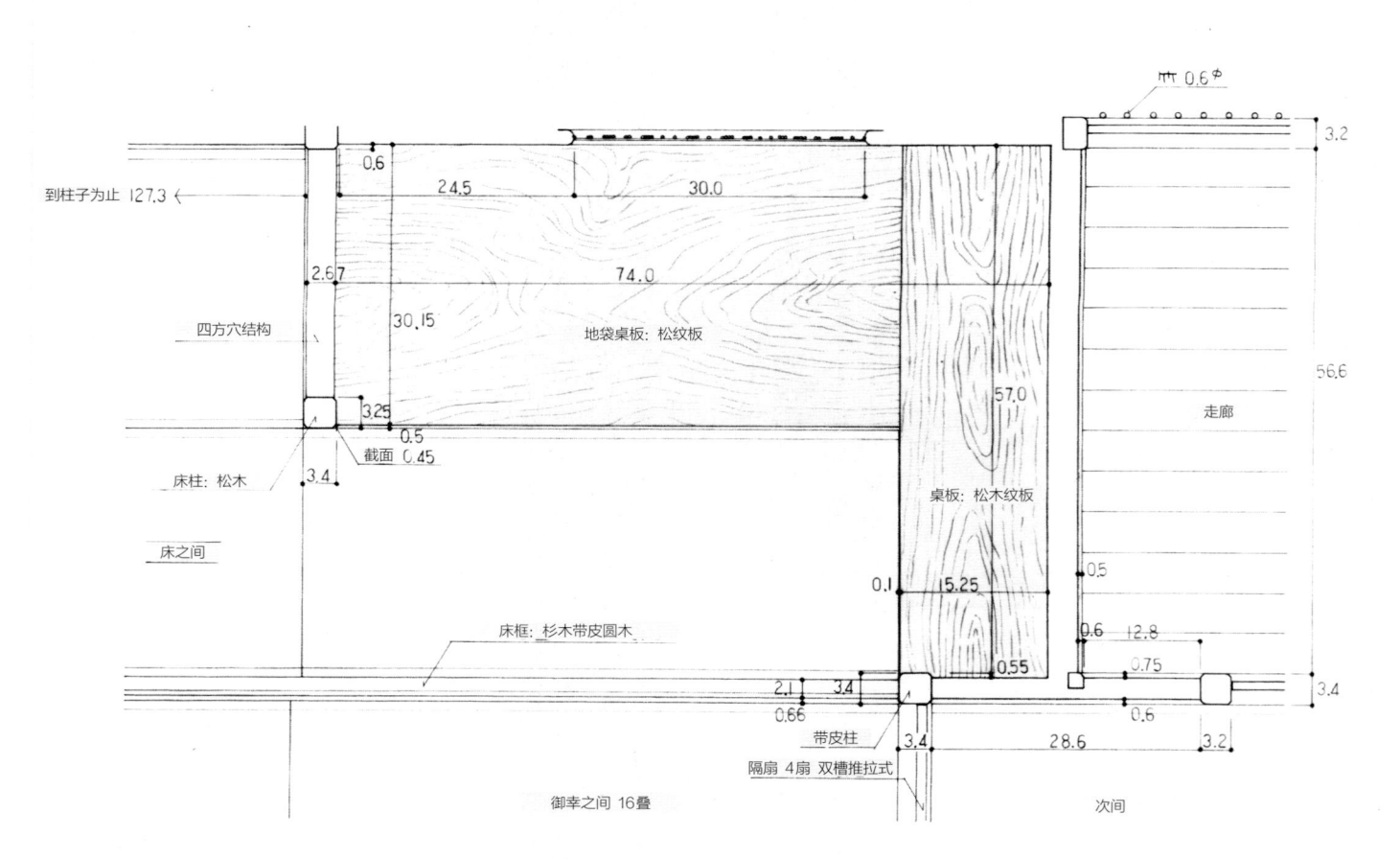

右侧床胁的平面图　比例尺1:20

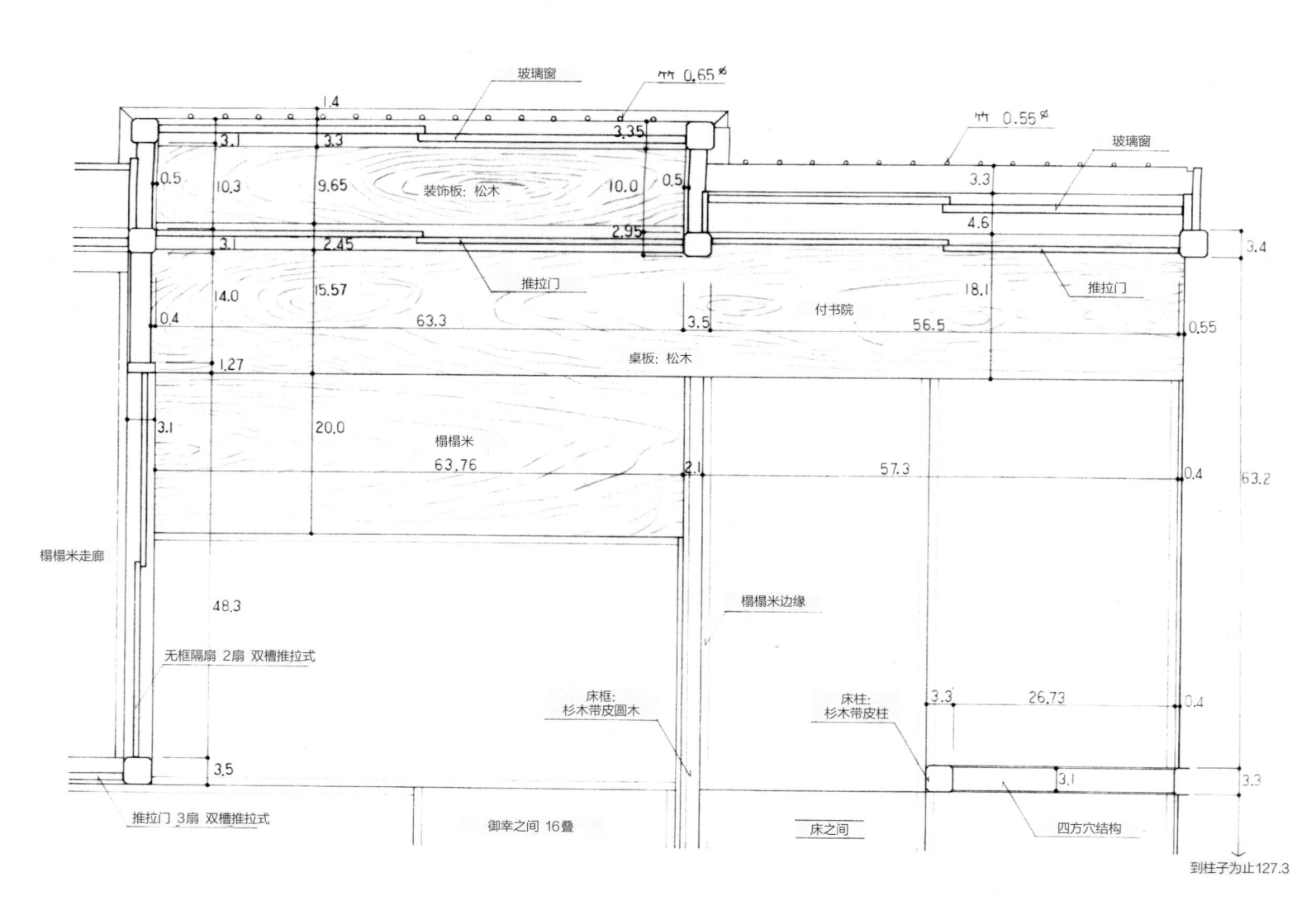

御幸之间 左侧床胁的平面图　比例尺1:20

八胜馆八事店　实测图

床之间的截面图　比例尺1∶20

右侧床胁的截面图　比例尺1∶20

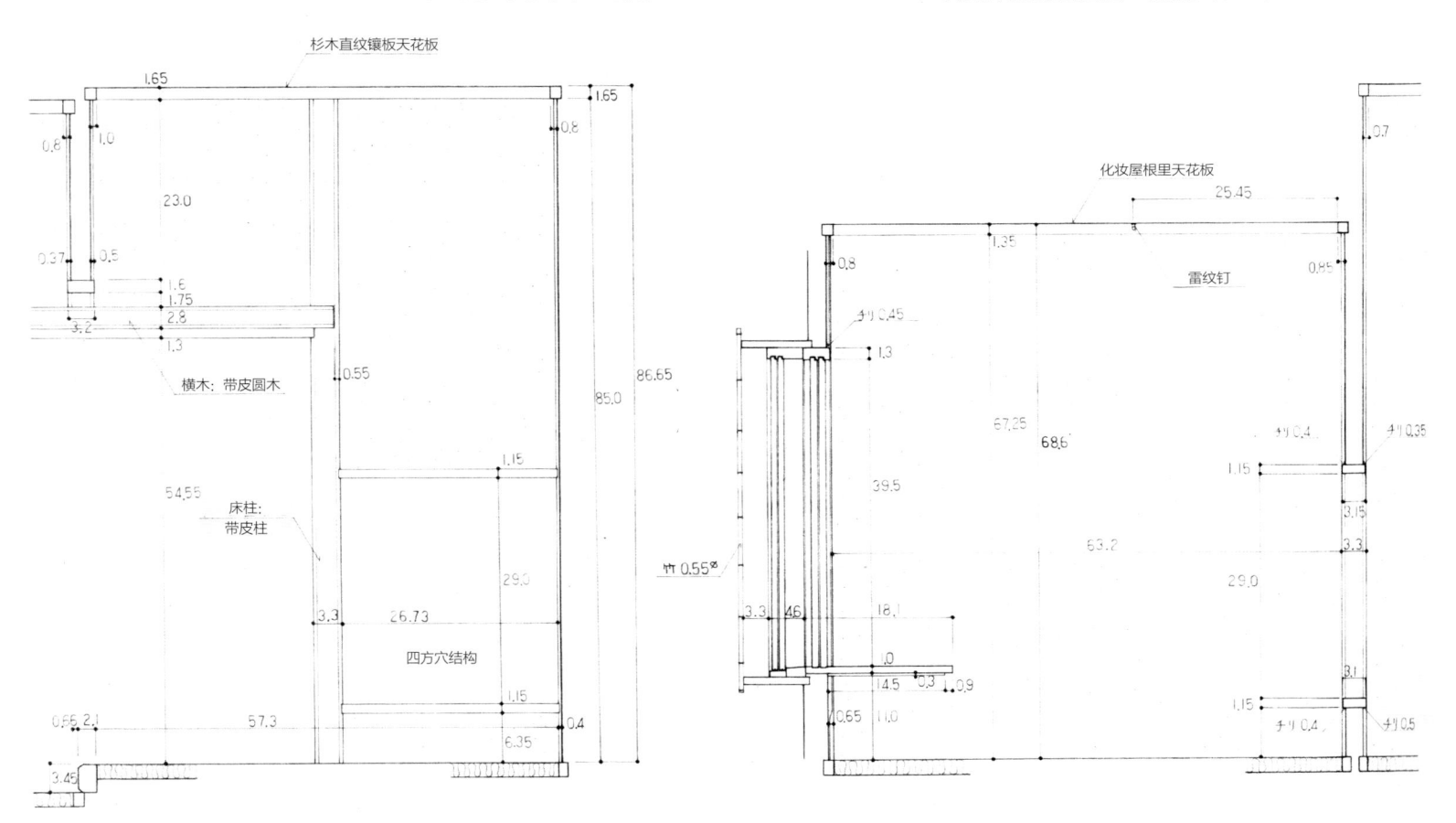

御幸之间 床之间的截面图　比例尺1∶20

左侧床胁的截面图　比例尺1∶20

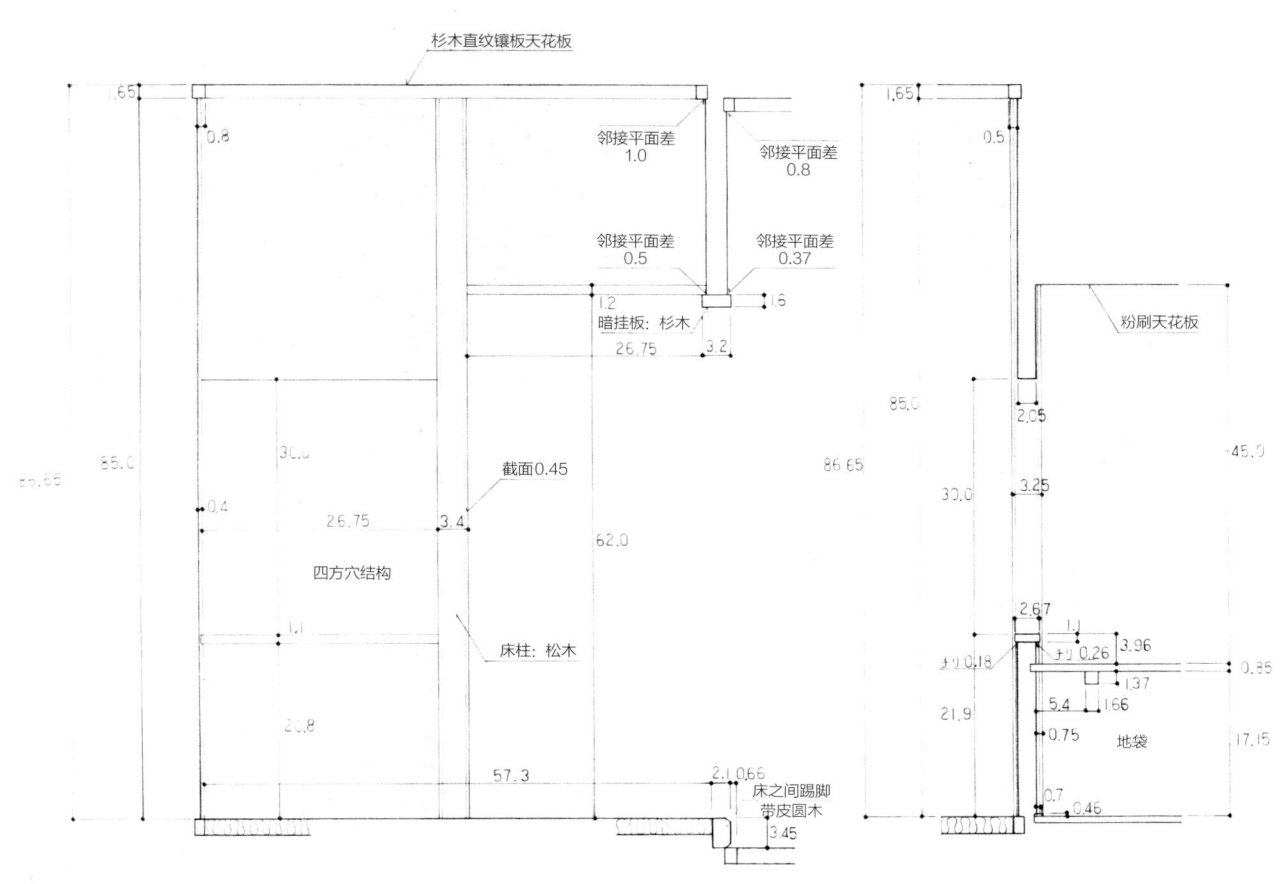

八胜馆八事店　实测图

日本建筑集成　床之间的意匠　　　　　　　　　　　　172

付书院上部下地窗正面和截面详细图　比例尺1:4

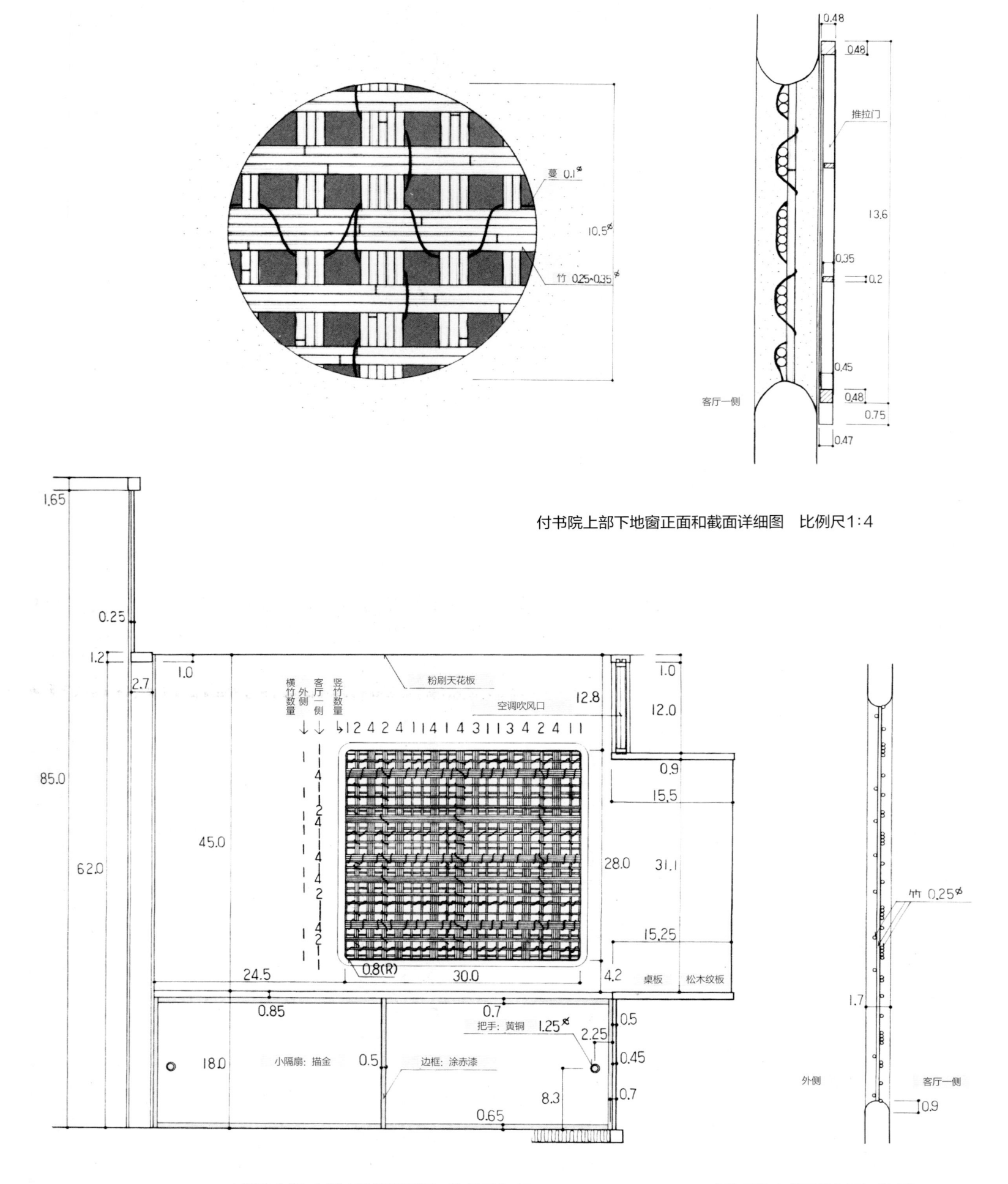

御幸之间　右侧床胁的正面图　比例尺1:15　　　　床胁下地窗截面详细图　比例尺1:8

八胜馆八事店　实测图

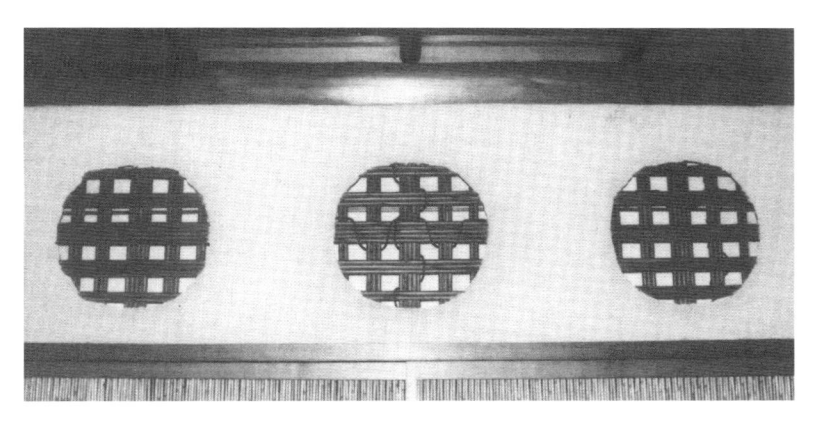

御幸之间 付书院上部的下地窗

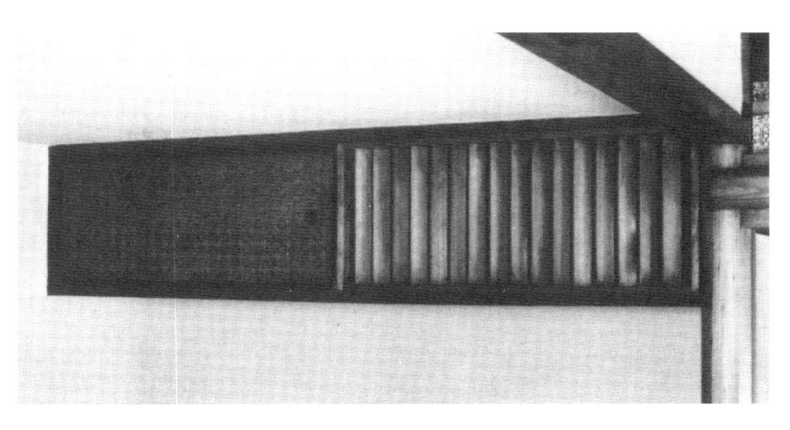

御幸之间 安置空调的天袋

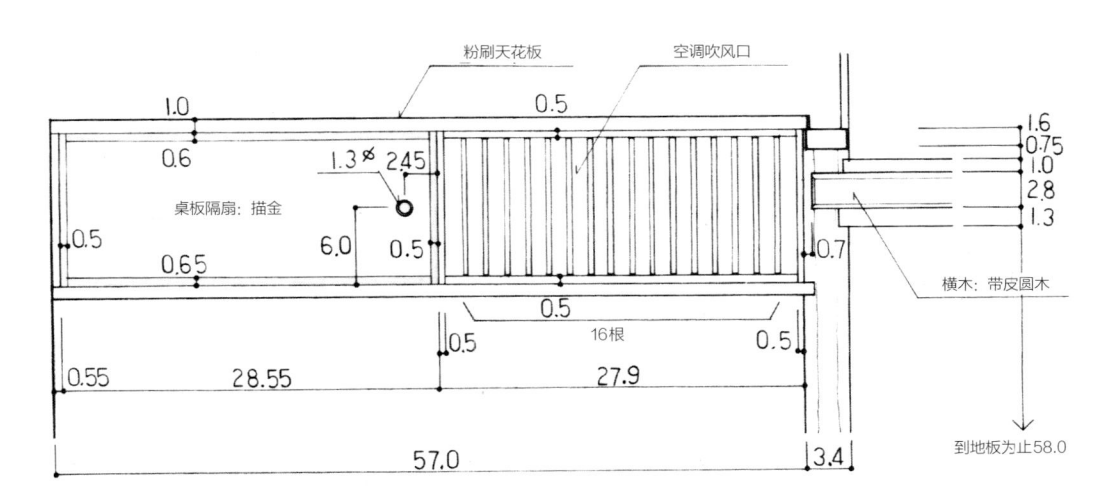

天袋详细图　比例尺1:15

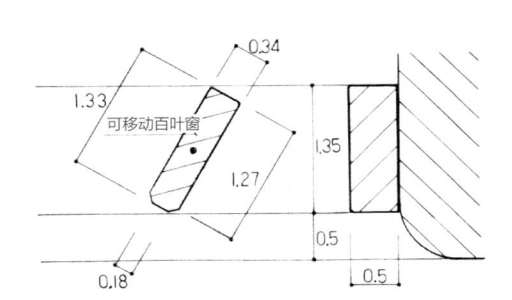

天袋空调出风口截面详细图　比例尺1:2

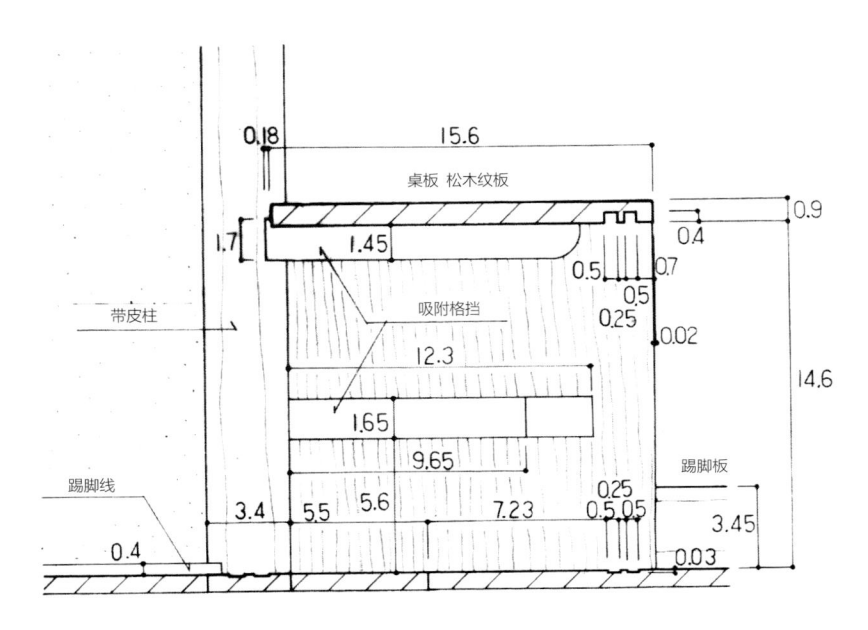

御幸之间 地袋详细图　比例尺1:8

八胜馆八事店　实测图

松之间

所有者 杉浦胜一
所在地 名古屋市中区
建造时间 1967年
设计 堀口舍已
施工 大成建设

八胜馆中店

房间左侧设有琵琶台，其出隅处立有床柱，中央设有床之间，床之间右端设有地袋。床柱处设置有笔直的落挂。床之间进深五尺，前方铺有长十尺有余的榻榻米，里侧铺有宽一尺六寸左右的松木板。通过不同的地板材质将床之间分隔开。床胁由地袋、前板和榻榻米构成。其上方是网代天花板。与琵琶台呈直角处设有地袋，虽然没有窗，但是有付书院。房间整体采用了非常传统的形式，由琵琶台、书院、地袋搭建出较大的空间，营造出悠然闲适的意境。

同样，在樱之间也能看到对残月亭中上段床之间和付书院的设计手法的重现。

松之间 床柱和地袋

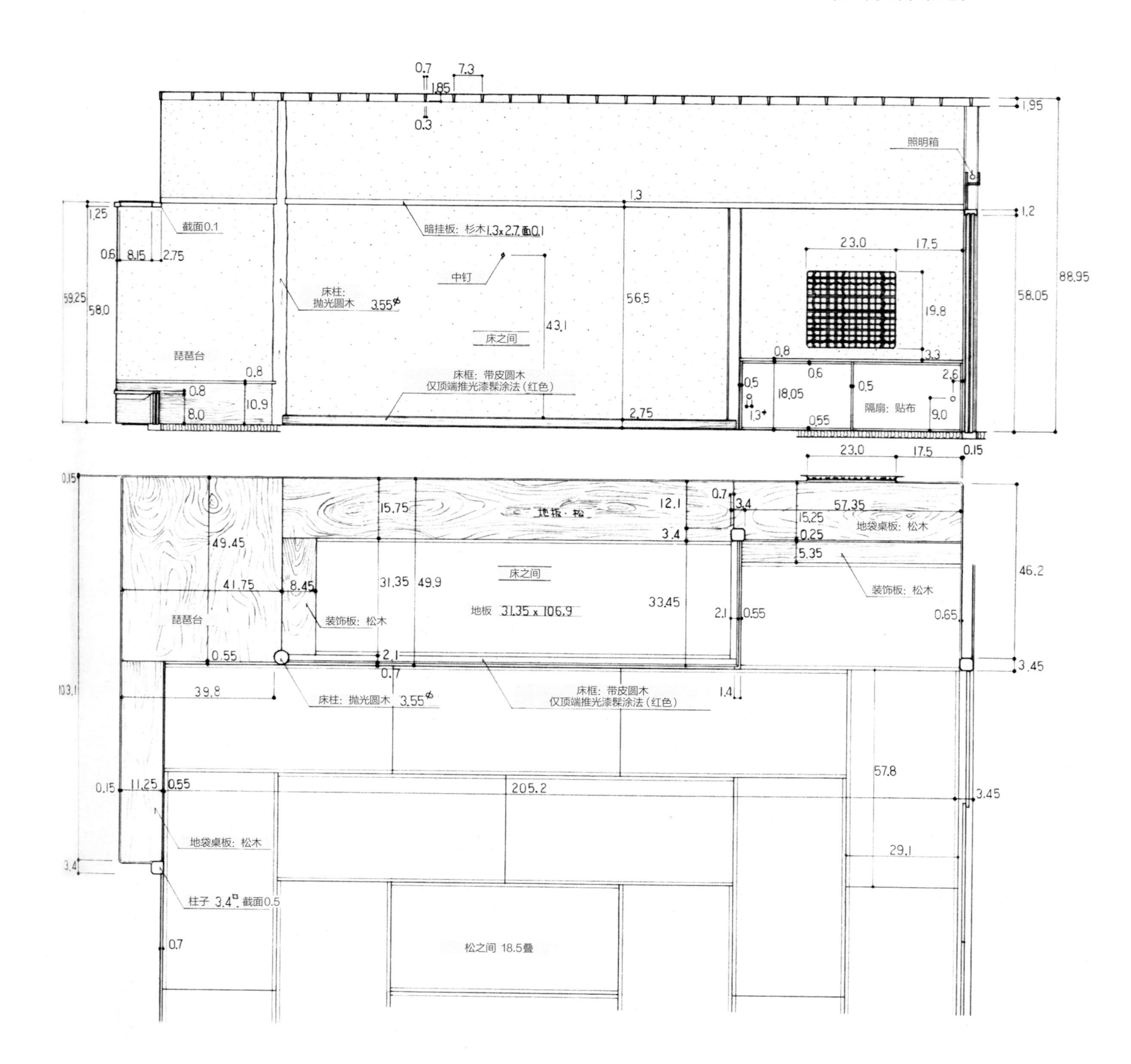

松之间 床之间的正面图和平面图 比例尺 1:30

八胜馆中店 实测图

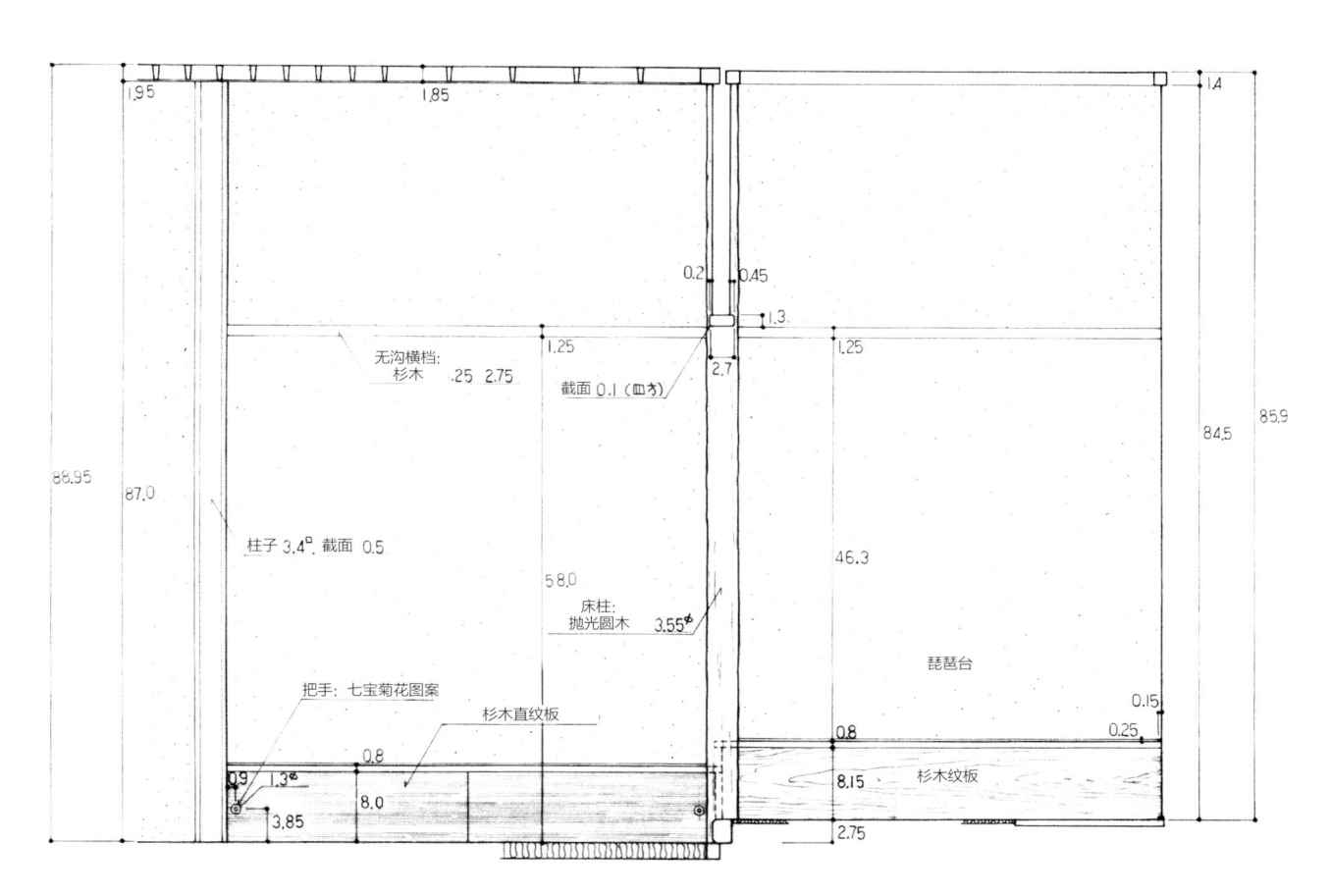

床之间的截面图　比例尺1:20

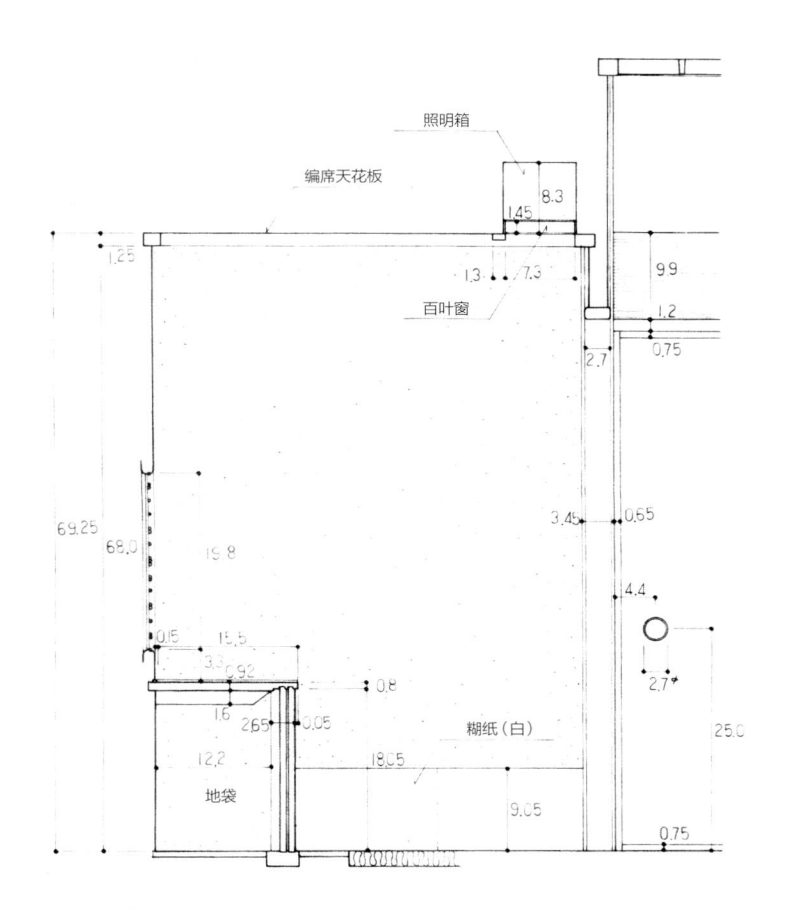

松之间 床胁的截面图　比例尺1:20

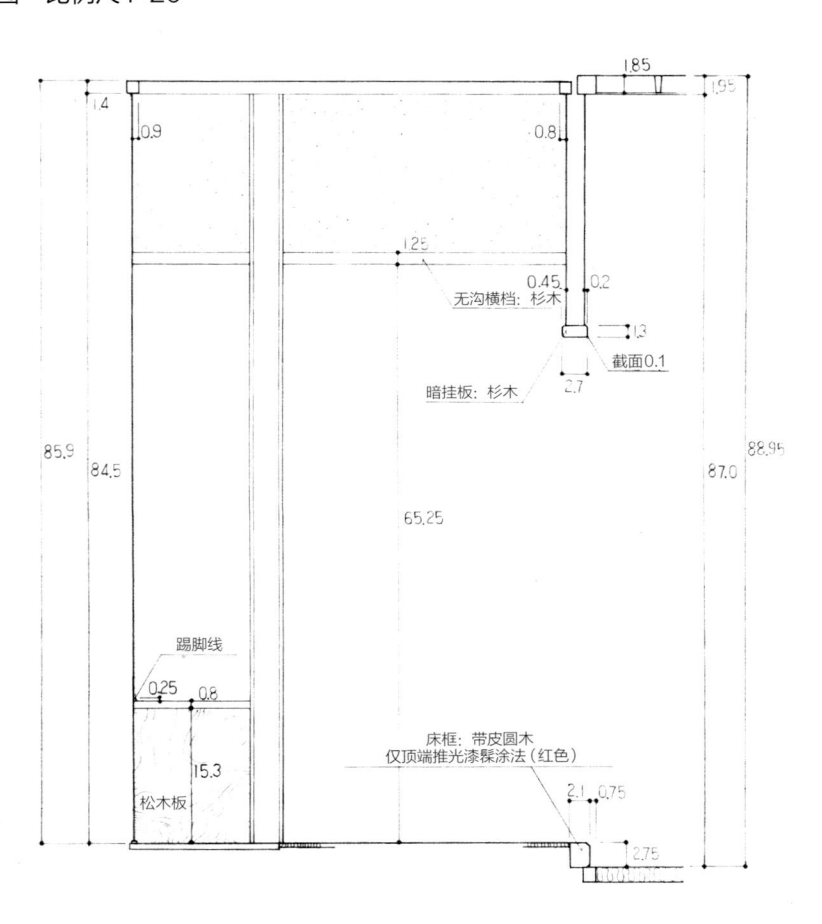

床之间的截面图　比例尺1:20

八胜馆中店　实测图

菊之间

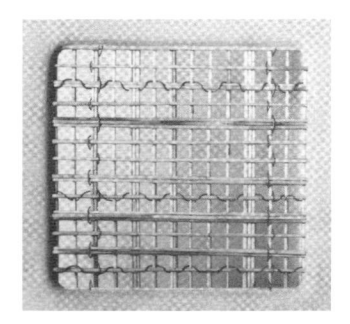

建造时间 1967年
设计 堀口舍己
施工 大成建设

菊之间 床之间袖壁的下地窗

本座敷采用了磨皮柱，没有长押，天花板高达十尺，面积为27叠。

座敷右侧为床胁。床之间处设置有落挂，立有方立，设有半间的袖壁，并开有下地窗。床之间采用了袋式床之间的形式。但是床之间左端四尺左右为板叠，壁付处立有床柱。琵琶台靠近床框。床之间左侧面设有付书院。右侧面可以看到宽敞的地板，仅设有天袋。床胁壁与一贯的挖空手法截然不同，独具特色。

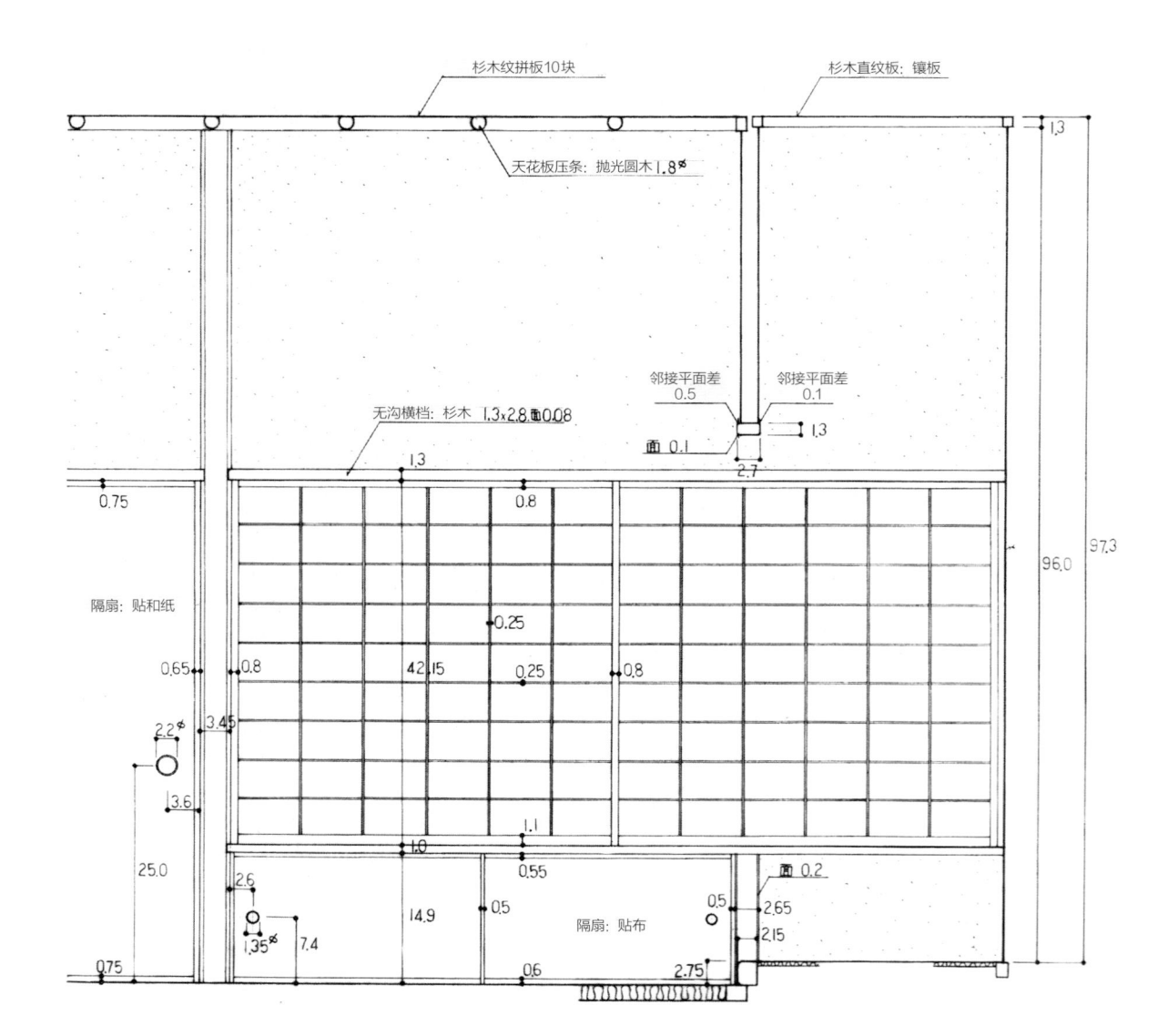

床之间的截面图　比例尺1:20

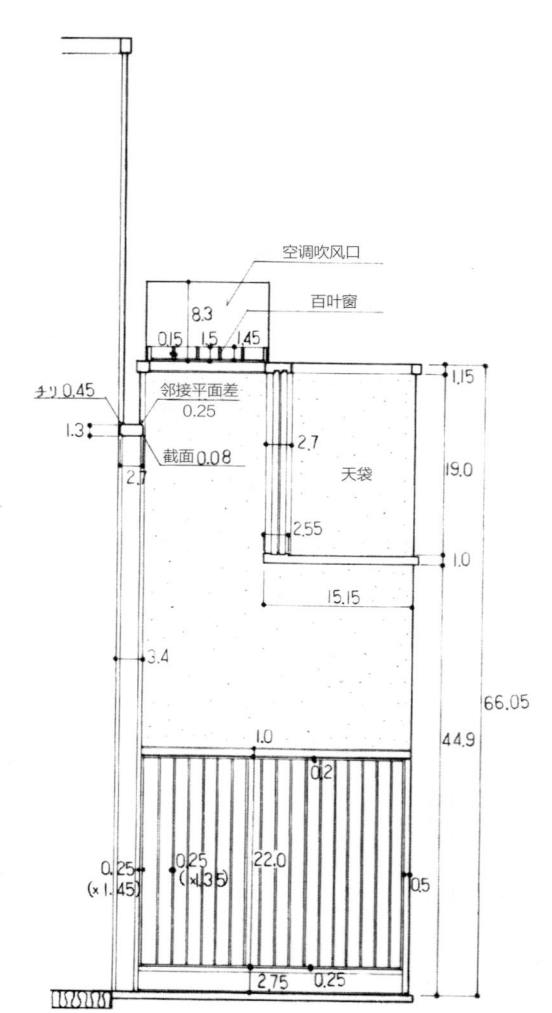

菊之间　床胁的截面图　比例尺1:20

八胜馆中店　实测图

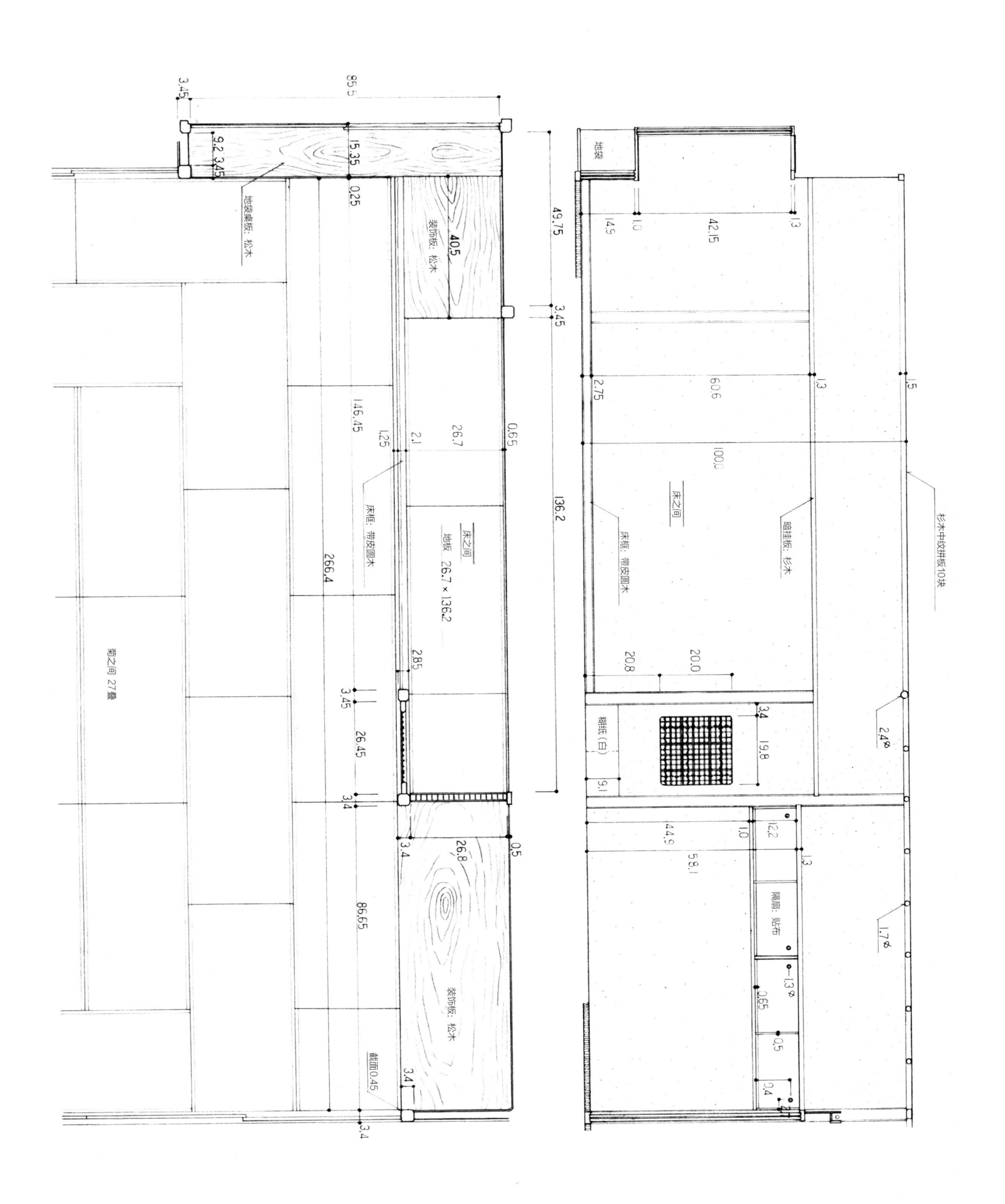

菊之间 床之间的正面图和平面图　比例尺1：30

八胜馆中店　实测图

日本建筑集成　床之间的意匠　　　　　　　　　　178

菊之间 付书院

菊之间 床胁处挖空设计

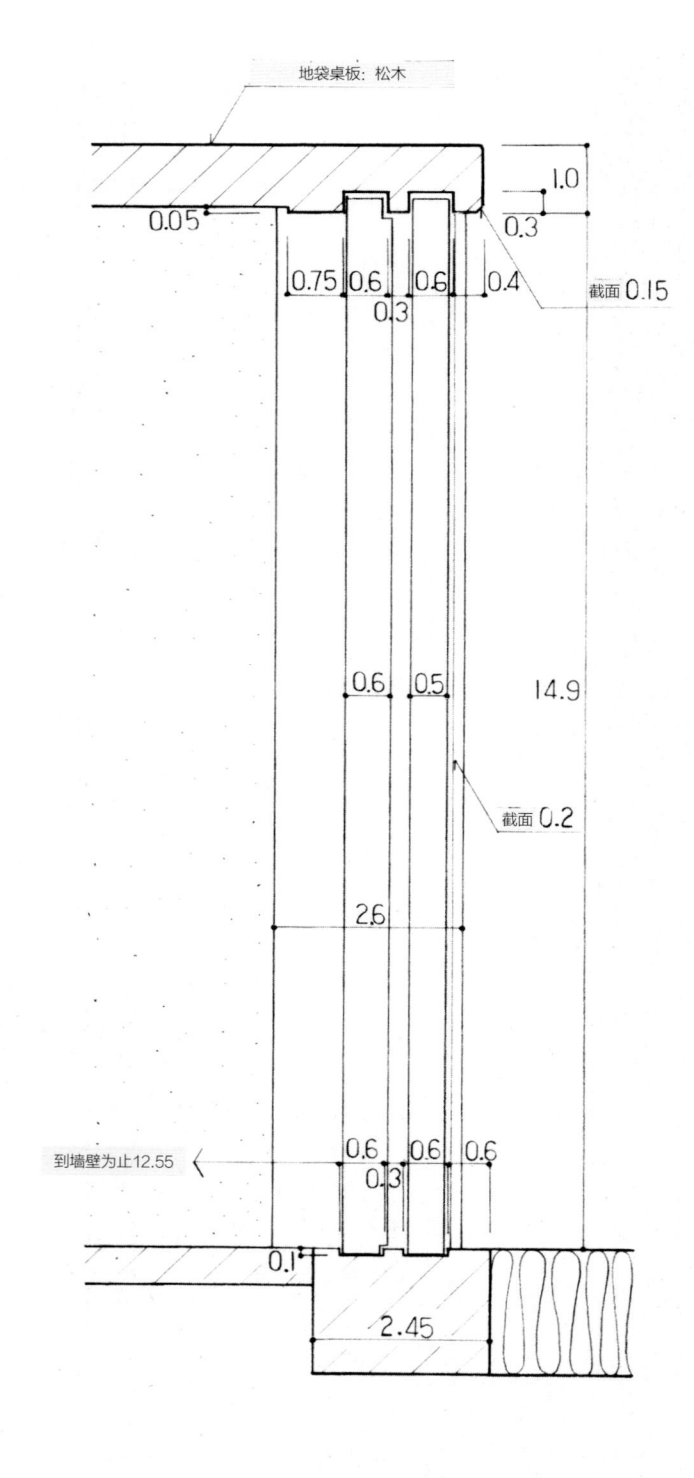

菊之间 地袋截面详细图　比例尺1:3

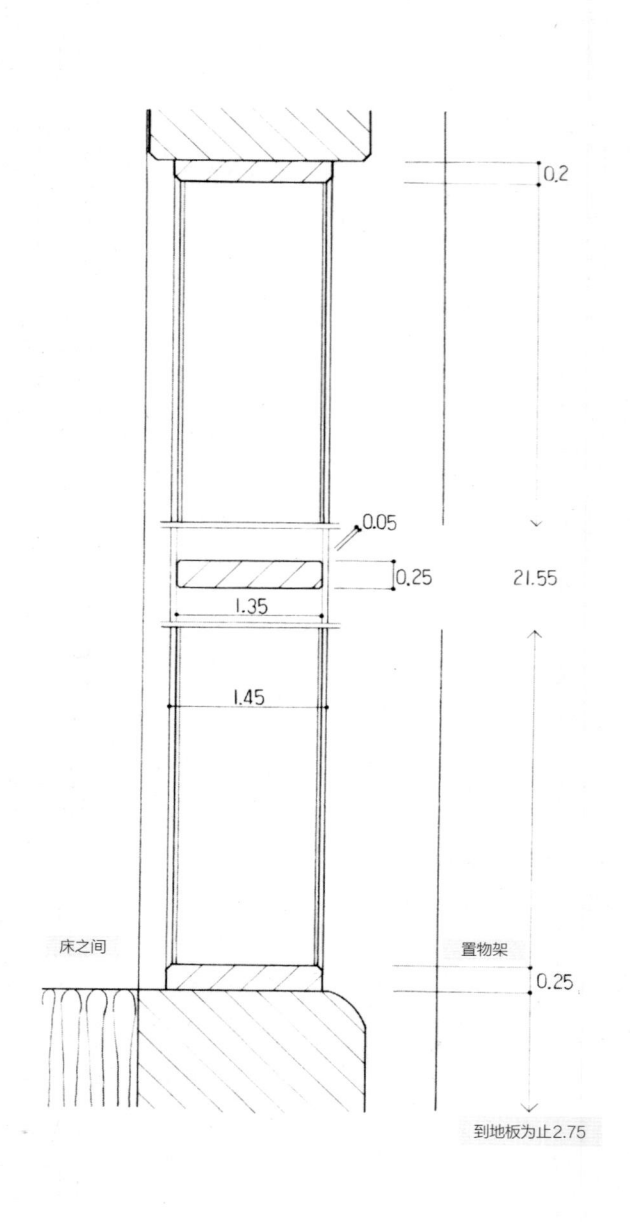

床胁截面详细图　比例尺1:2

八胜馆中店 床之间　实测图

新用亭

所有者 林永治郎
所在地 名古屋市中区
建造时间 1970年
设计 篠田、川口建筑事务所
施工 清水建设

河文

河文是继承了名古屋市中区雨棚历史的古老料亭。

旧的建筑在战争中被烧毁,战后没多久就重建了。重建时接连建造了很多新的座敷。"新用亭""西上间""西下间"于1970年5月竣工,"葵之间""菊之间"于1972年3月竣工。但是,当时有对新建筑的25坪限制,所以当时的屋主选择改造已有建筑,接手了御嵩旧家野吕氏的宅邸,将其解体,几经波折最终建成。

不可否认的是当初还是有很多优秀的木工,资材条件也很优越,所以建筑至今具有不可比拟的魅力。

言归正传,新用亭大小为10叠,房间内设有长押。

新奇的是房间中没有床柱。空间内只简单地布置了置式床之间(移动式床之间)和地袋。墨迹窗稍大,内侧设有两扇障子,这般设计的初衷也许是为了营造平书院般的意境吧。

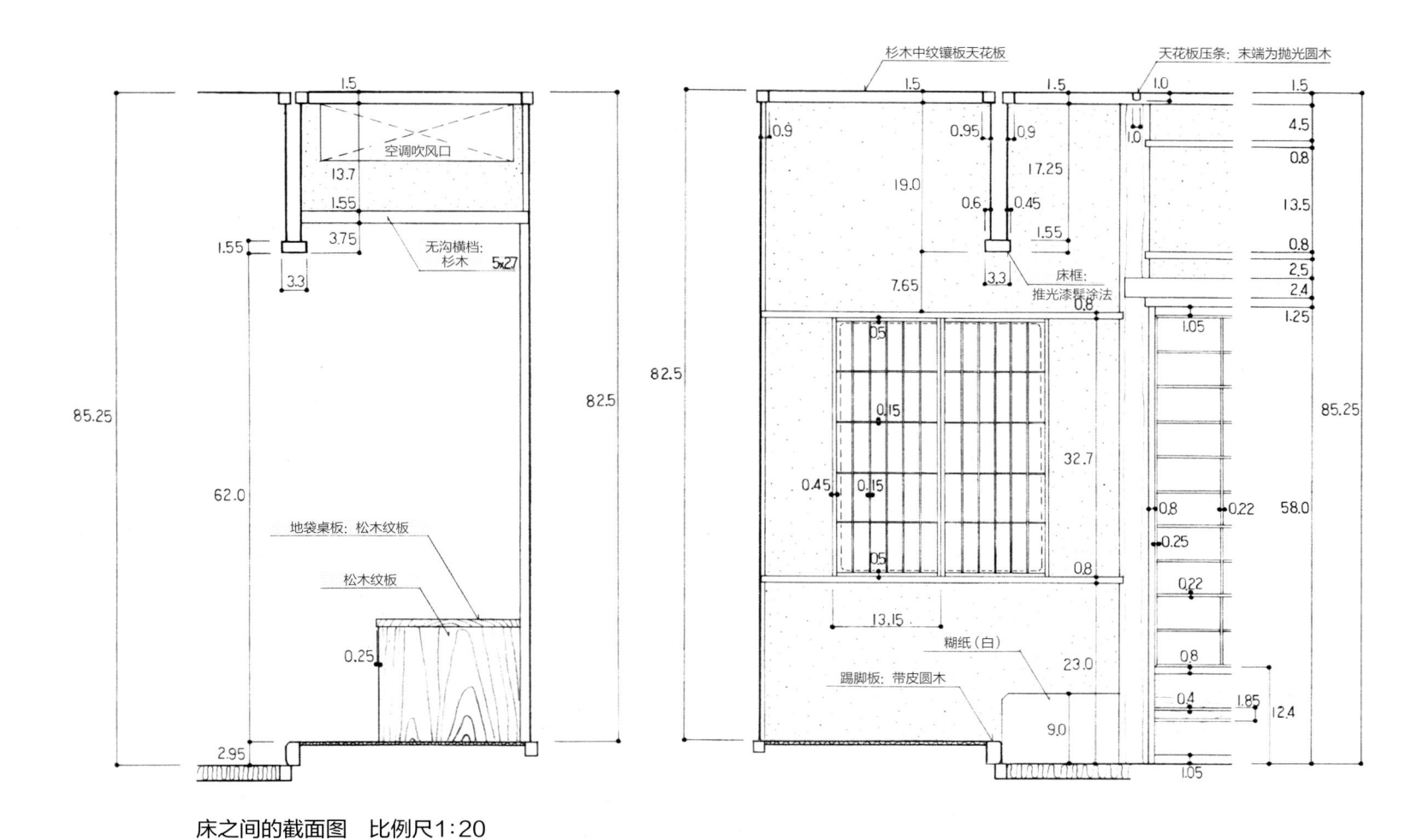

床之间的截面图　比例尺1:20

新用亭 床框截面详细图　比例尺1:3

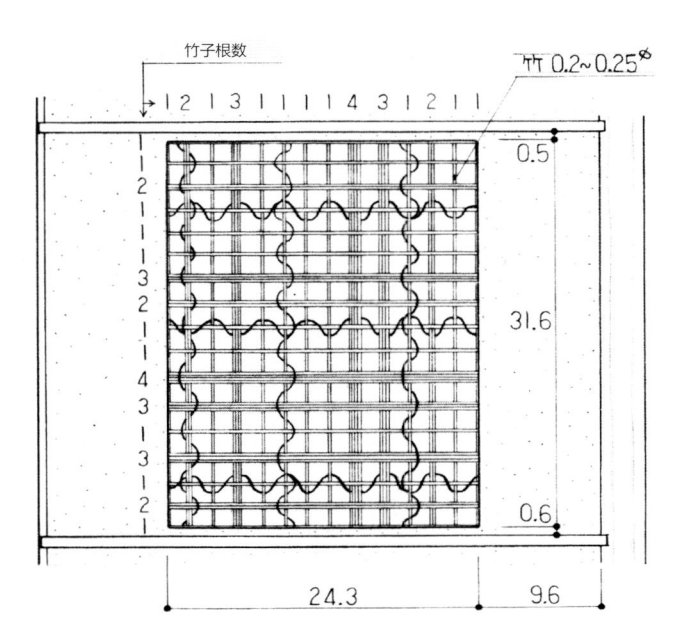

墨迹窗详细图　比例尺1:15

河文　实测图

床胁障子详细图　比例尺1:8

床胁障子截面详细图　比例尺1:2

床胁的截面图　比例尺1:20

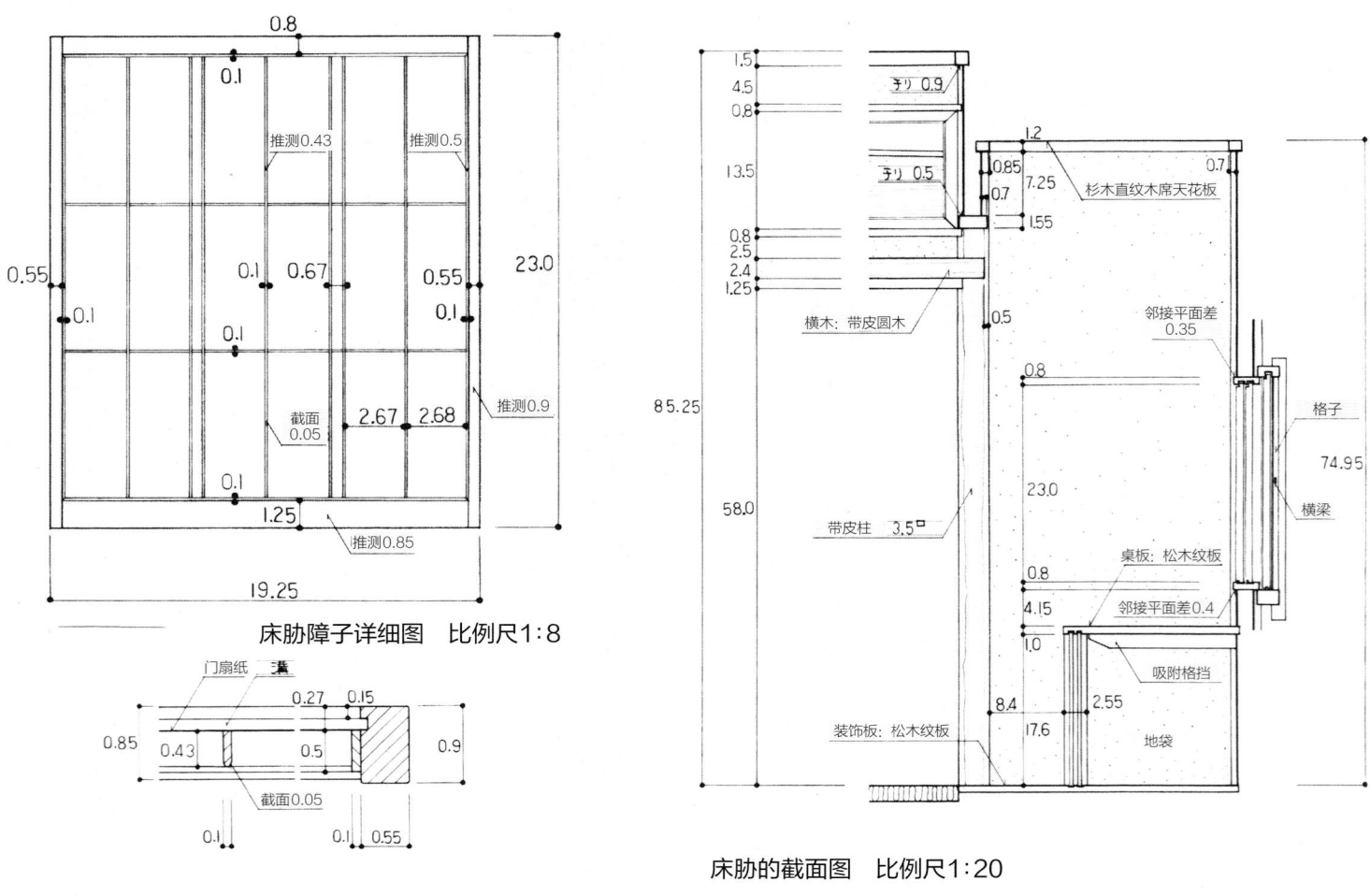

新用亭 床胁网代天花板详细图　比例尺1:2

河文　实测图

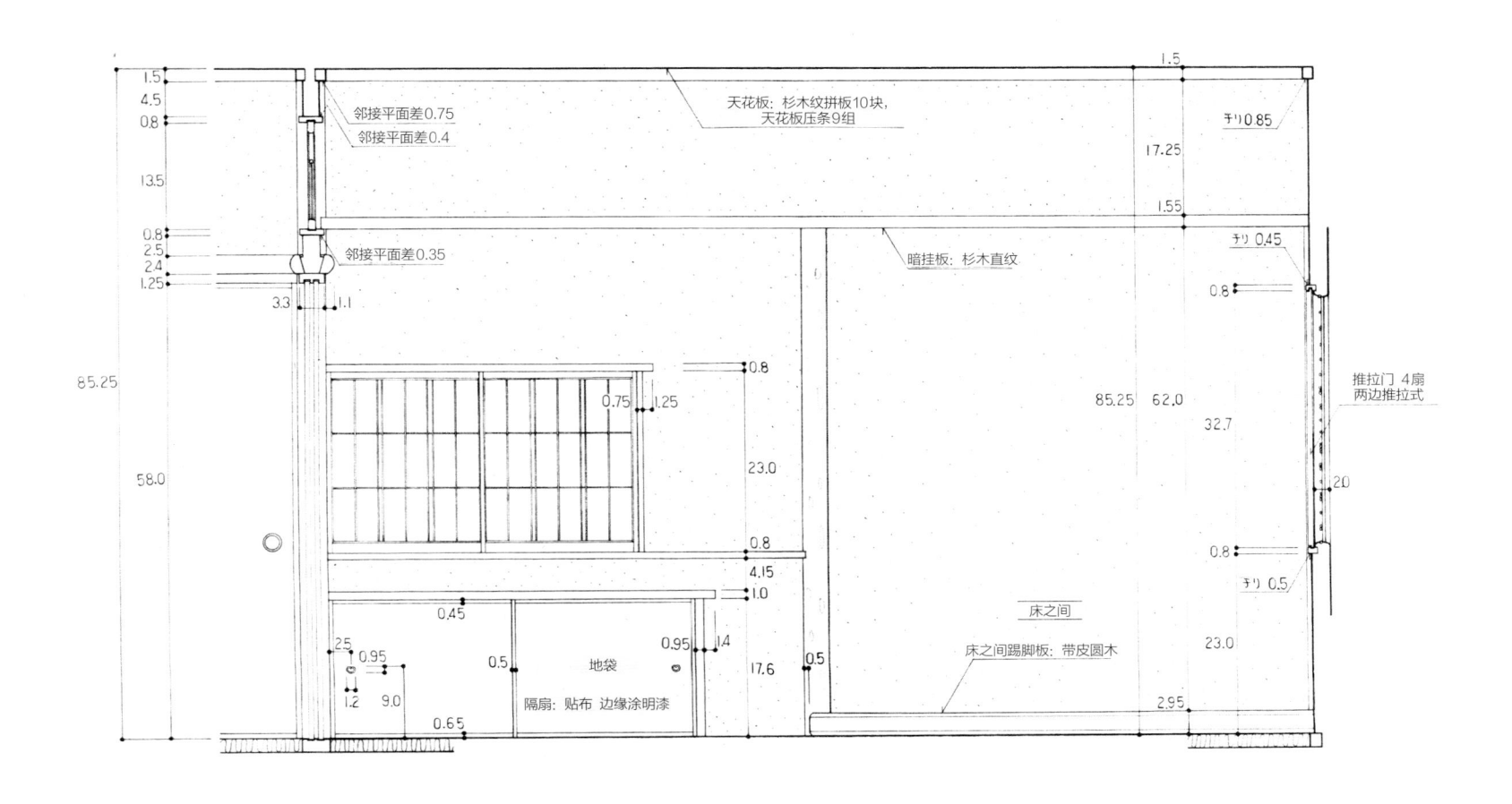

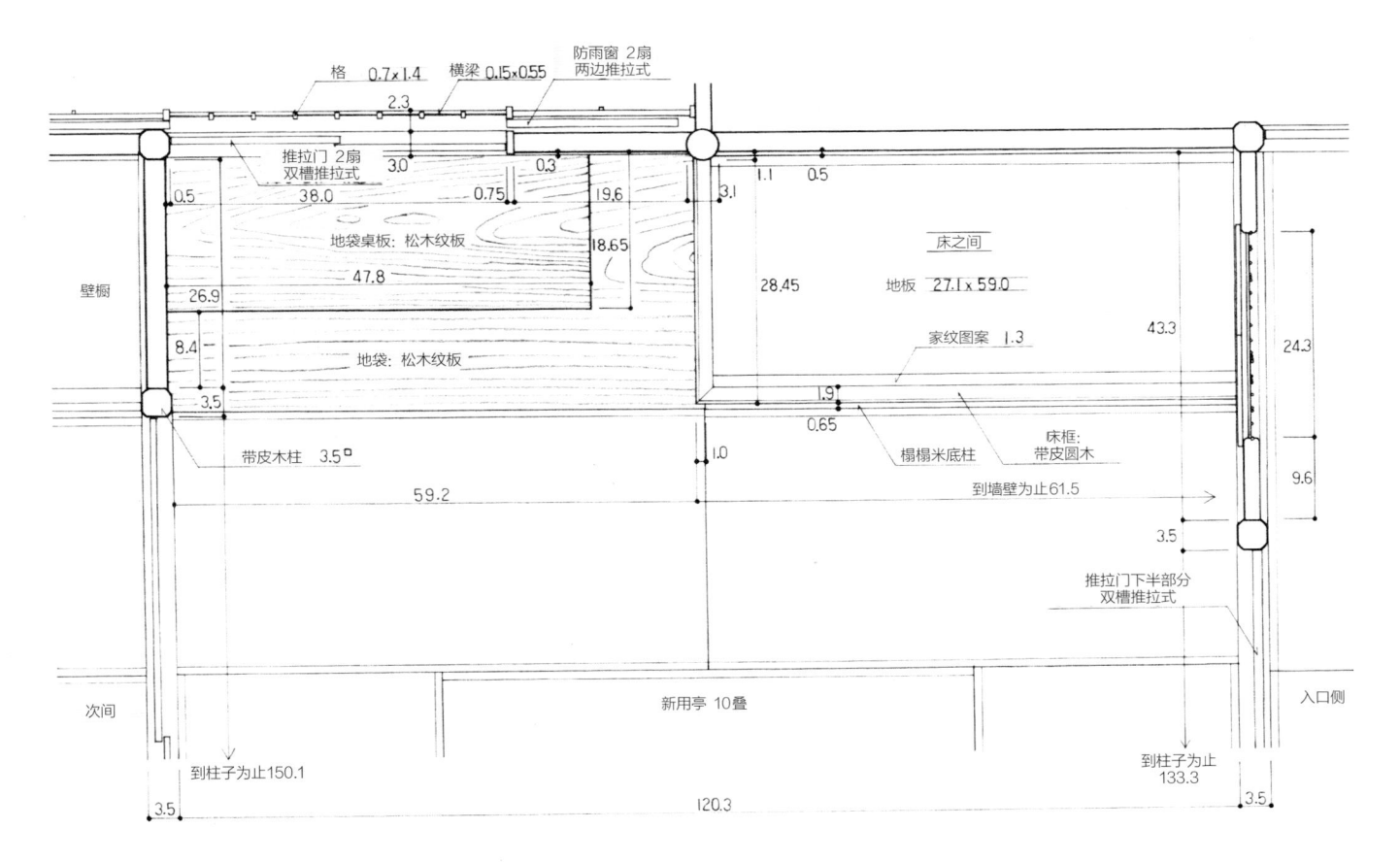

新用亭 床之间的正面图和平面图　比例尺1:20

河文　实测图

葵之间

建造时间 1952年
设计 筱田、川口建筑事务所
施工 清水建设

该座敷大小为10叠，采用了磨皮柱、磨皮圆木。

房间的中央稍靠后的位置立有带皮赤松木的床柱，床之间和床胁被一分为二。左侧设有双槽推拉门的平书院。床胁偏右处设有低矮的地袋。床胁与床之间的距离较远，地袋也较矮，所以床胁空间很宽敞。

葵之间 床柱和床框

葵之间 平书院

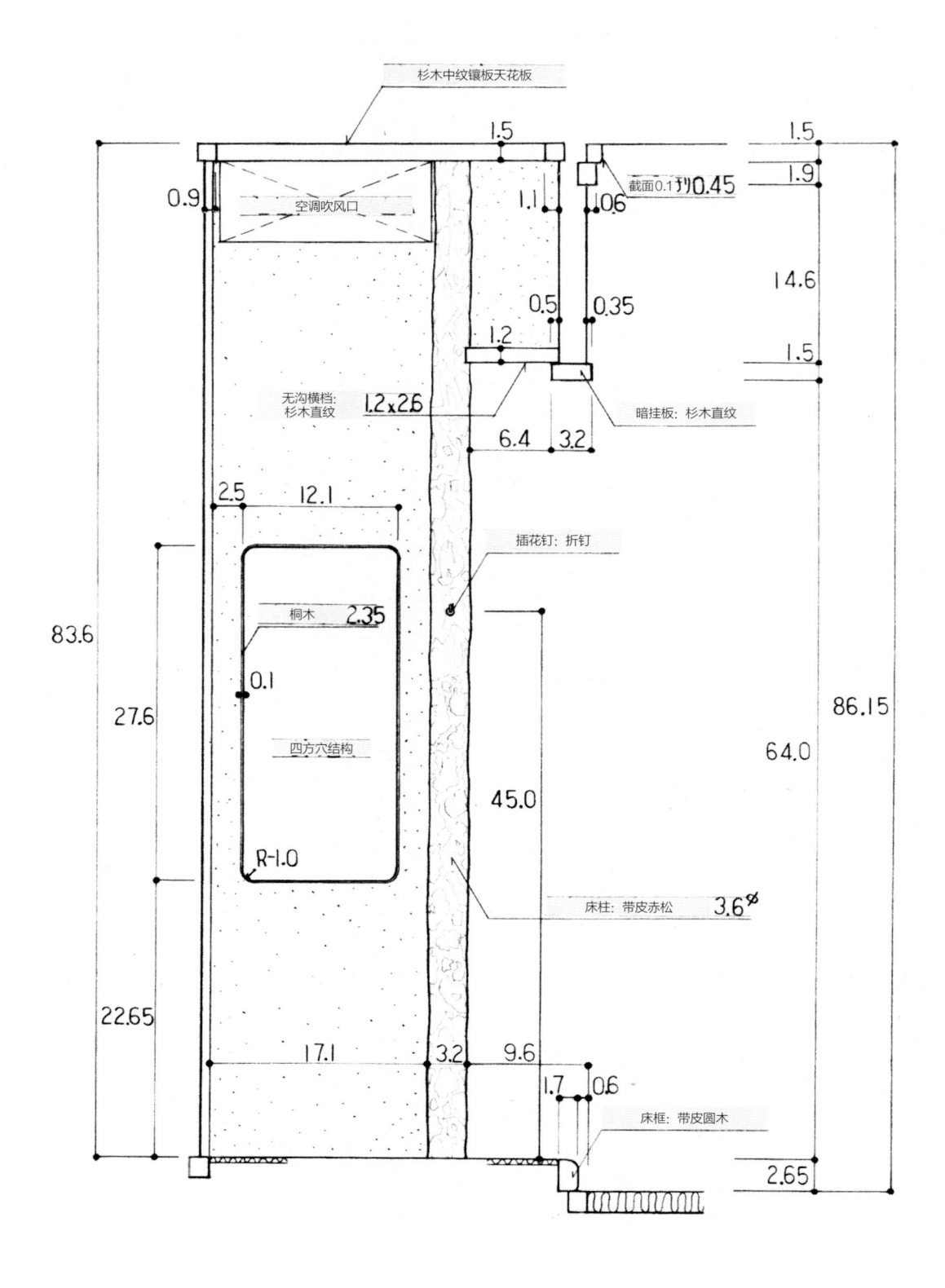

葵之间 床之间的截面图 比例尺1:15

河文 实测图

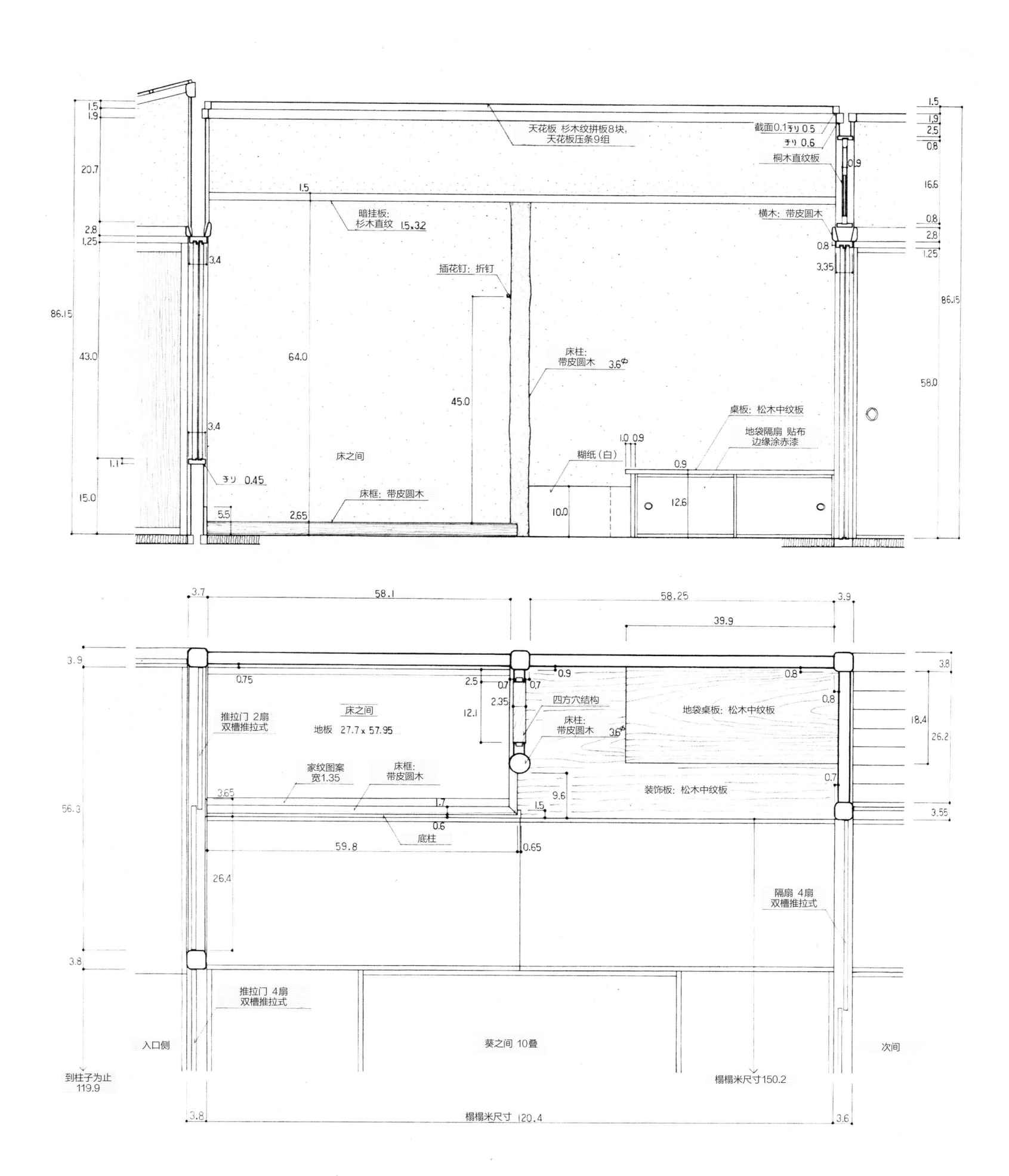

葵之间 床之间的正面图和平面图　比例尺1:20

河文　实测图

西上间

建造时间 1950年
设计 篠田、川口建筑事务所
施工 清水建设

西上 付书院栏间和长押

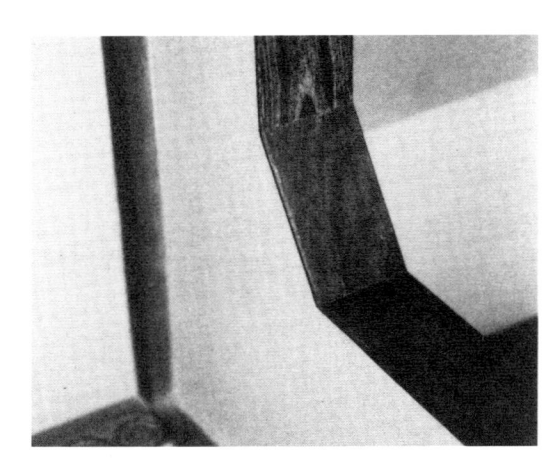

西上间 床胁挖空处

这间座敷有10叠大，运用了角柱、内法长押，天花板较高。

房间中央位置立有床柱，床之间和床胁被一分为二，设有付书院。

床柱使用了较纤细且美观的圆木，未进行面付加工，配合使用了黑色的床框。付书院的桌板采用了透漆涂法。

床胁铺设有一整面的榉地板，设有天袋。内法长押环绕床柱。床胁壁进行了大面积的挖空处理。

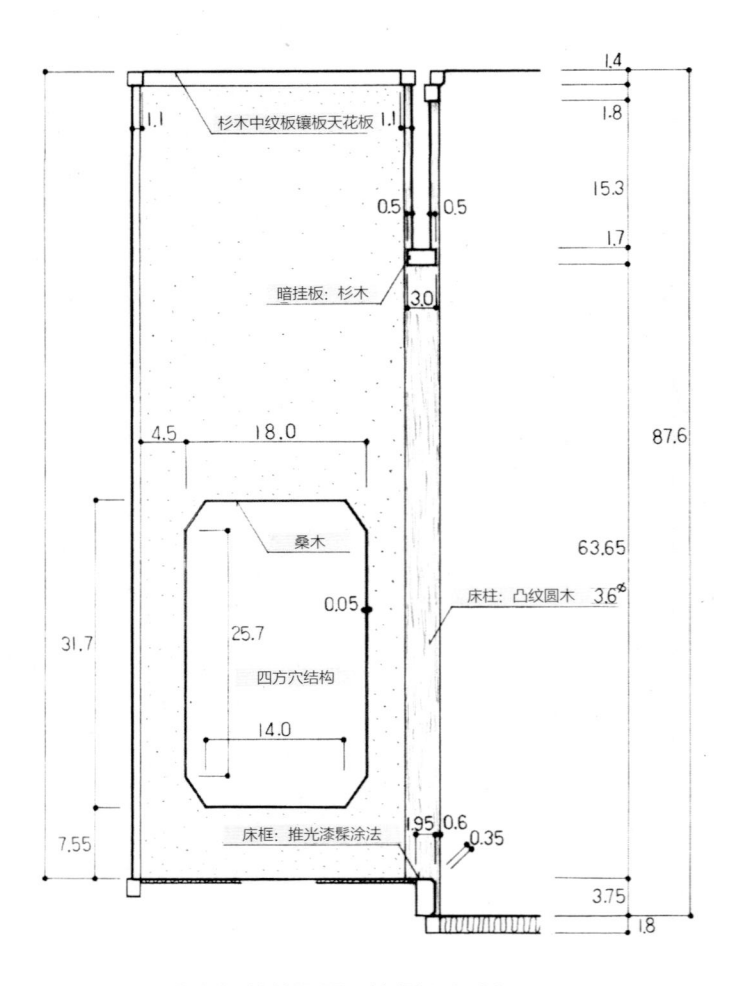

河文 实测图

床之间的截面图 比例尺1:20

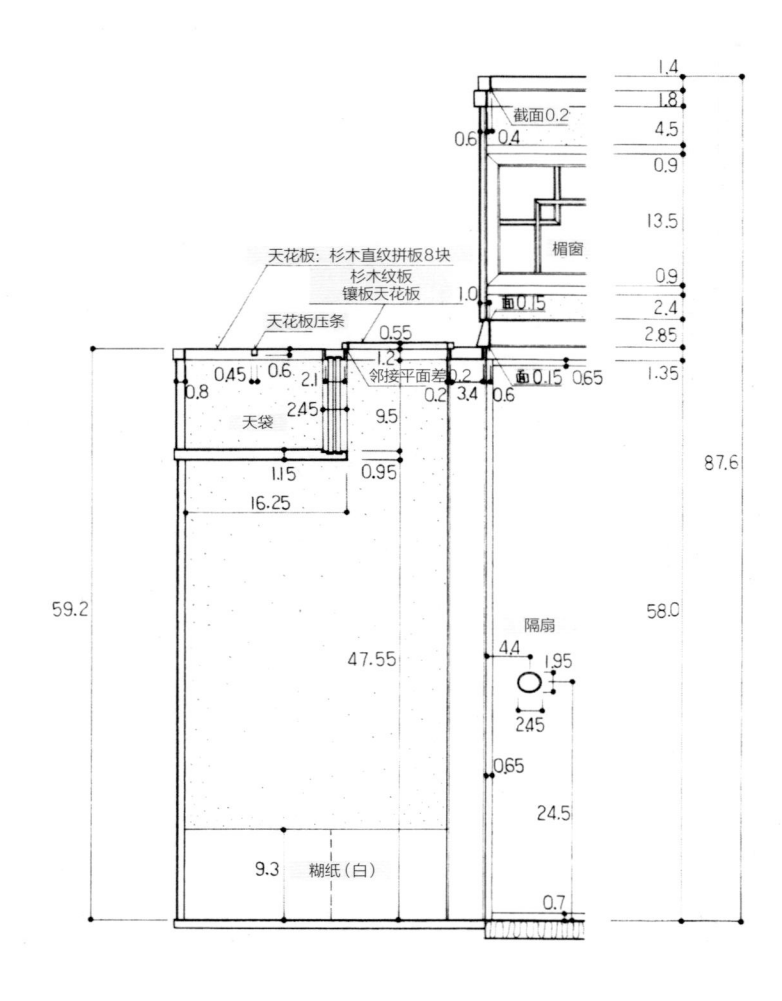

西上间 床胁的截面图 比例尺1:20

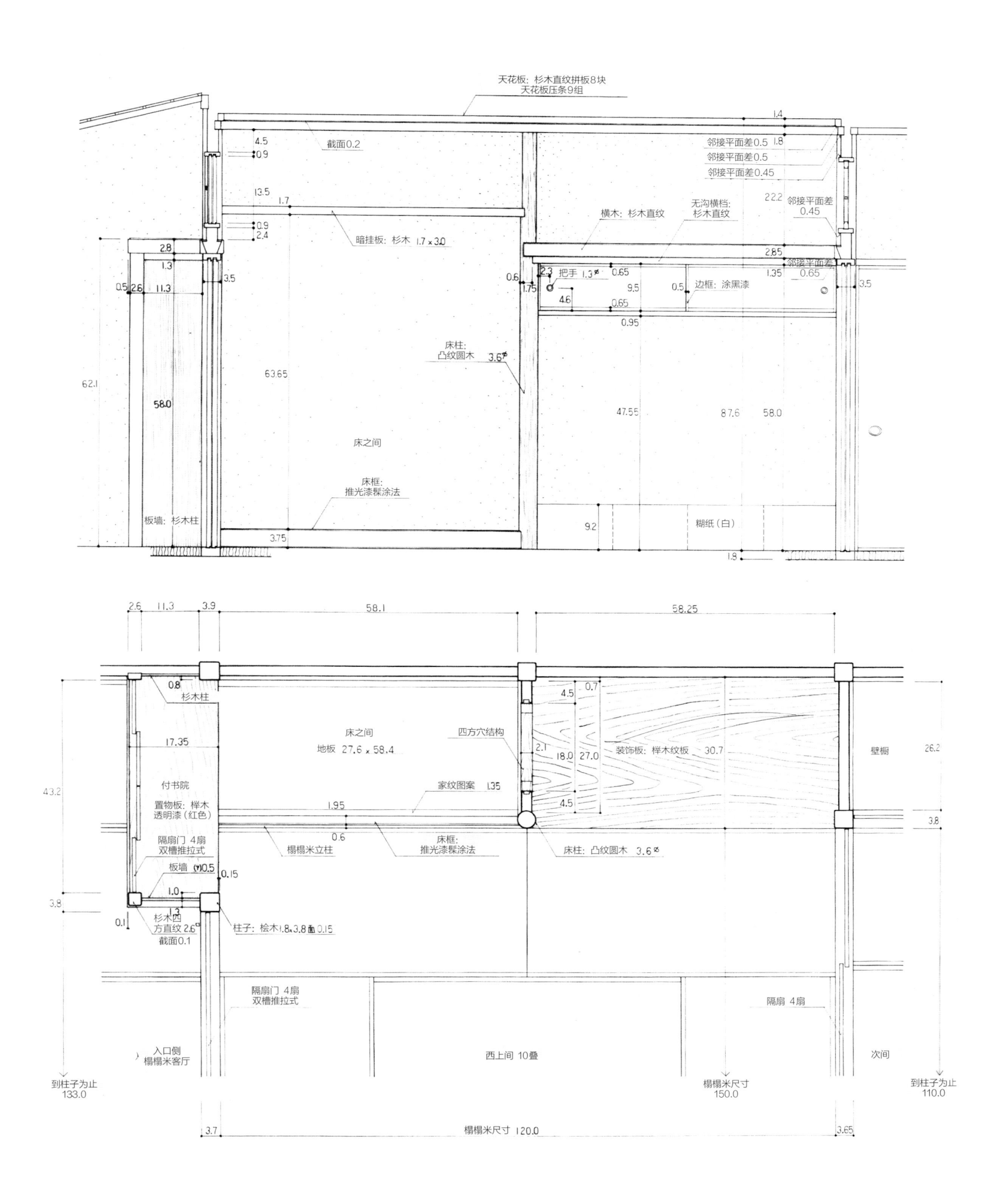

西上间 床之间的正面图和平面图　比例尺1:20

河文　实测图

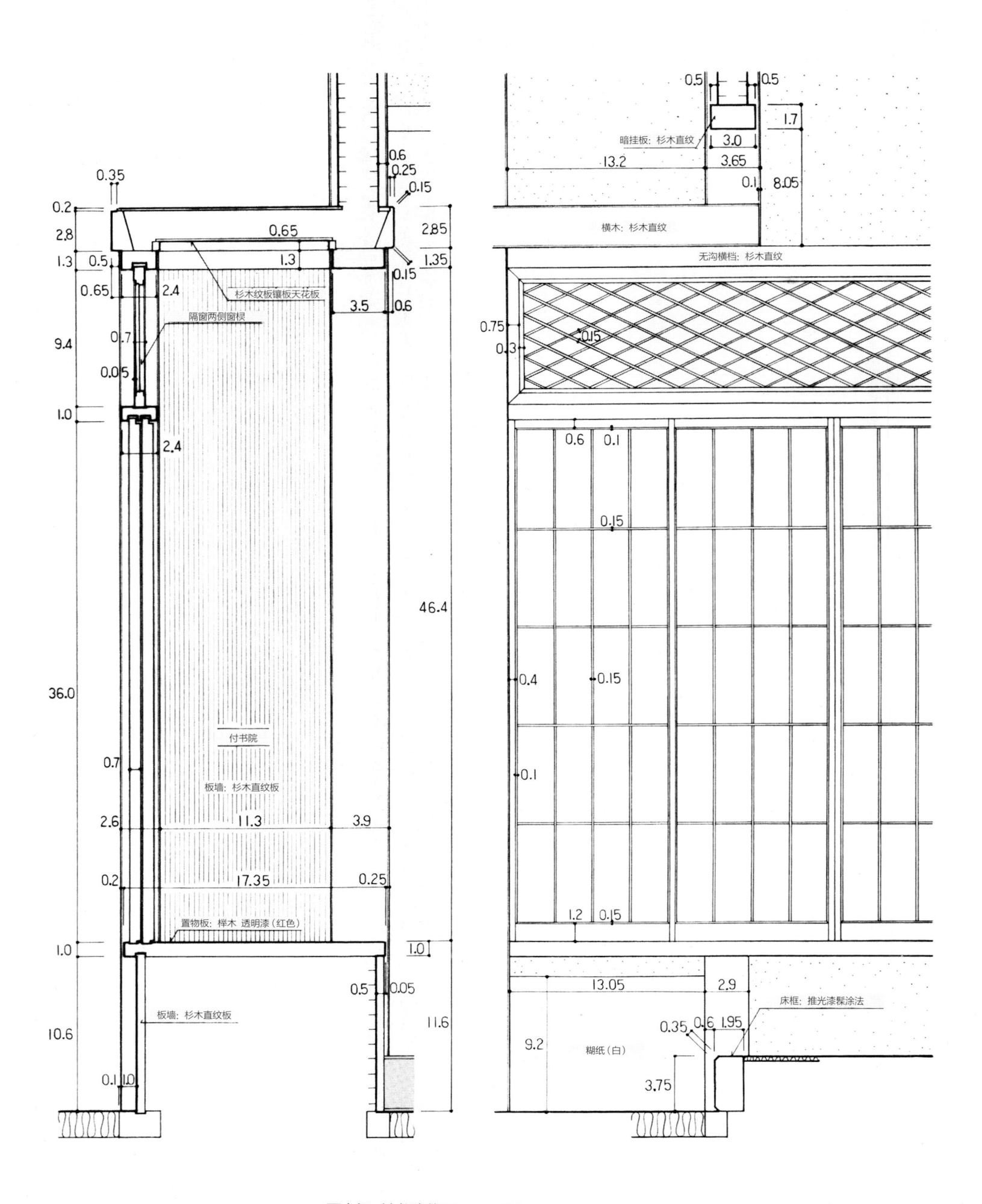

西上间 付书院截面、正面详细图　比例尺1∶8

河文　实测图

西下间

建造时间 1950年
设计 篠田、川口建筑事务所
施工 清水建设

该座敷大小为10叠，采用了角柱、内法长押，天花板较高。

床之间占据了较大空间，剩余空间设为床胁。床之间设有平书院，其下部设有无双窗。内法长押延伸至床之间里侧，平书院上部的收边很成功。

床胁保留了前板，设有低矮的地袋，上方入隅处设有天袋。天袋也起到斜支柱的作用。床胁部分的天花板与天袋的鸭居之间有小面积的小壁。床胁墙壁上方做了挑高的挖空设计。内法长押围绕床胁，直到床柱处。

西下间 平书院下部

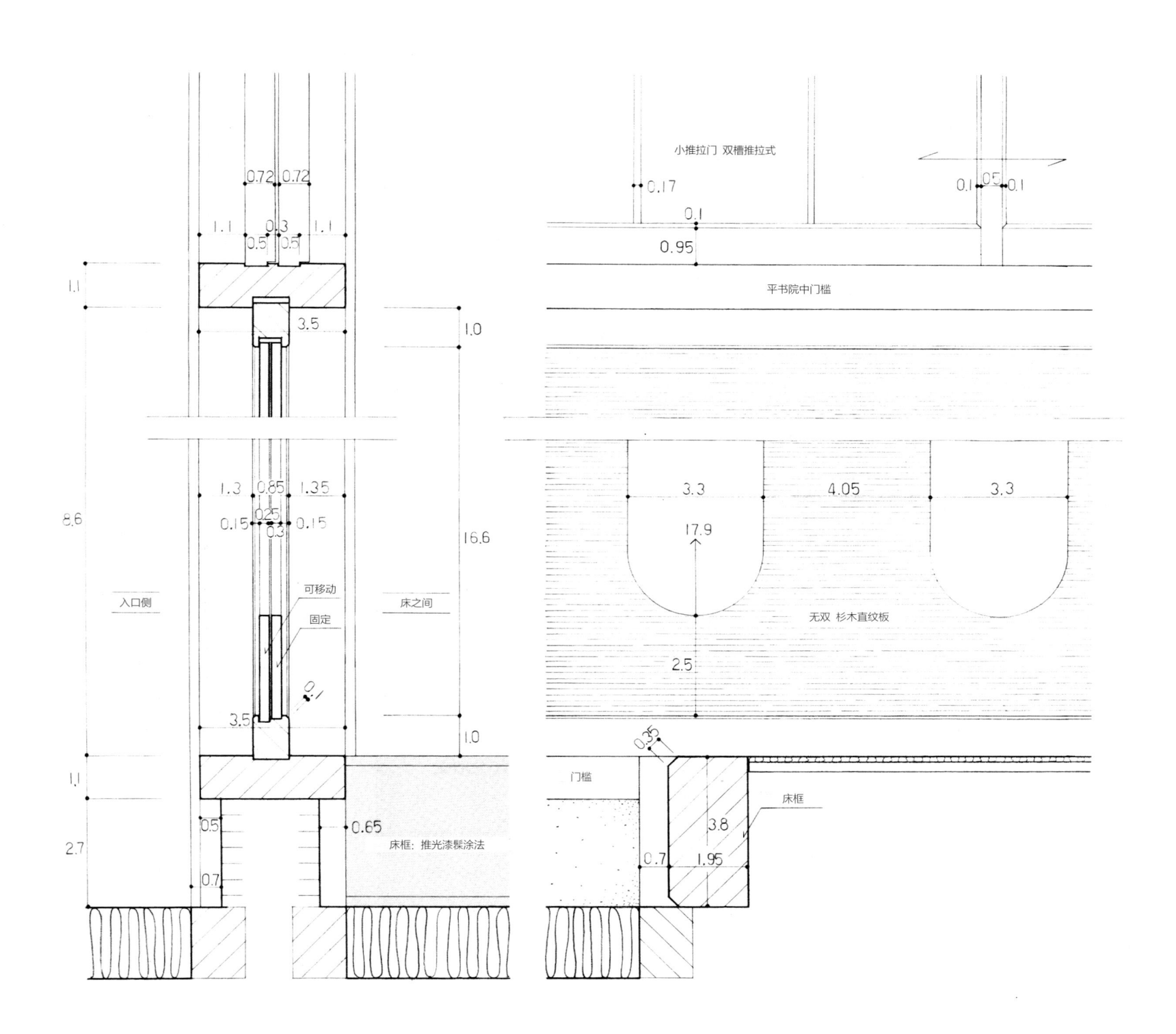

西下间 平书院下部详细图　比例尺1:3

河文　实测图

西下间 床柱和地袋

西下间 床柱、落挂、长押

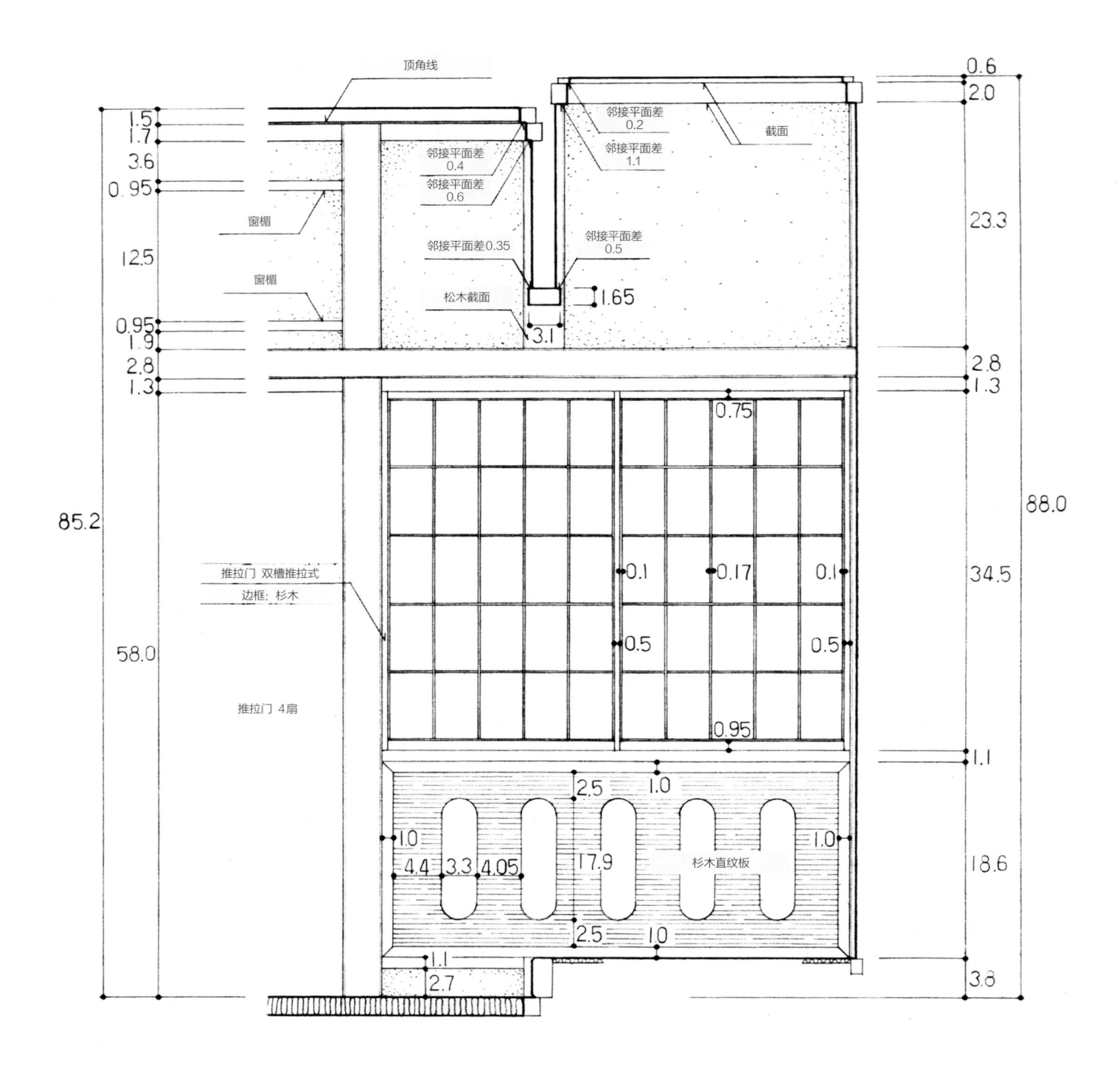

西下间 床之间的截面图 比例尺1:15

河文 实测图

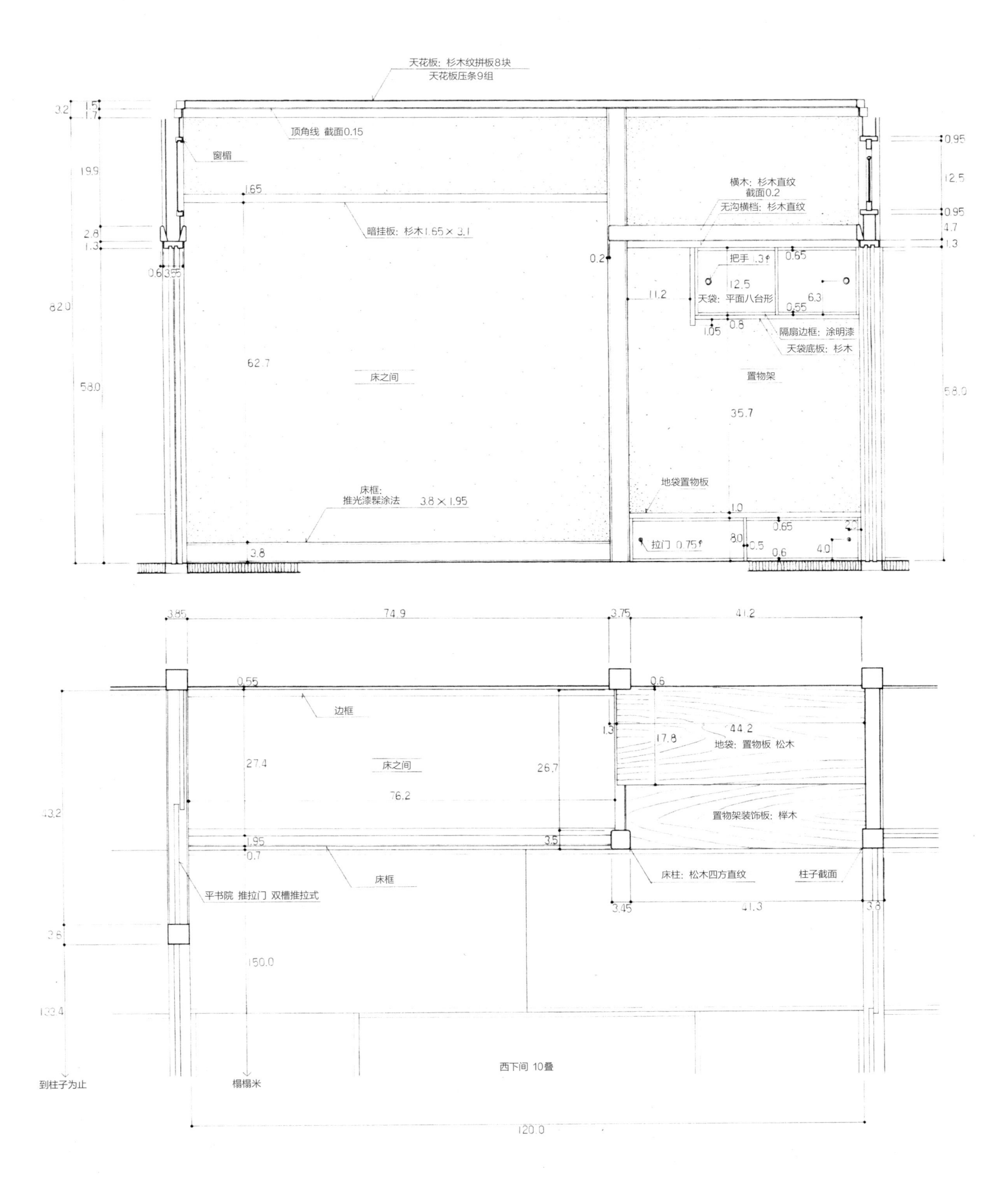

西下间 床之间的正面图和平面图　比例尺1:20

河文　实测图

菊之间

该座敷大小为10叠，采用了角柱、内法长押，天花板较高。

正面中央处立有角柱状的床柱，床之间和床胁被一分为二。床之间设有平书院，但是内法长押未延长至此处，长押上端与下端平齐，穿过鸭居，垂有吊束。

床胁处有一字棚，贴靠在后墙壁上。天花板采用桐板网代式。床胁壁设计了二尺三寸五分的方形挖空。

建造时间 1952年
设计 筱田、川口建筑事务所
施工 清水建设

菊之间 床胁的挖空处

菊之间 平书院

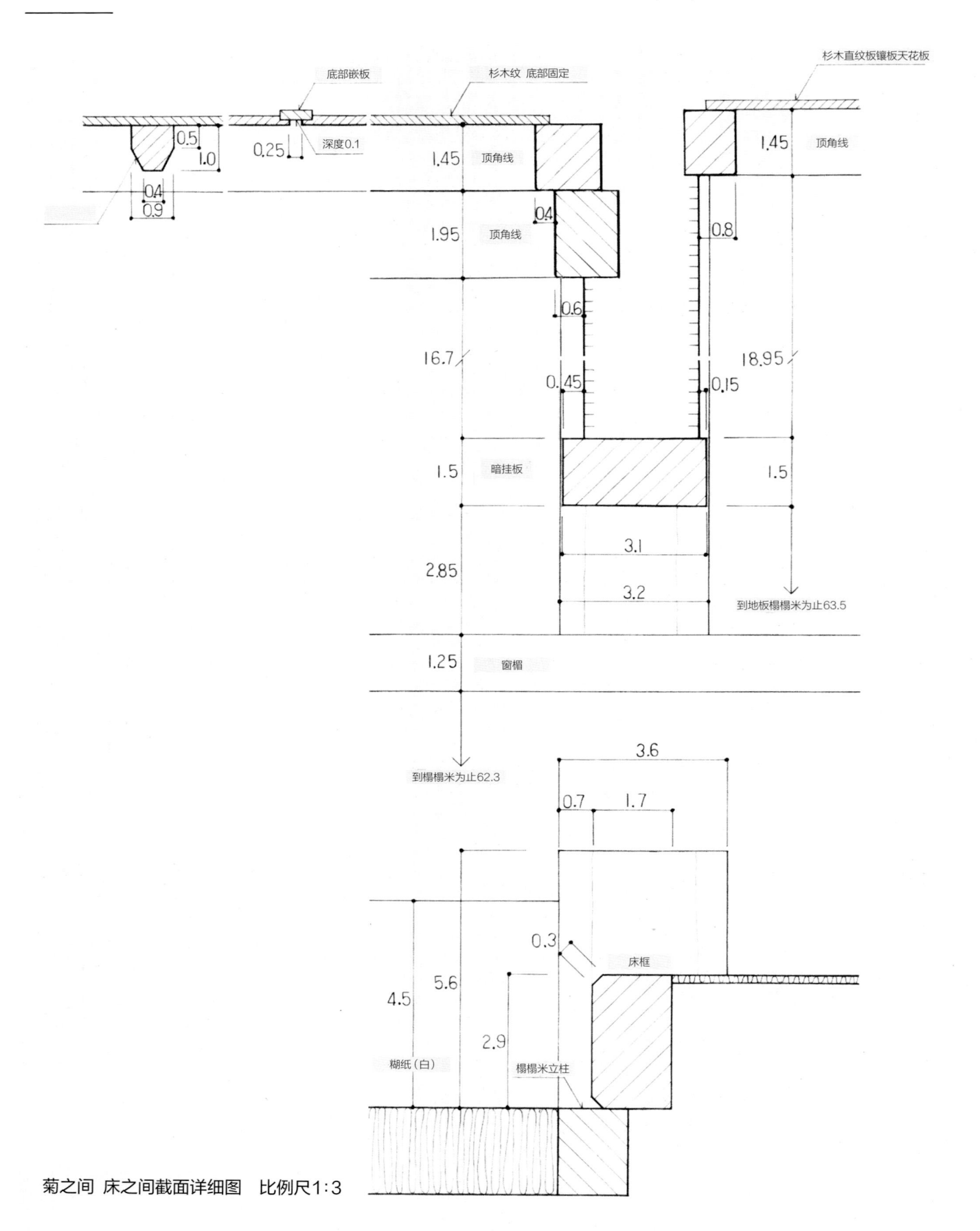

菊之间 床之间截面详细图　比例尺1:3

河文　实测图

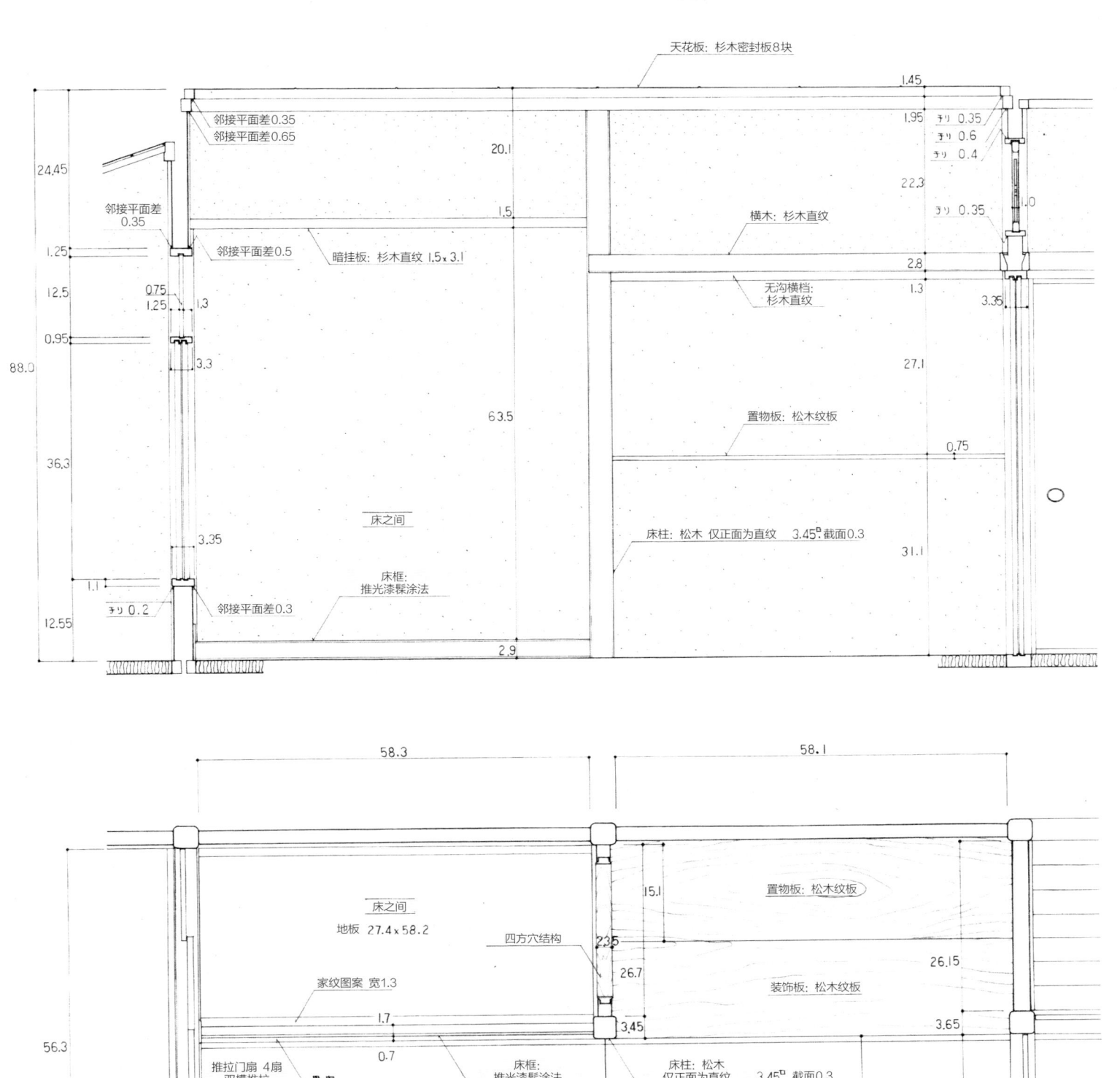

菊之间 床之间的正面图和平面图　比例尺1:20

河文　实测图

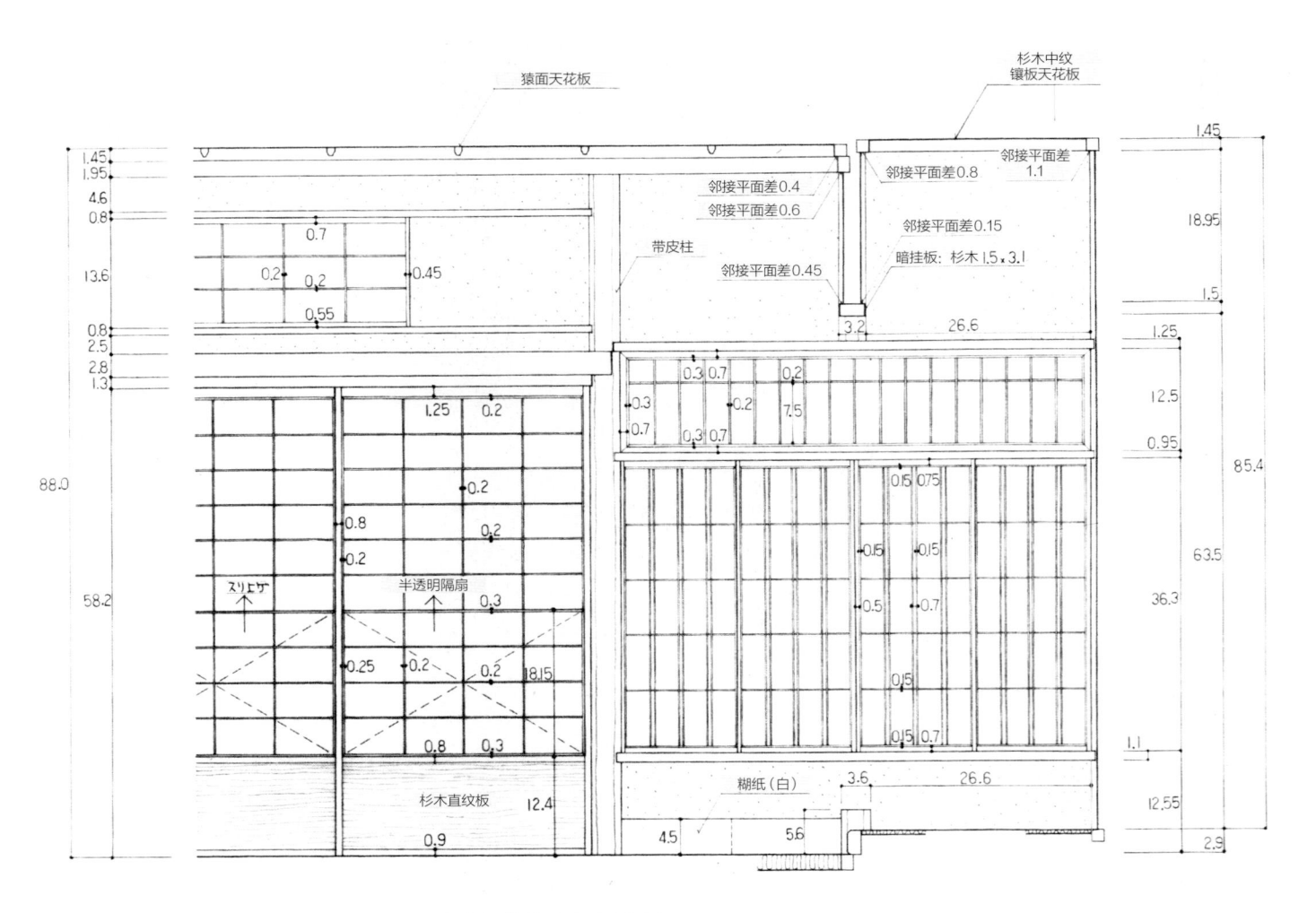

床之间的截面图　比例尺1:20

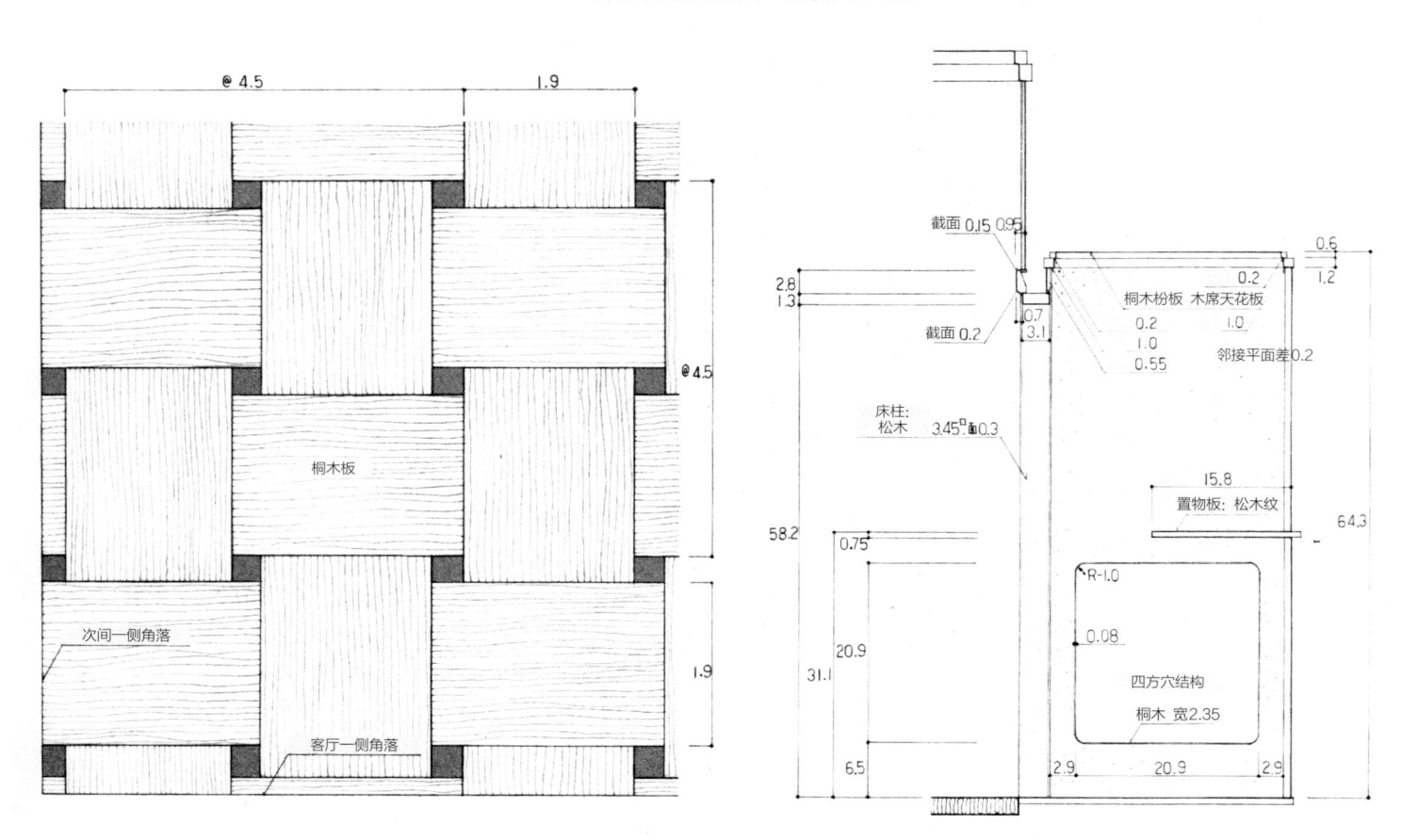

菊之间　床胁网代天花板详细图　比例尺1:2

床胁的截面图　比例尺1:20

河文　实测图

坐渔庄

所有者 博物馆明治村
所在地 爱知县犬山市（旧静冈县清水市）

一层座敷

建造时间 1918年
迁筑年份 1971年

此建筑是在1918年建于兴津海滨的别墅。别墅营造出了悠然自得的意境，因坐在居室里就可以钓鱼，所以得名坐渔庄。大门正对旧东海道。1971年迁筑至明治村，尽可能效仿旧地的环境。

该座敷为主室，次间为起居室。该建筑整体的设计与京都的建筑技师的风格相近，营造纯朴意境，设计与技法都很优秀。床之间的格局可圈可点，整体风格彰显温和气息。

一层座敷 床胁

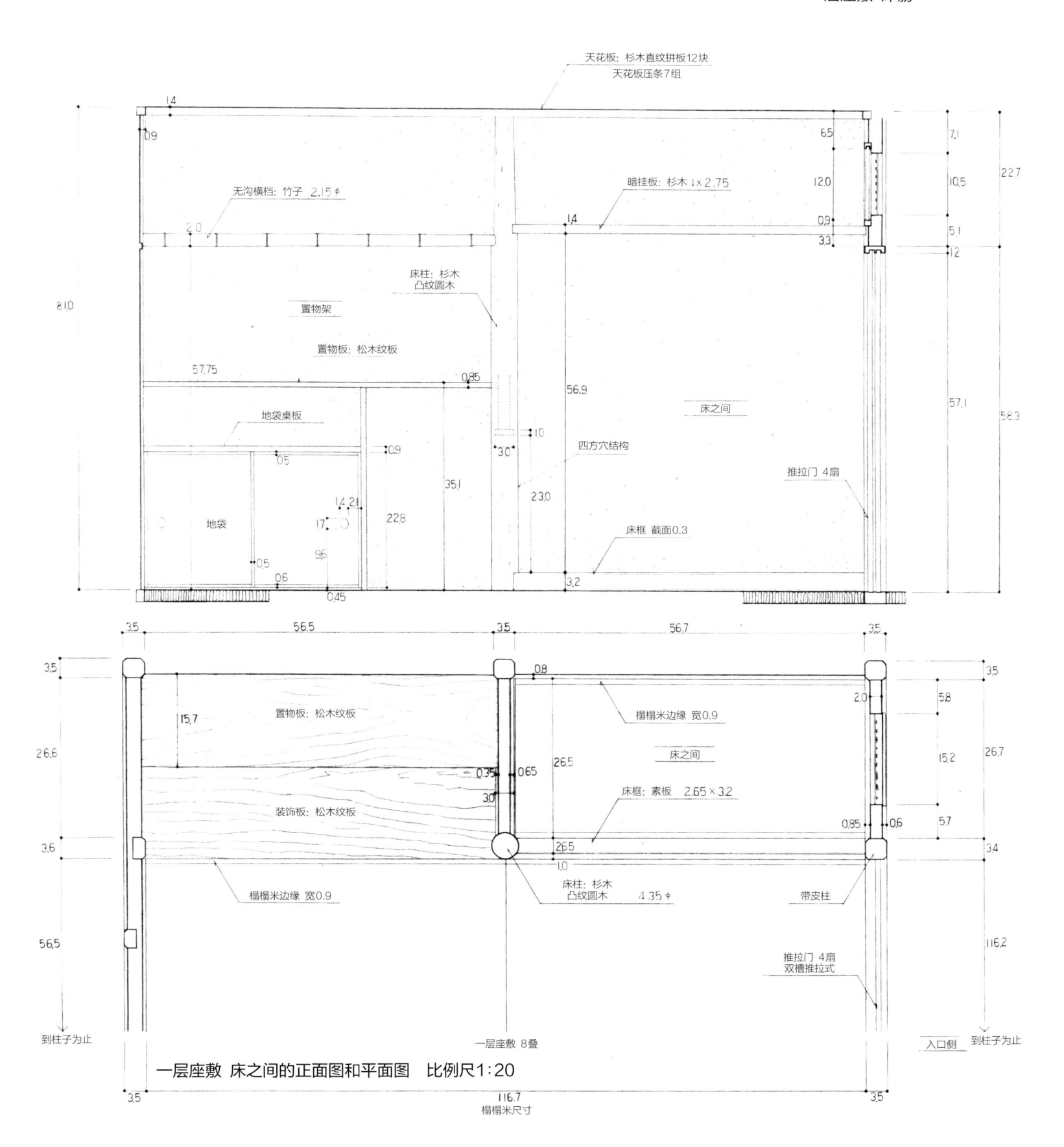

一层座敷 床之间的正面图和平面图 比例尺1:20

坐渔庄 实测图

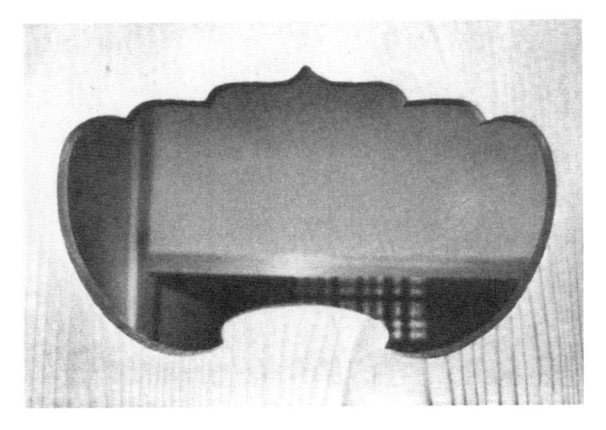

一层座敷 棚的妻板镂空处

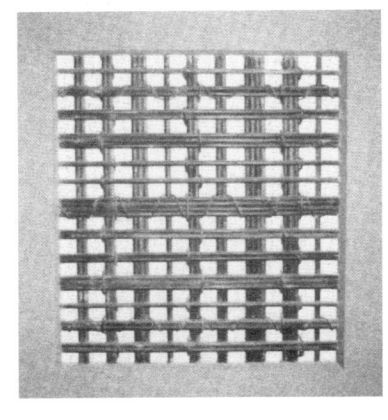

一层座敷 墨迹窗

一层座敷 床胁的天花板

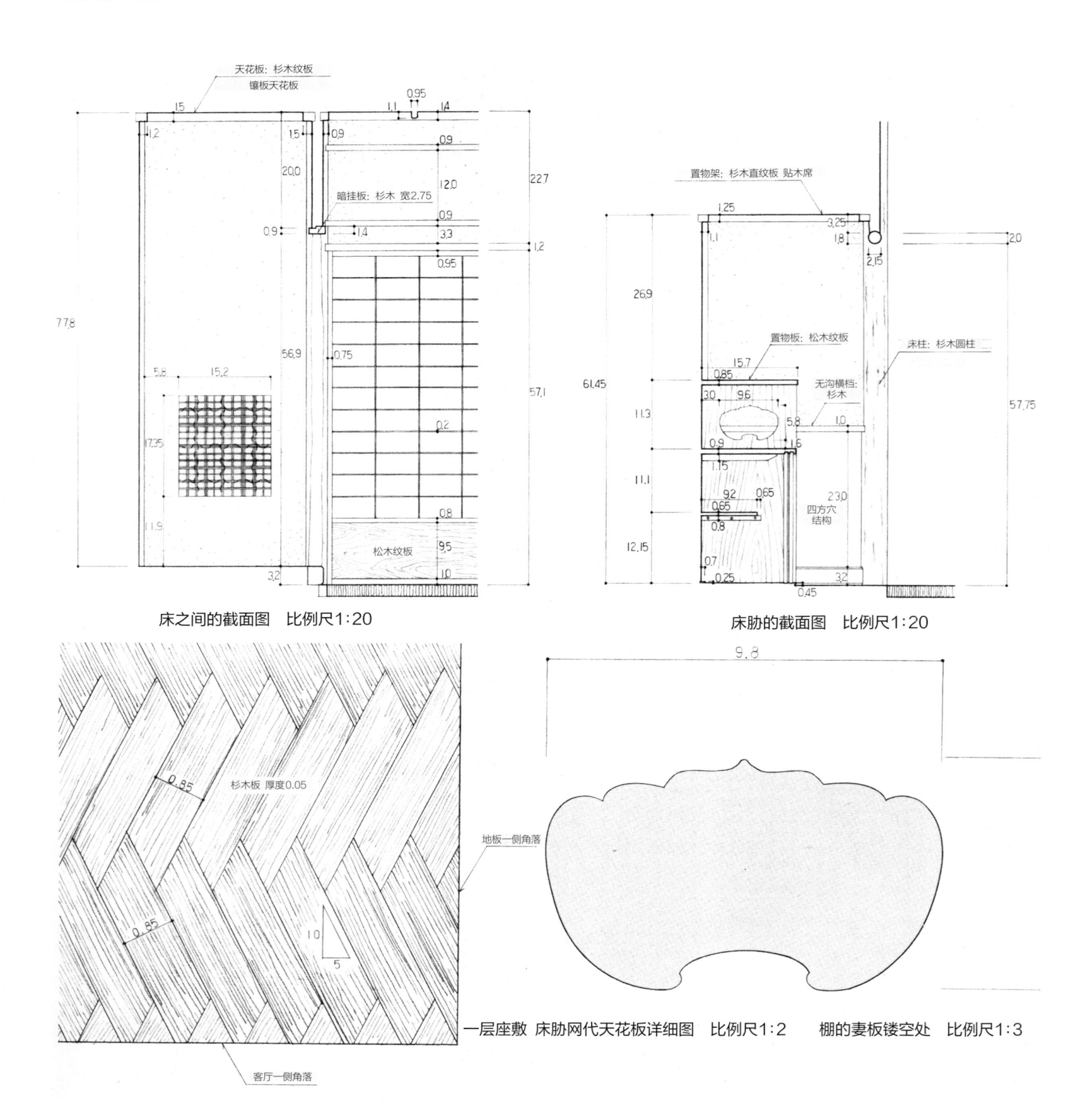

床之间的截面图　比例尺1：20

床胁的截面图　比例尺1：20

一层座敷 床胁网代天花板详细图　比例尺1：2　　棚的妻板镂空处　比例尺1：3

坐渔庄　实测图

谷庄

店之间和奥座敷

建造时间 1927年
设计 二代谷村良市
施工 不明

所有者 谷村良治
所在地 石川县金泽市
店之间 床之间

谷庄是一处保留了过去加贺町家氛围的建筑。

采用和式风格的接待间和店之间用纸拉门隔开，店之间也可作为茶室使用。其中的床之间与江户千家的床之间有异曲同工之妙。但是，左侧地袋较江户千家稍低，小壁上有竹，右床胁铺有踏入板敷（台面），这些设计是与江户千家不同的。引人注目的还有其与保留在金泽的成巽阁的茶室清香轩也有相同之处，或许某些部分是以清香轩为范本的吧。建筑整体选取了耐人寻味的素材，又显俏丽，并且还营造出了町家的座敷氛围。

奥座敷的位置很靠里，面朝庭院。其中床之间的布置和床胁的布置很有特色，是借用了里千家寒云亭的设计。

房间中的圆木非常美观，床柱选材也十分自然。吸引人注意的是木框的下方有着仅五分高的蹴入（竖板）。

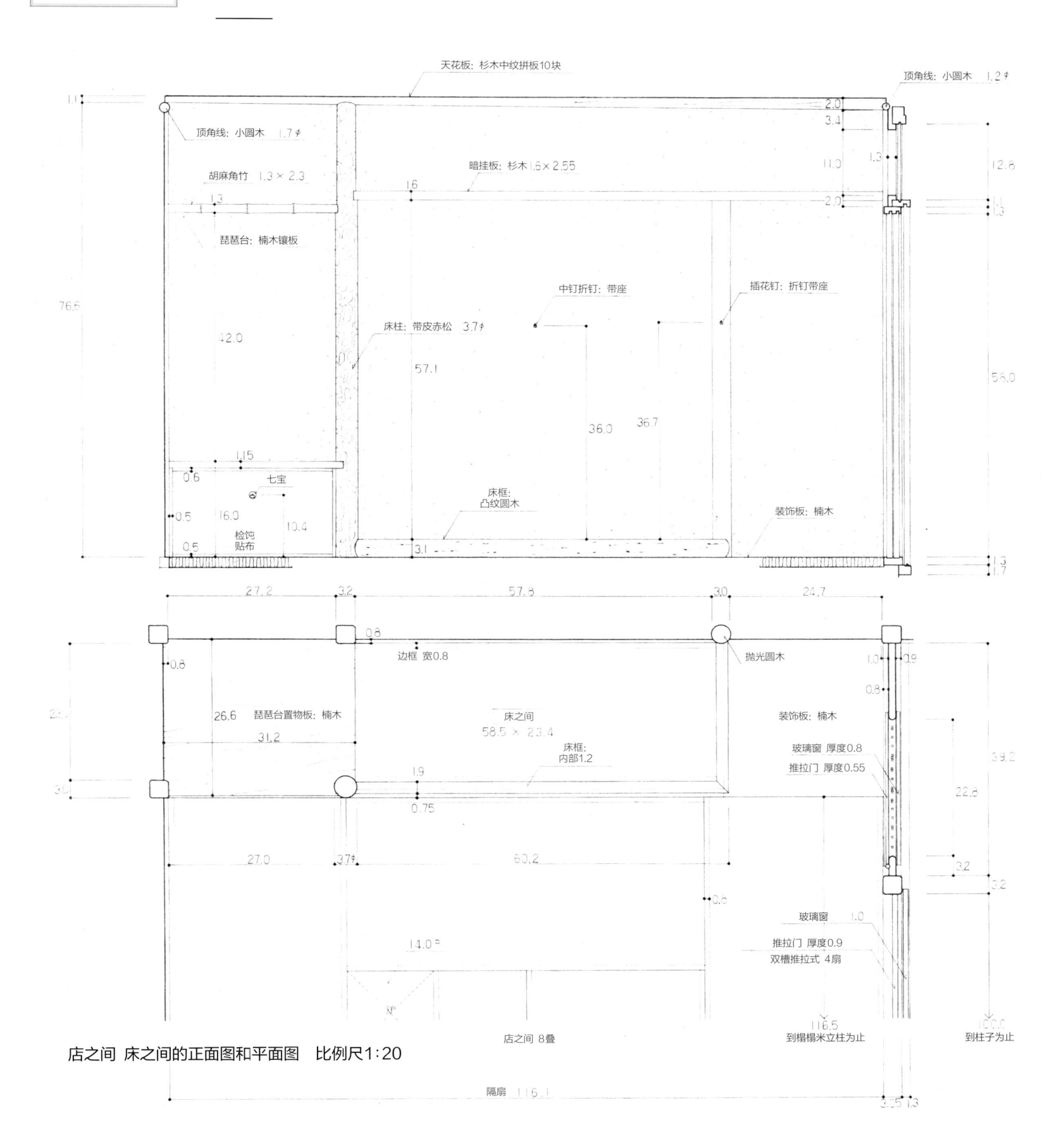

店之间 床之间的正面图和平面图　比例尺1:20

谷庄　实测图

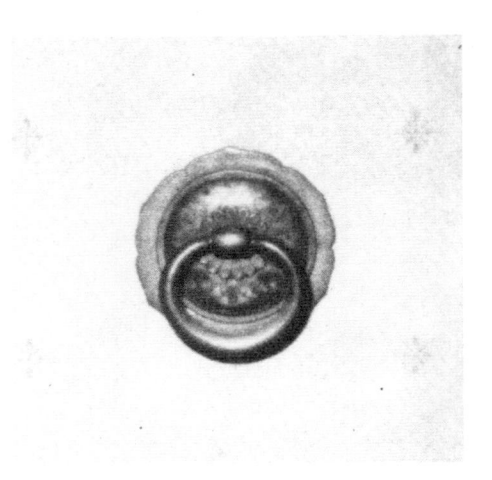

店之间 纯朴的把手 　　　　　店之间 床胁小壁 　　　　　店之间 床胁的窗

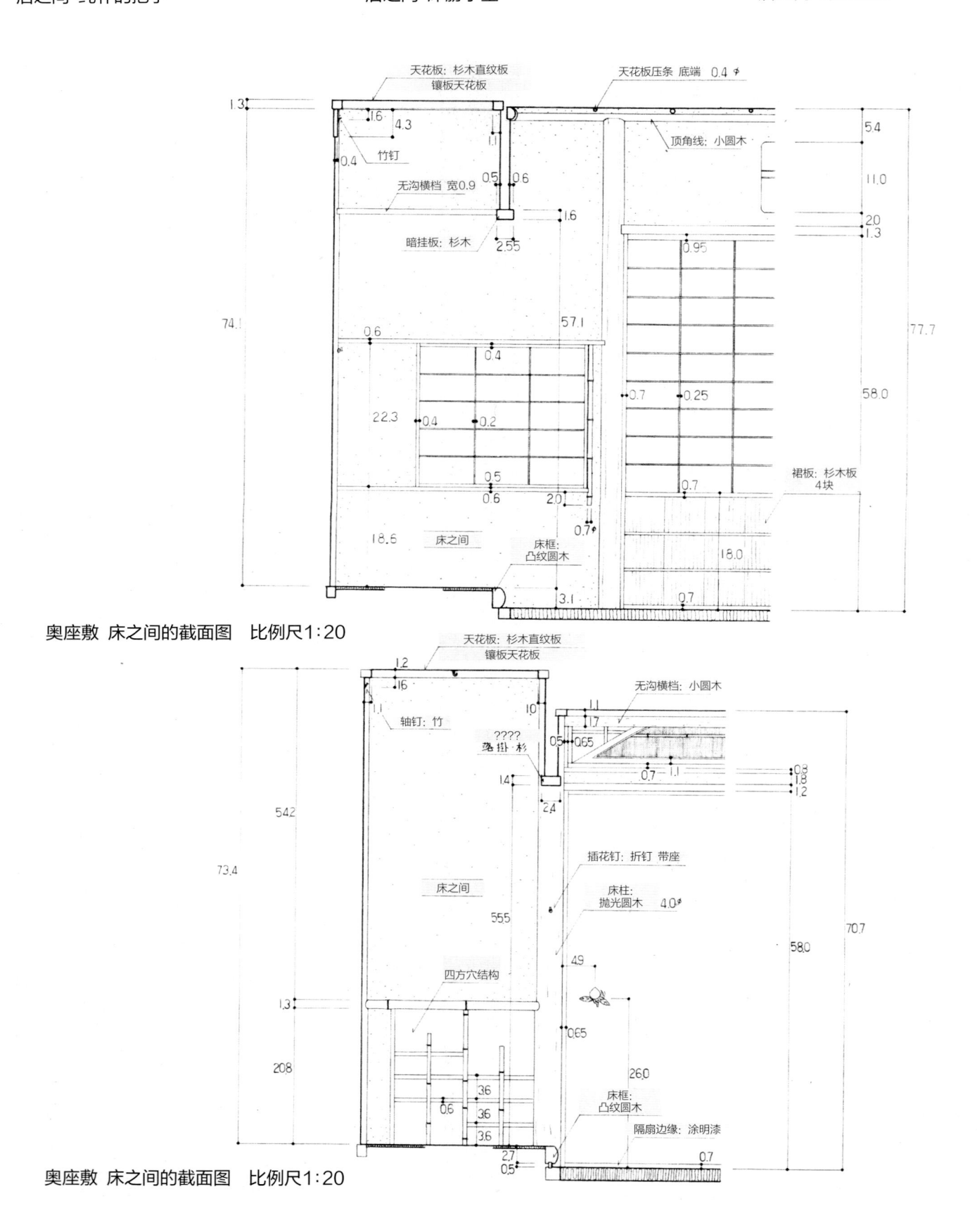

奥座敷 床之间的截面图　比例尺1:20

奥座敷 床之间的截面图　比例尺1:20

谷庄 实测图

奥座敷 床胁的下地窗

奥座敷 床之间

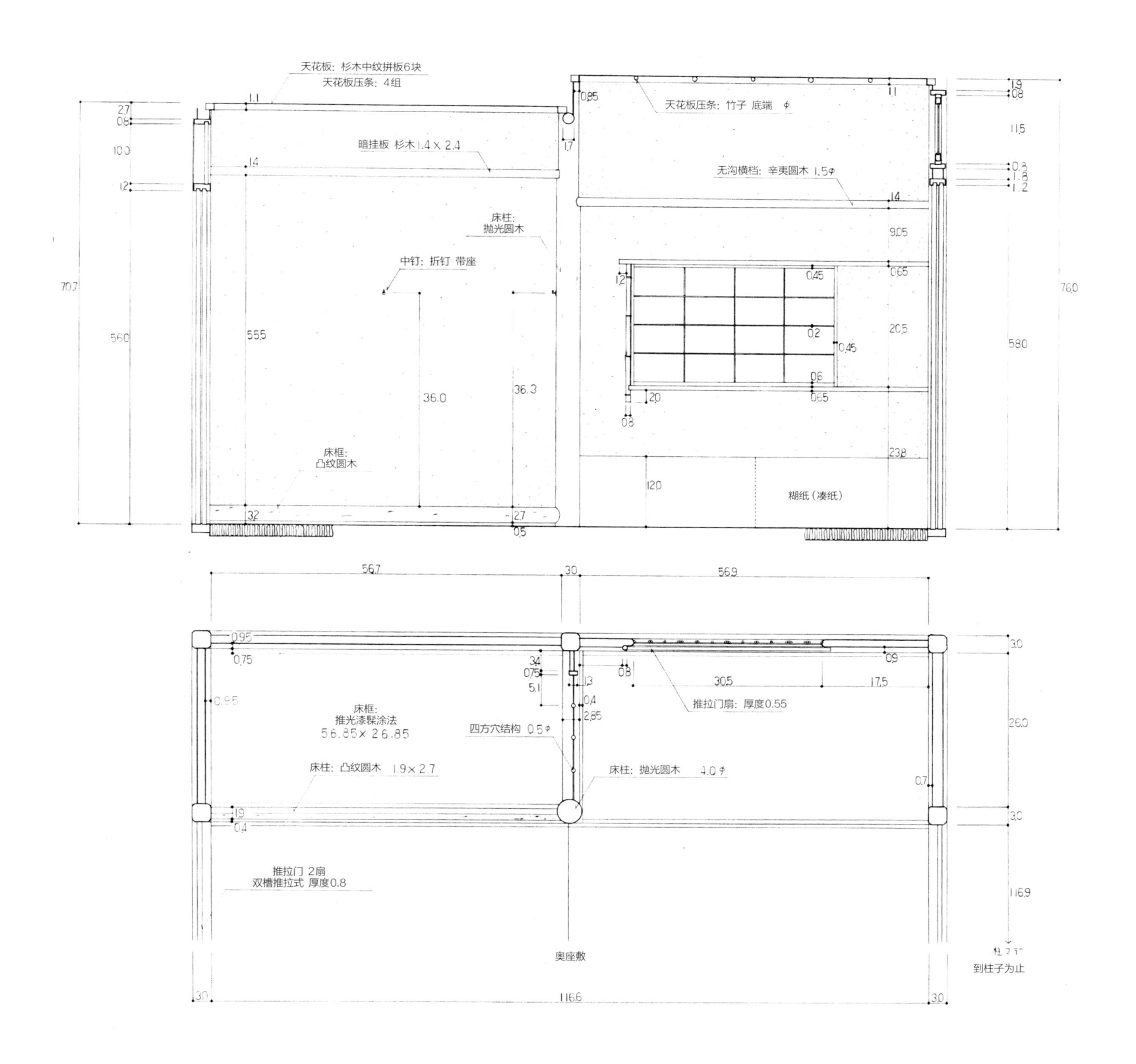

奥座敷 床之间的正面图和平面图　比例尺1:20

谷庄　实测图

座敷 富贵楼

建造时间 1901年
设计 内田荣四郎
施工 市川万次郎
所有者 富贵楼
所在地 长崎县长崎市

富贵楼是长崎历史悠久的料亭之一。该建筑建于1901年10月。

本节的座敷是面积很大的大广间。但是，天花板高却仅为八尺七寸左右。房间中设有上段床之间，并设有平书院，床胁看上去像嵌入的，此设计也是其独特之处。天花板长押固定在床柱中部。

座敷 床柱和床框

座敷 床柱、回缘、长押、落挂

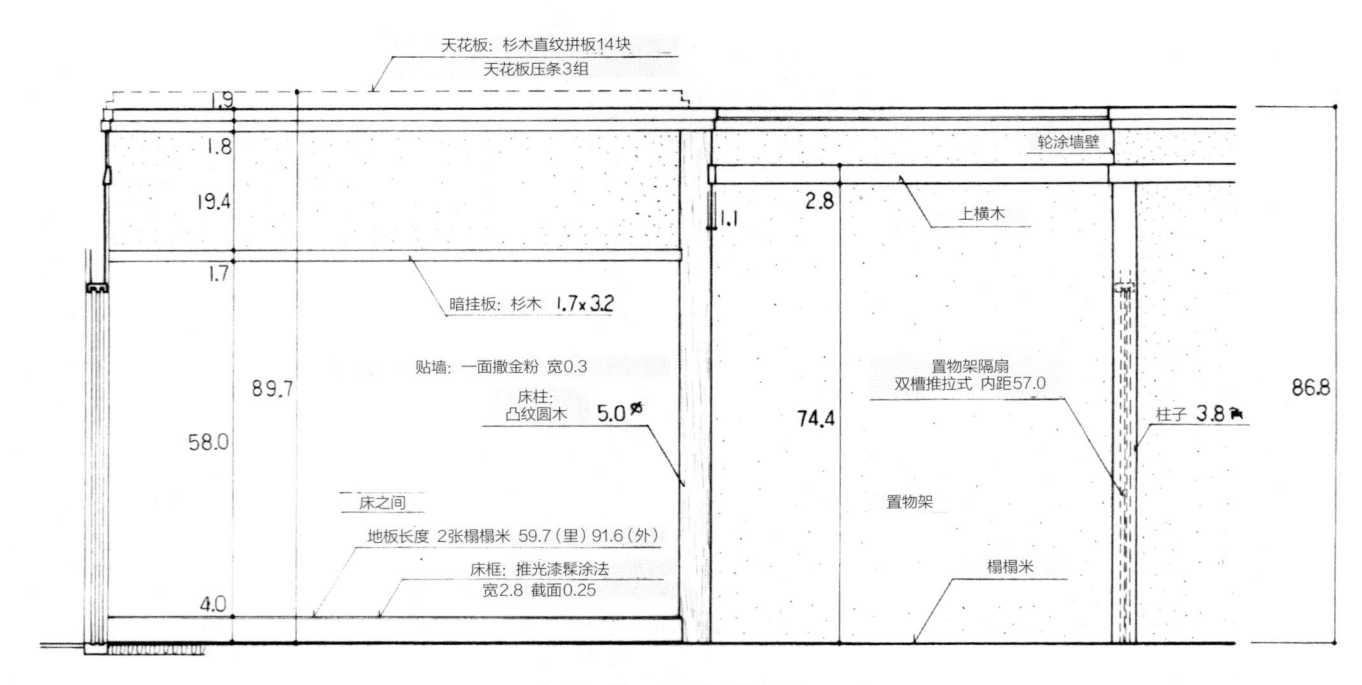

床之间的正面图　比例尺1:30

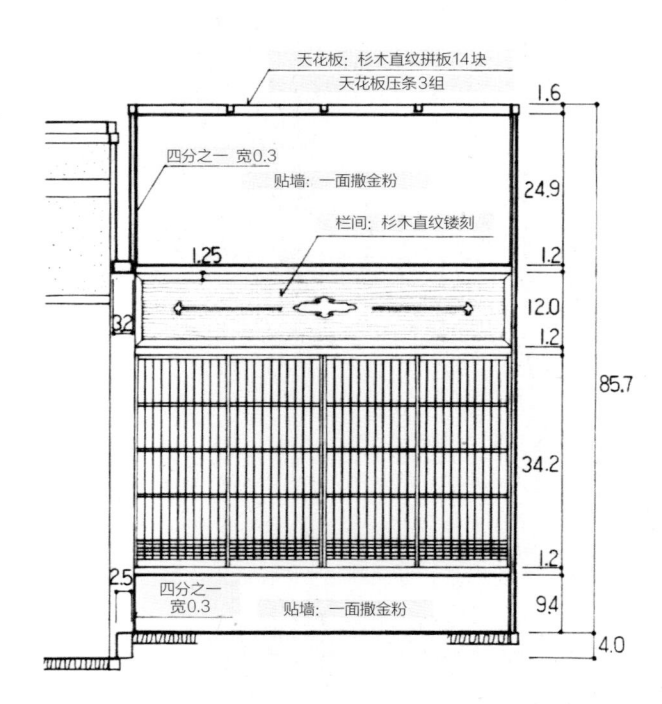

座敷 床之间的截面图　比例尺1:30

富贵楼　实测图

桥本

所有者 桥本信雄
所在地 长崎县长崎市

座敷

建造时间 1943年
设计·施工 江越某

此地曾为夜樱圣地，所有者买取此地后动工，于1943年完工。桥本是面朝池庭的静谧的料亭。

本节介绍的座敷名为"弥生"，建于建筑最深处。其大小为10叠，采用了角柱、长押，天花板高将近九尺四寸。正面设有床之间与床胁，右手边设有别叠，并设有付书院。与别叠交界处立有床柱，束和吊束之间的墙壁做了大面积的挖空处理。别叠上部为格天花板，开有书院窗，栏间有着美观的菊桐镂刻。格天花板的板采用贴大和纸的手法，但是每格间的板朝向都不同，别有一番情趣。

座敷 天袋的把手

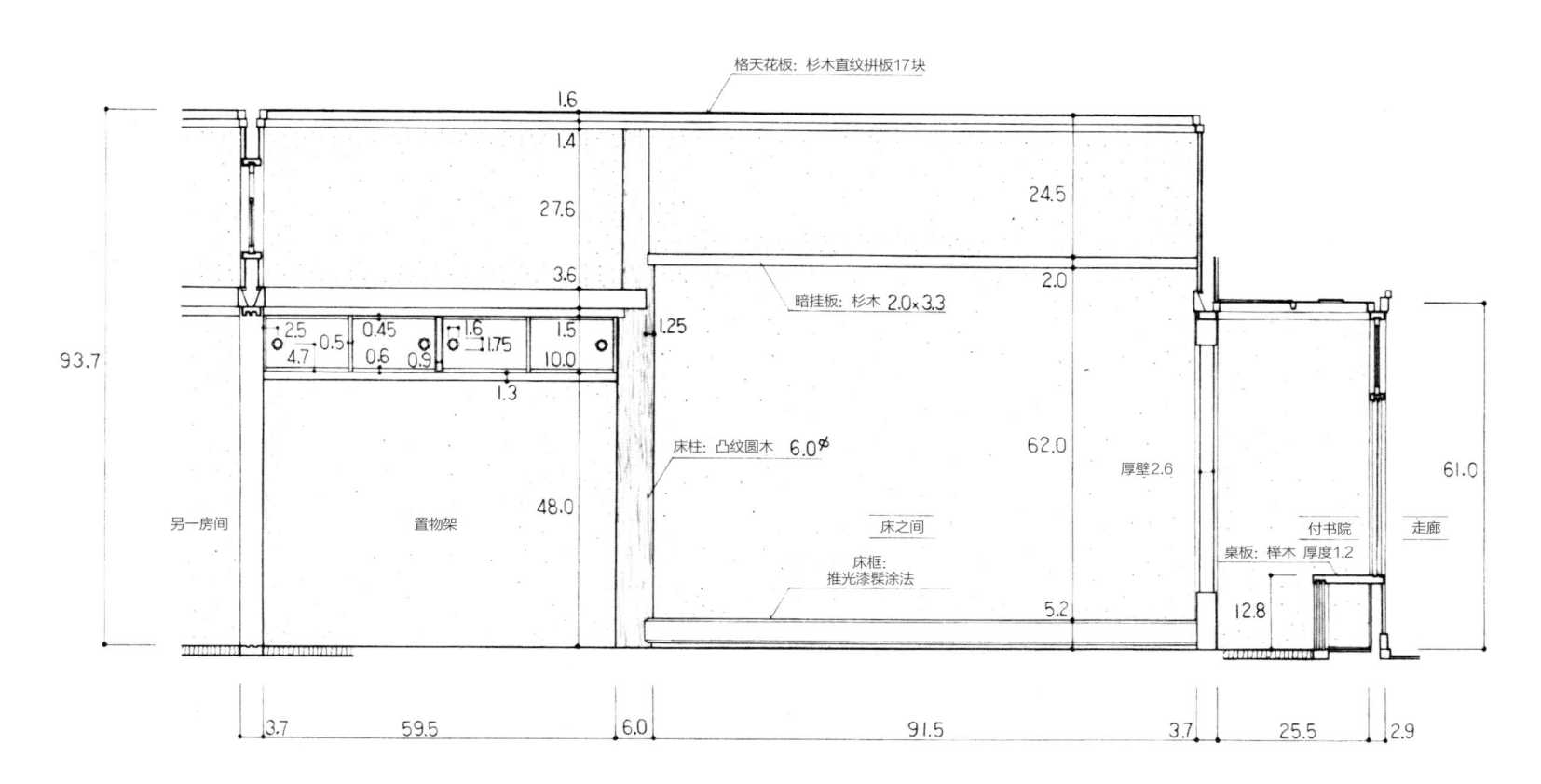

床之间的正面　比例尺1:30

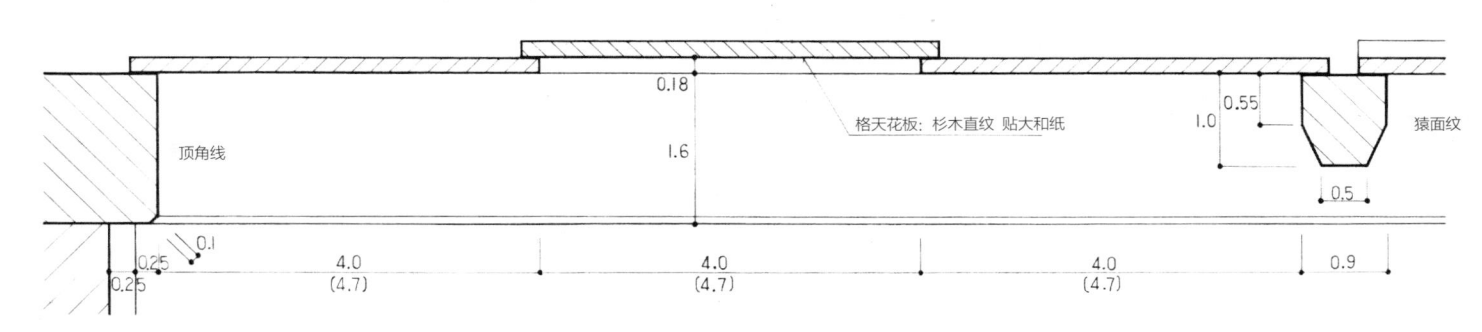

付书院栏间镂刻　比例尺1:2

座敷 付书院天花板截面详细图　比例尺1:2

桥本　实测图

日本建筑集成　床之间的意匠　　　200

座敷 付书院的外观

座敷 付书院

座敷 付书院

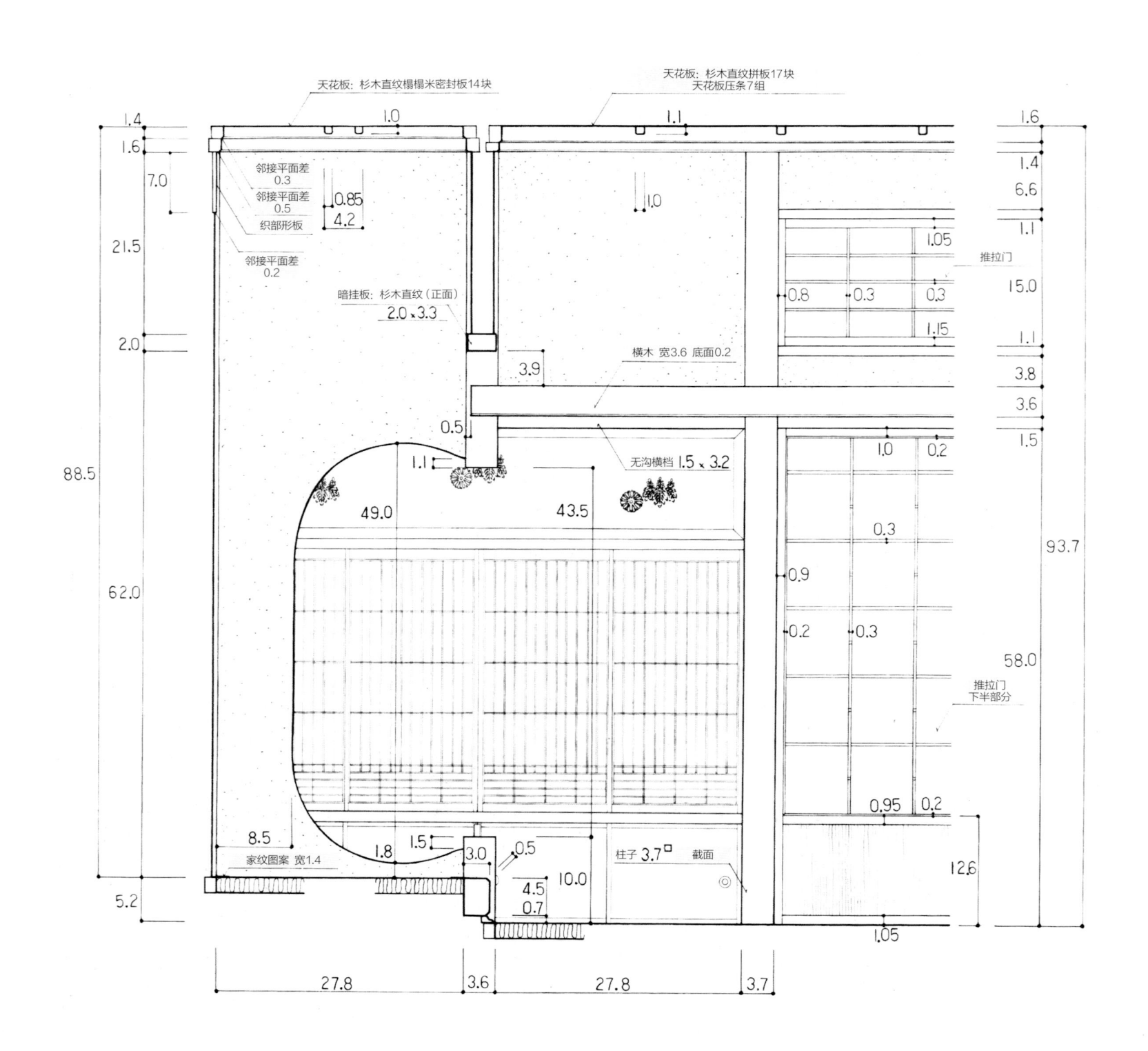

座敷 床之间的截面图　比例尺1:15

桥本　实测图

座敷 付书院天花板

座敷 付书院栏间镂刻

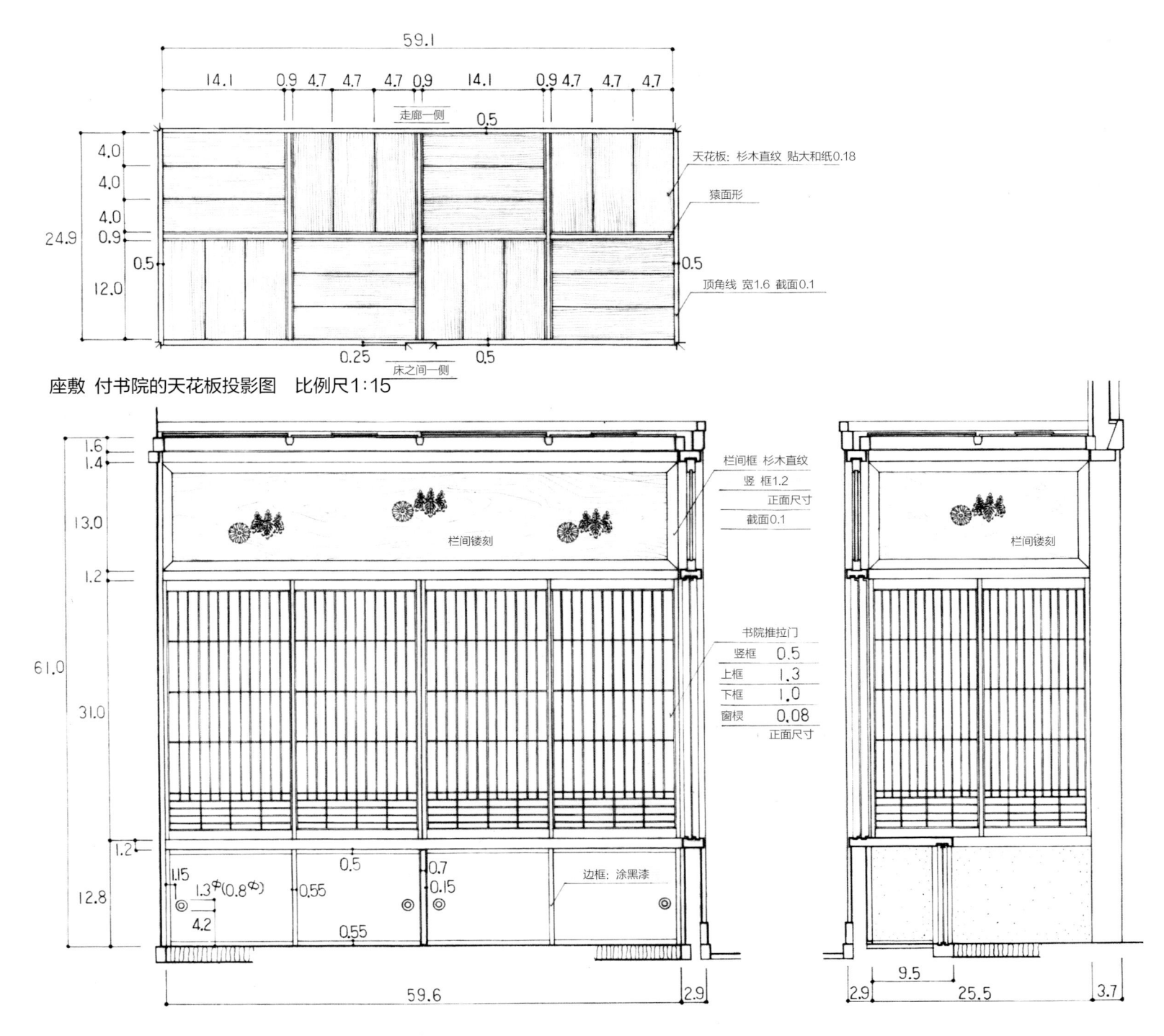

座敷 付书院的天花板投影图　比例尺1:15

付书院的正面图和截面图　比例尺1:15

桥本　实测图

锦之间

所有者 八芳园
所在地 东京都港区

建造时间 大正时代
设计 不明
施工 不明

本节的座敷是八芳园内的一个房间。

其大小为10叠，设置有床之间和床胁。与"阪口"的床之间截然不同。为了扩大床胁的空间，床柱立于床框以内。适当增加了床胁的地板面积。并且，床胁的天花板和床之间的天花板重合。可以看得出饱含了诸多设计想法。床胁的地板向前倾斜，扩大了地板的中央部分。

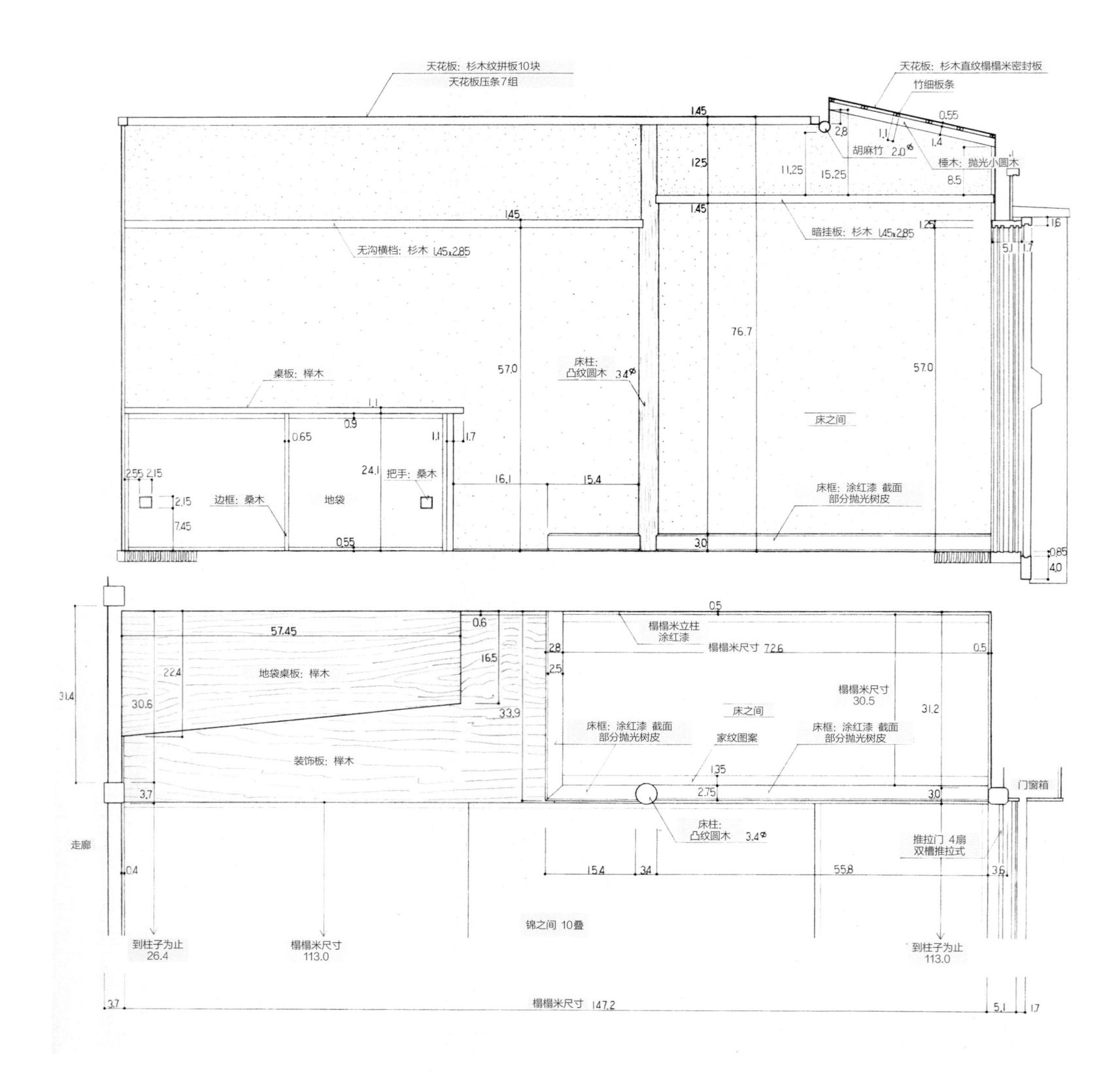

锦之间 床之间的正面图和平面图　比例尺1:20

八芳园　实测图

锦之间 床胁的地袋 　　　　　　　　锦之间 床柱和床框 　　　　　　　　锦之间 从床之间内看床柱

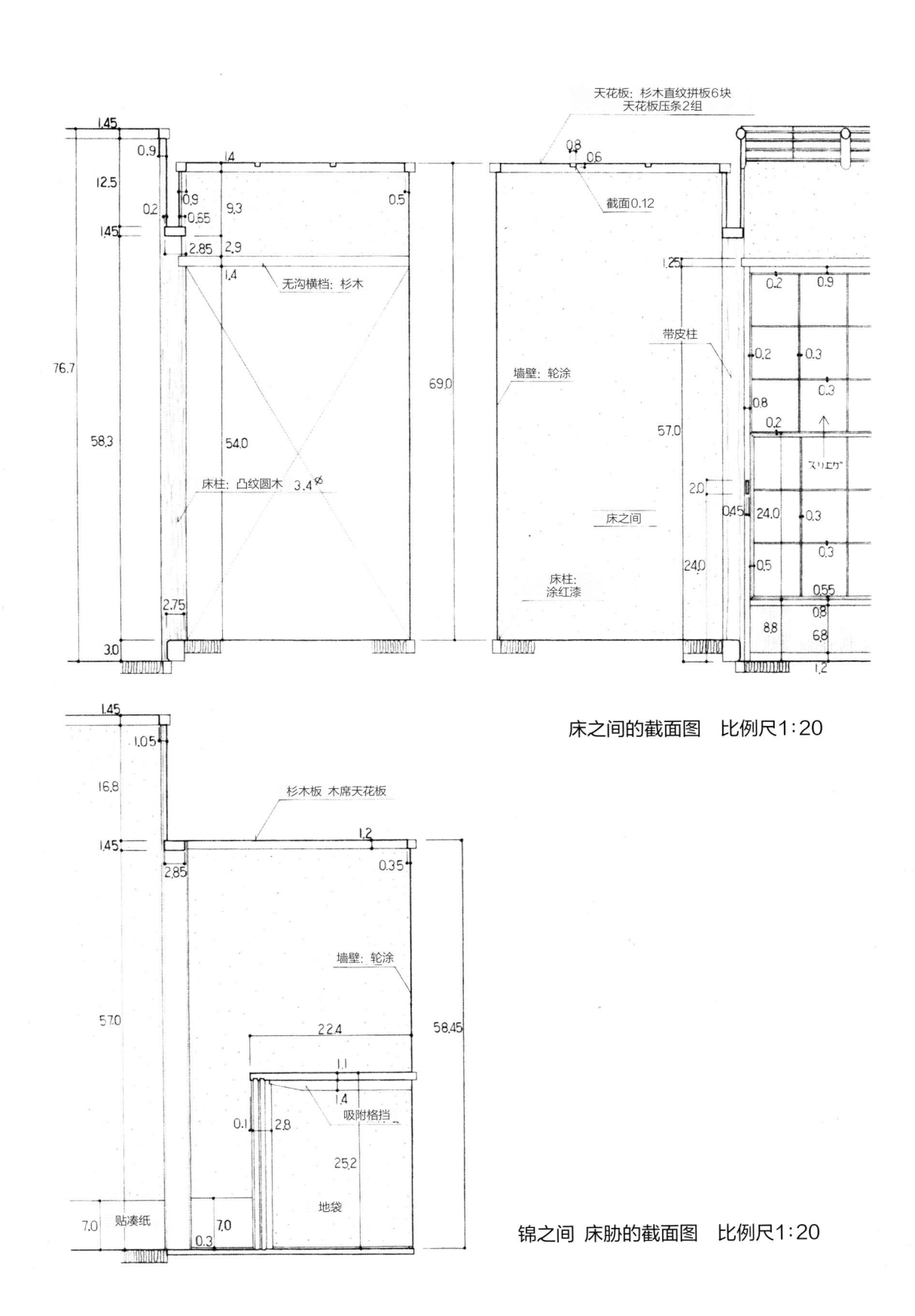

床之间的截面图　比例尺1:20

锦之间 床胁的截面图　比例尺1:20

八芳园　实测图

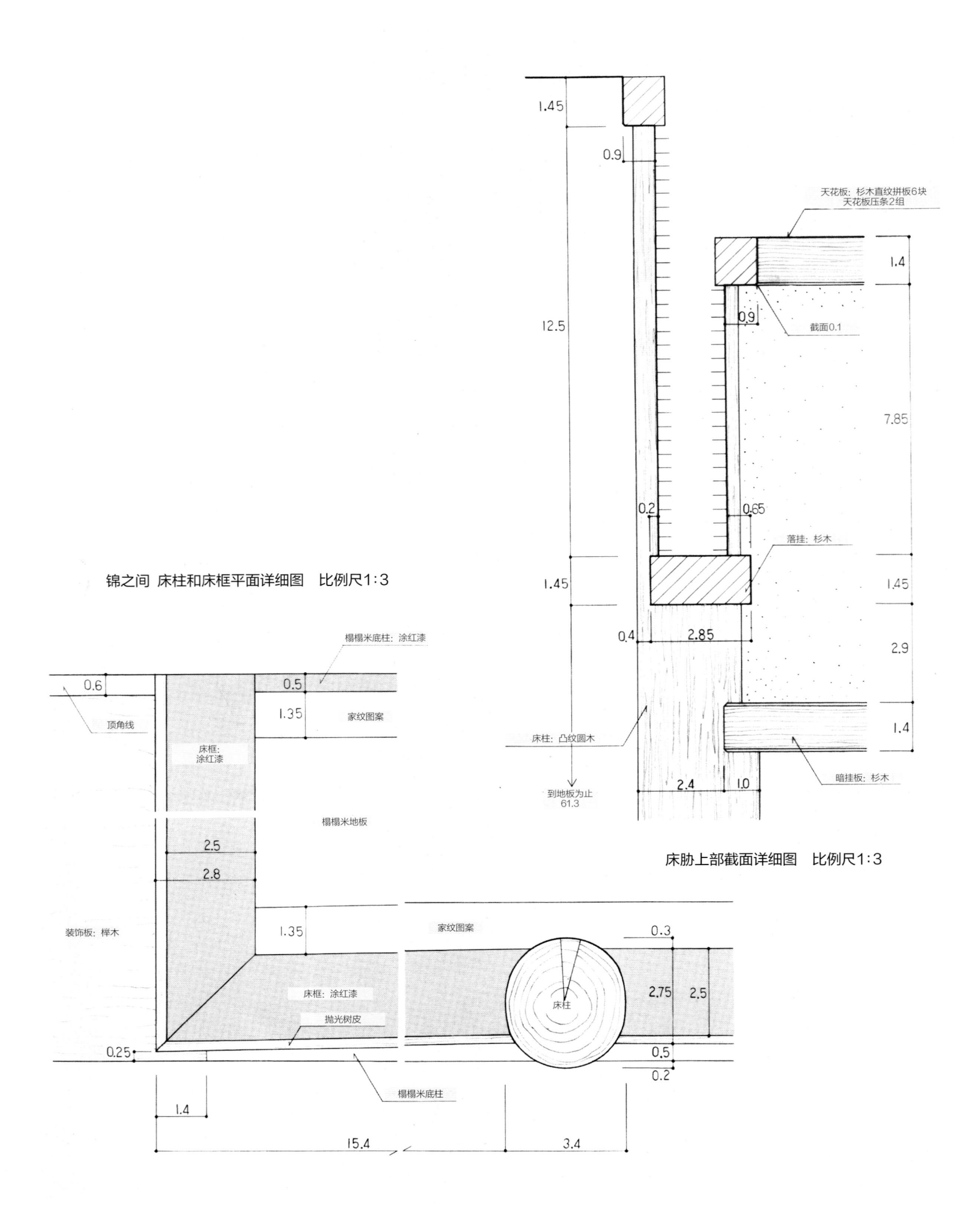

日本建筑集成　床之间的意匠　　　　　　　　　　　204

锦之间 床柱和床框平面详细图　比例尺1:3

床胁上部截面详细图　比例尺1:3

八芳园　实测图

地袋上端详细图　比例尺1:2

床肋网代天花板详细图　比例尺1:2

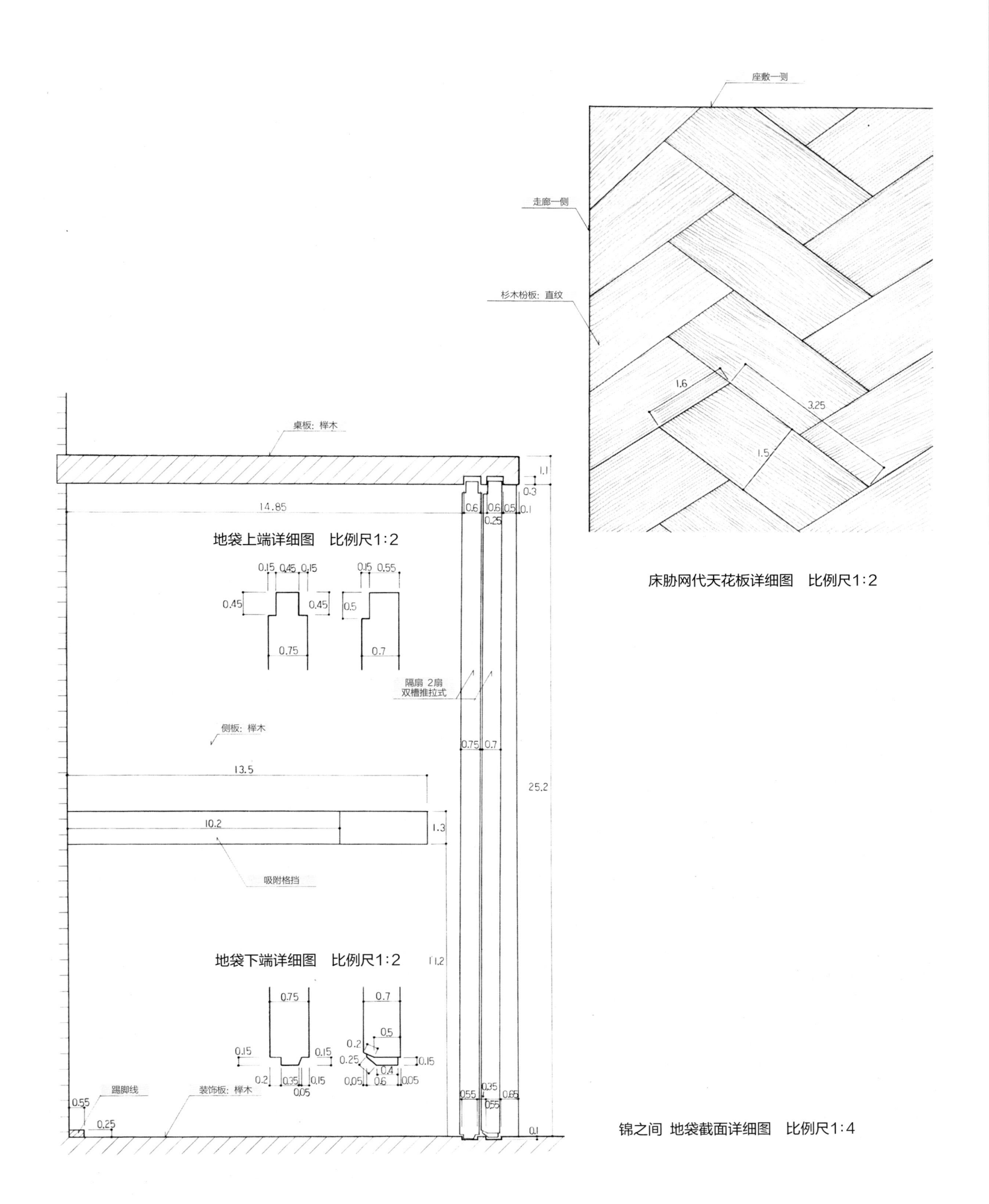

地袋下端详细图　比例尺1:2

锦之间 地袋截面详细图　比例尺1:4

八芳园　实测图

茶室

迁筑年份 明治时代
设计 不明
施工 田中平八

房间中的上段床之间中设有棚，和付书院的组合十分和谐。如果按照通常手法，风格会变得坚硬拘谨，但是引人注目的是这里采用了天然圆木，将木割变细，组合效果极其轻妙。床之间的出隅柱采用了角柱，设计独特。同时，果断采用相反气质的凸显佗寂的带皮赤松木。

茶室 床框的收边

茶室 床柱和床框

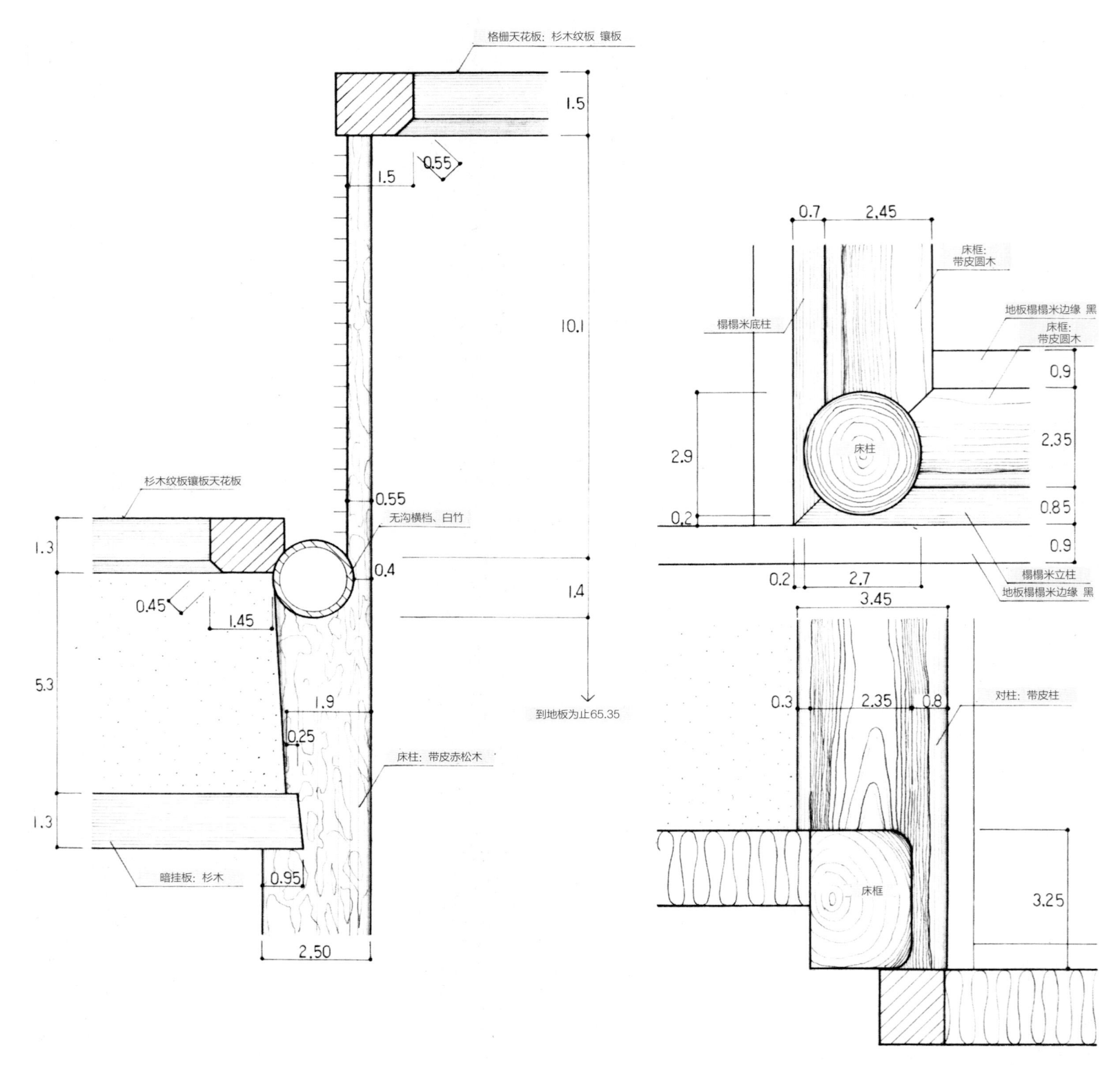

茶室 床柱上部截面详细图 比例尺1:3

床框平面和截面详细图 比例尺1:3

八芳园 实测图

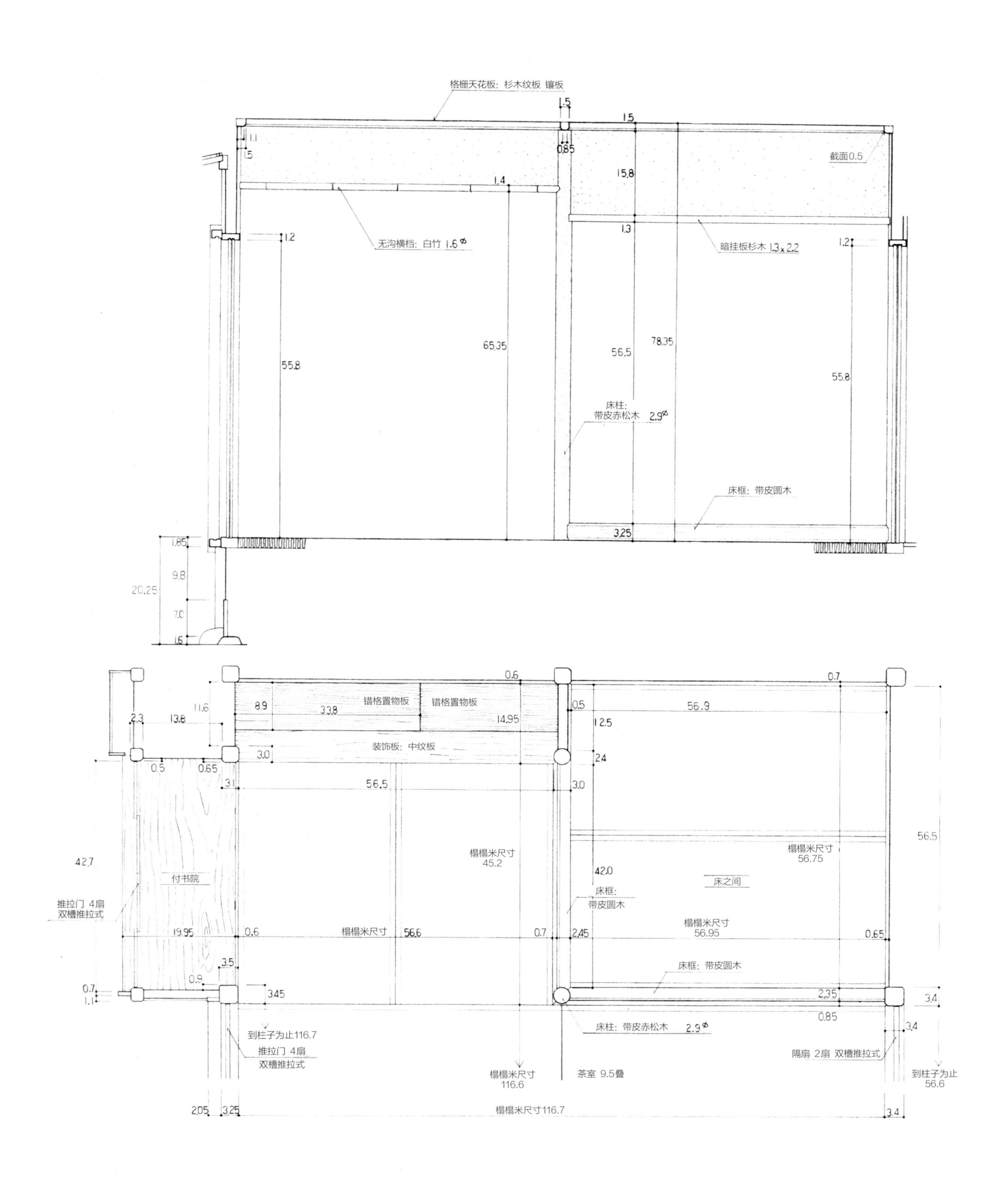

茶室 床之间的正面图和平面图　比例尺1:20

八芳园　实测图

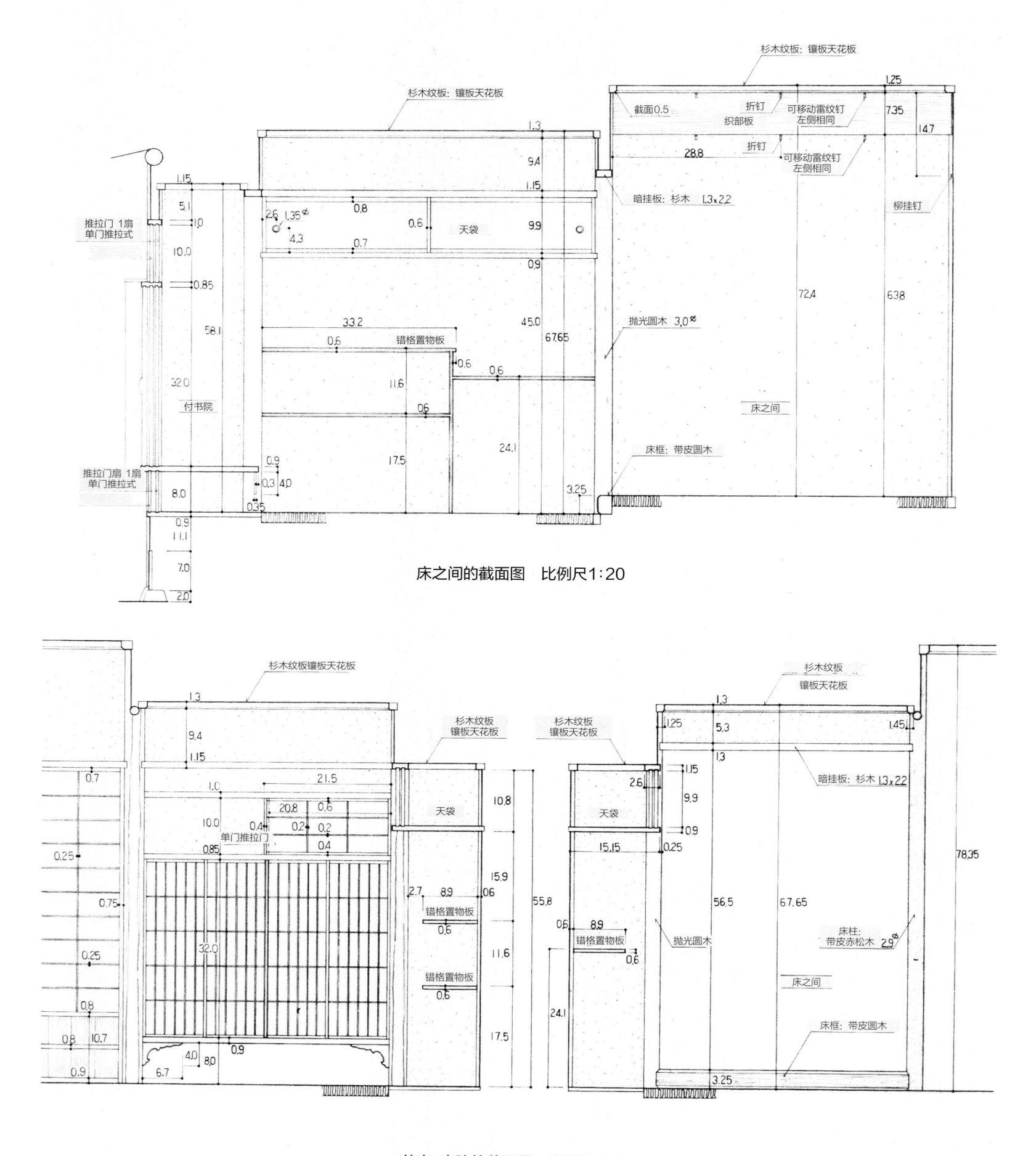

床之间的截面图　比例尺1:20

茶室　床胁的截面图　比例尺1:20

八芳园　实测图

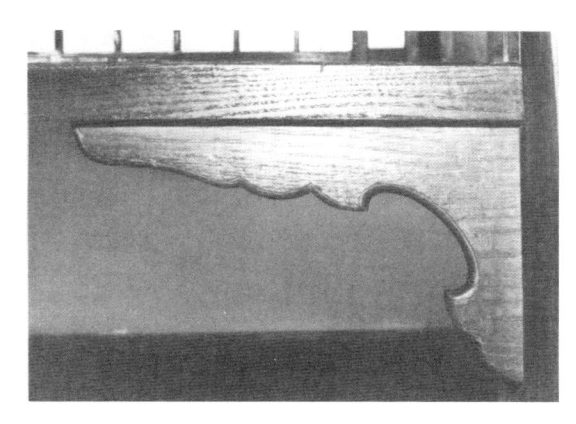

茶室 付书院桌板 　　　　　　　茶室 棚板 　　　　　　　茶室 棚

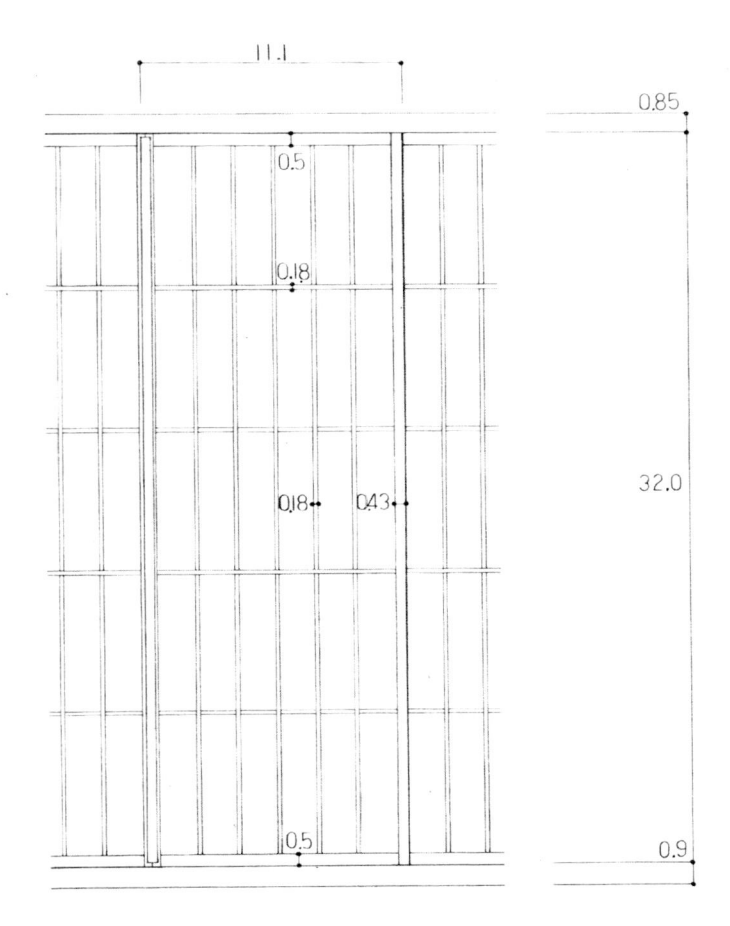

书院障子详细图　比例尺1:8

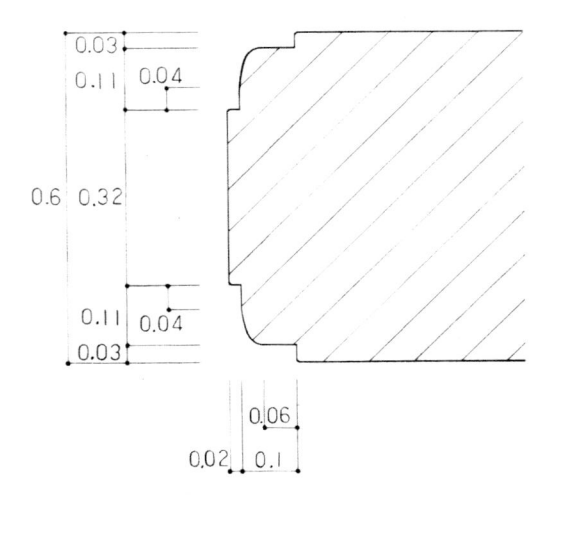

棚板截面详细图　比例尺3:1

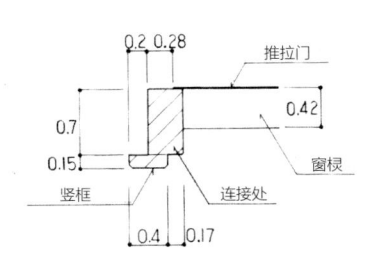

茶室 书院障子截面详细图　比例尺1:2

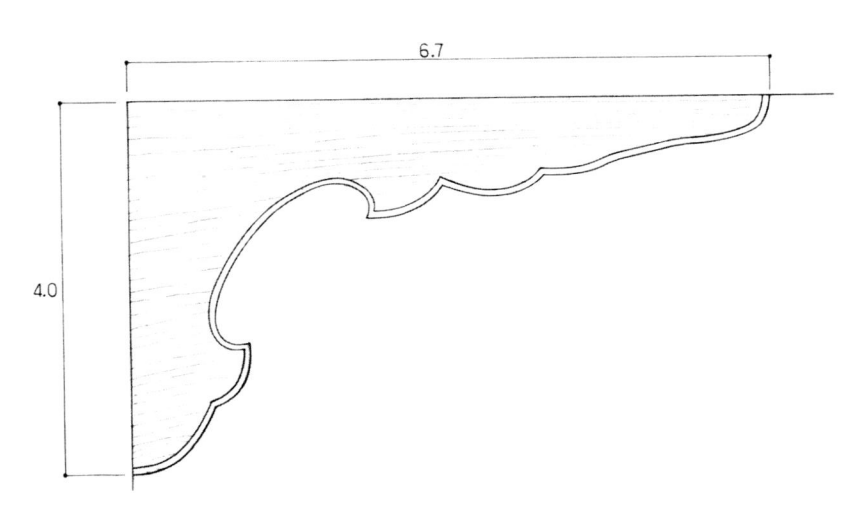

付书院桌板　比例尺1:2

八芳园　实测图

中野邸

所有者 中野又左卫门
所在地 爱知县半田市

一层座敷

建造时间 明治中期
设计 不明
施工 不明

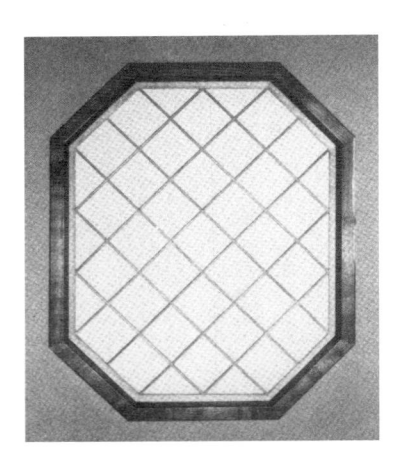

一层座敷 墨迹窗

作为三河半田的旧家，因其酿醋富商的身份，中野家极其出名。

现有的住宅是经历了明治、大正、昭和时代的扩建逐步定型的建筑，彰显出代代丰富的底蕴，是很完美的数寄屋风格建筑。

本节介绍的座敷面朝深处茶室露地而建，作为茶汤广间使用。茶室是松尾流先代宗吾的偏好。角柱、长押均充满茶道气息。略带几分厚重气息的座敷中设有床之间。床柱为带皮赤松木，材料飘逸着茶味，作为此座敷的主角将人引入茶道境界。墨迹窗采用了下地窗形式，是带菱格子的有框隅切形窗，但是很不可思议的是其与赤松木床柱极其协调。

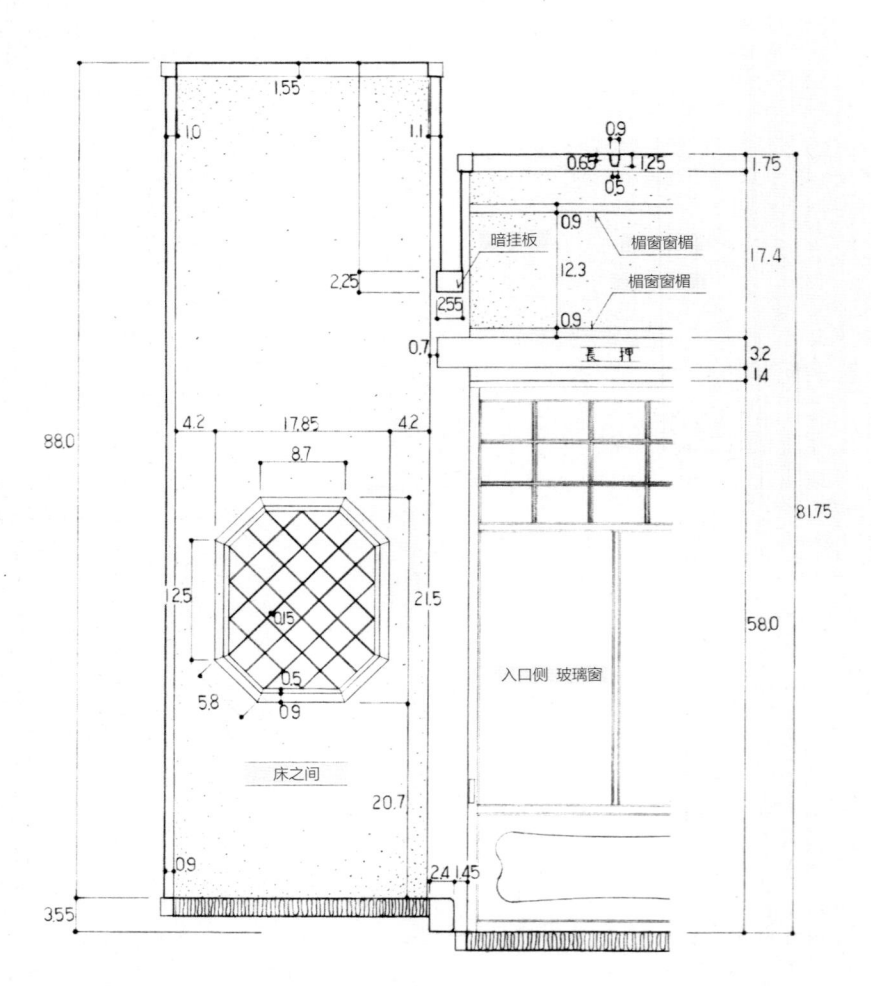

床之间的截面图　比例尺1:20

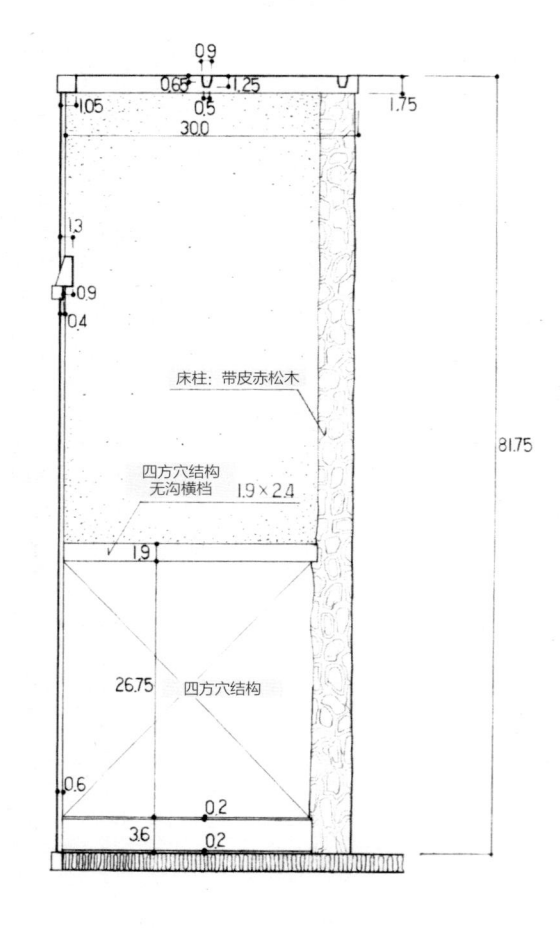

一层座敷 床胁的截面图　比例尺1:20

中野邸　实测图

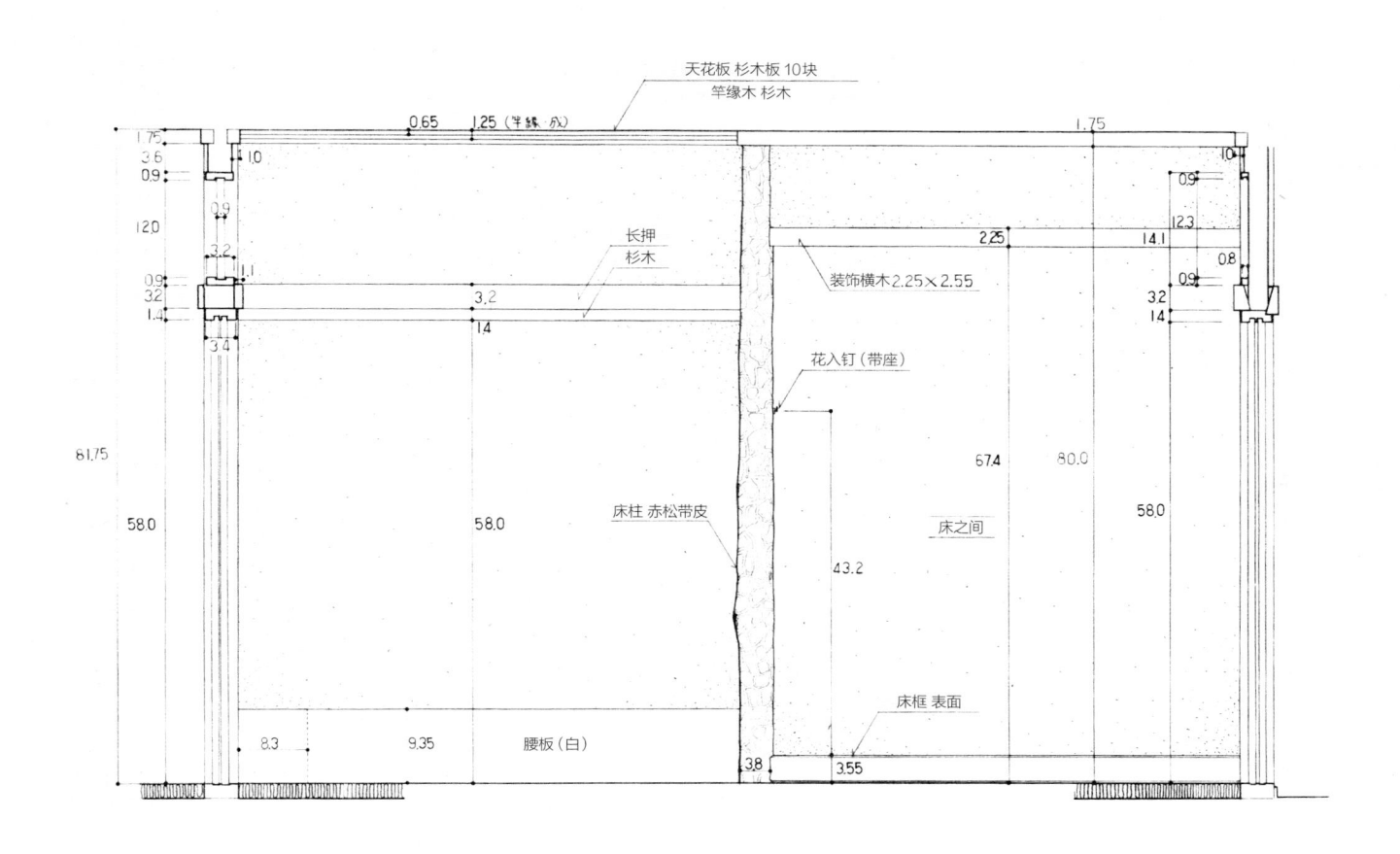

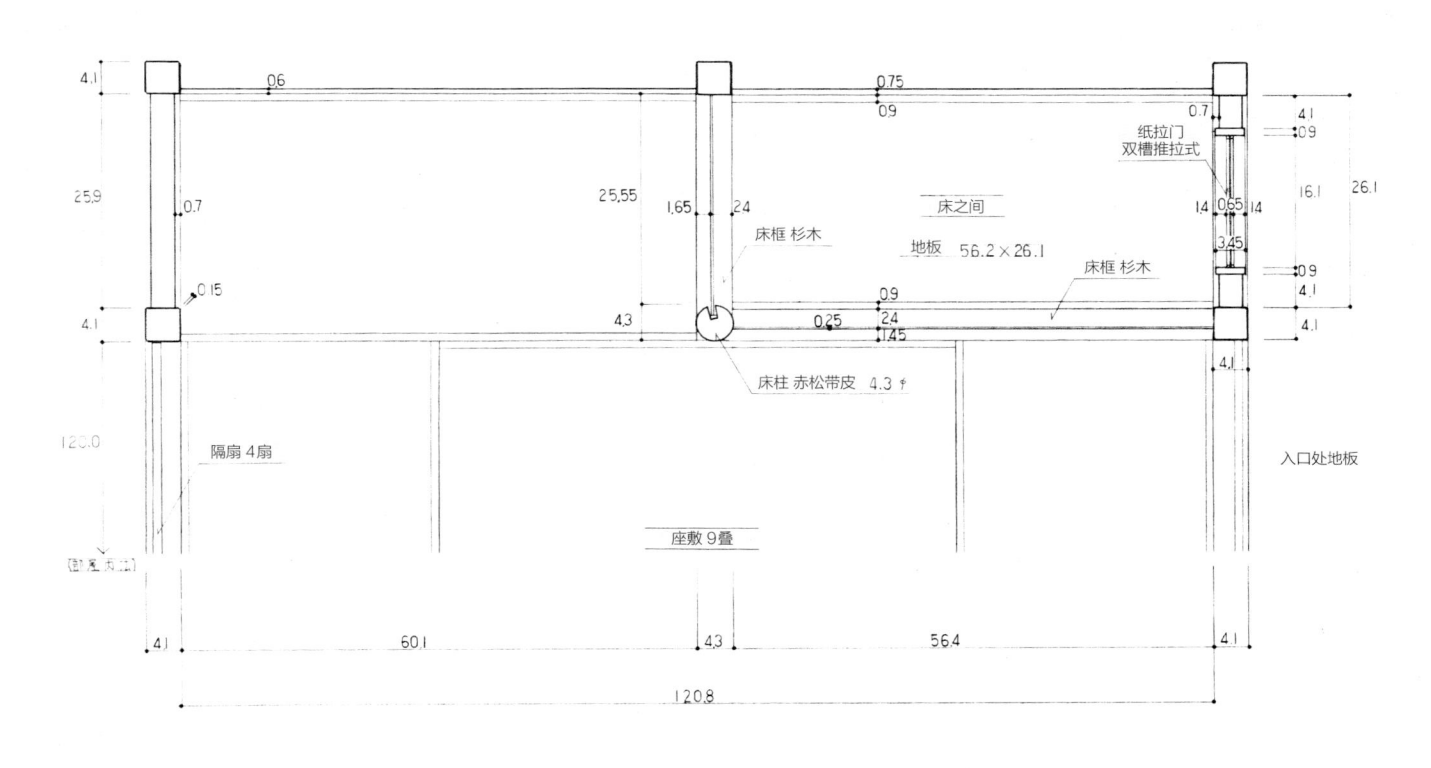

一层座敷 床之间的正面图和平面图　比例尺1:20

中野邸　实测图

二层广座敷

建造时间 大正初期
设计 不明
施工 不明

二层广座敷主室的床之间采用了内法长押，天花板高八尺。床柱采用纯朴的圆木，其外面进行了纤细的加工。床框为真涂，穿过落挂，右手边立有方立，设有袖壁，上段设有付书院。但是书院窗只开了一半。床柱旁边为床胁，铺设着地板，左入隅吊有一重棚。其与床之间的交界处有大面积的挖空，直至鸭居，所以整体结构以床柱为中心，显得轻快。格调及轻快气氛的融合彰显了此床之间的个性。

二层广座敷 从床之间看床柱

二层广座敷 床胁的付书院

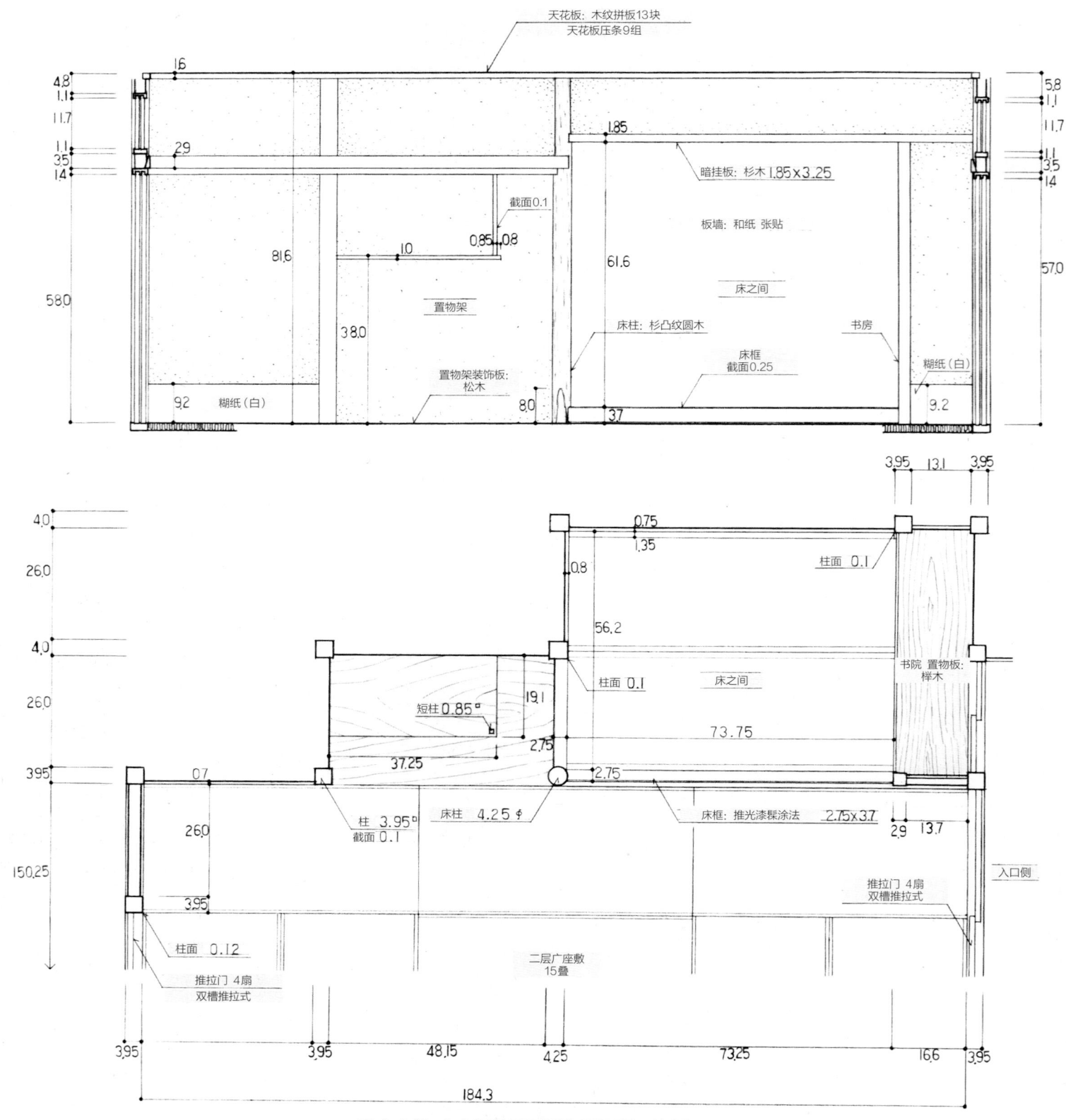

二层广座敷 床之间的正面图和平面图　比例尺1:30

中野邸　实测图

床胁的截面图　比例尺1:30

床之间的截面图　比例尺1:30

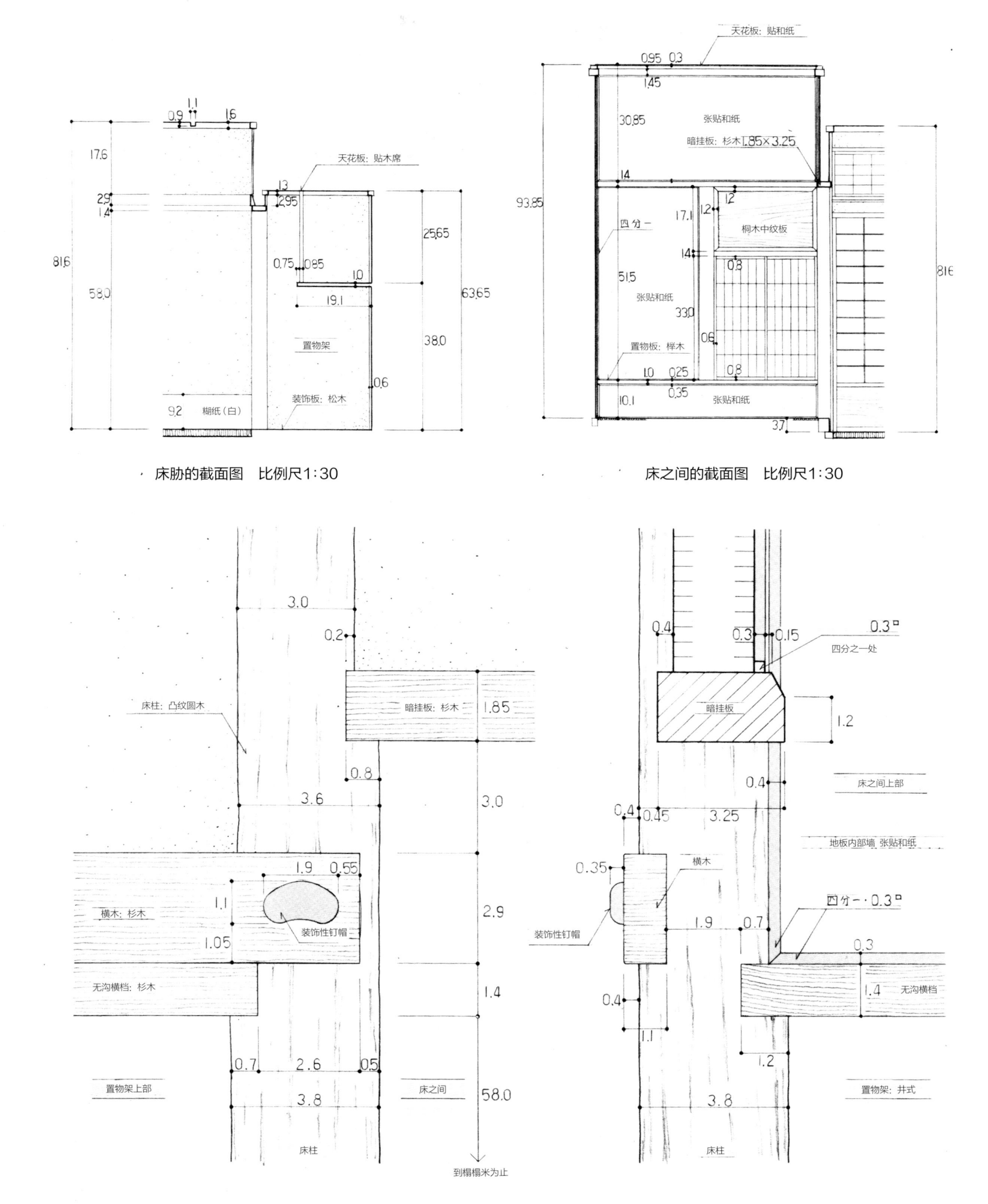

二层广座敷 床柱上部详细图　比例尺1:3

中野邸　实测图

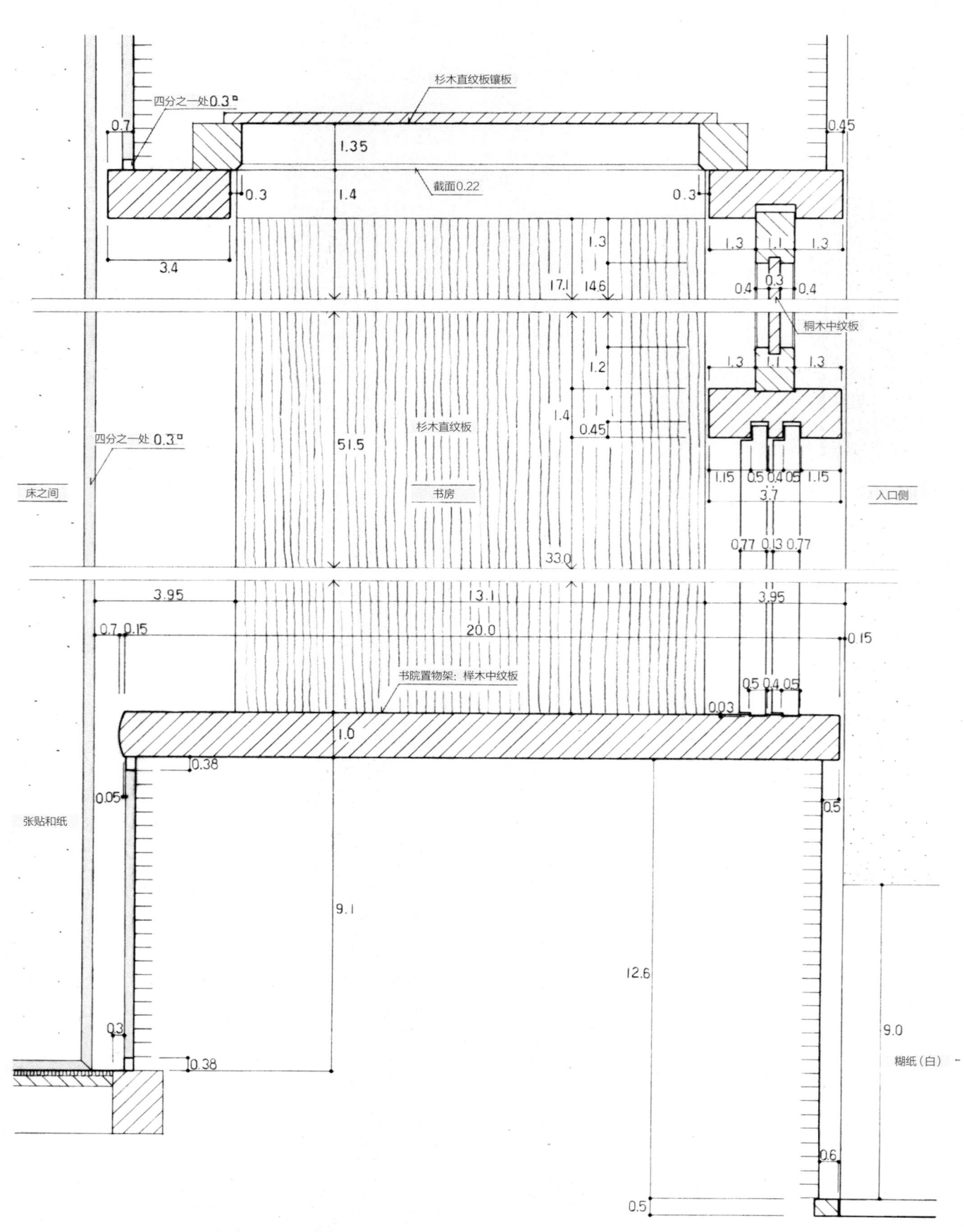

二层广座敷 付书院截面详细图　比例尺1:4

中野邸　实测图

松之间

所有者 堀澄子
所在地 东京都中央区

迁筑年份 昭和时代
设计 仰木鲁堂
迁筑再建 不明
补建 藤井喜三郎

大和

松之间 床框的收边

松之间大小为10叠，房间内采用抛光圆木。天花板高八尺三寸左右。

一间半为床之间，右边半间设有琵琶台。床柱通过磨皮束及吊束将空间分割。床框为溜涂，对棱角处进行打磨。琵琶台上方垂着吊束。出隅为斜接。吊束自落挂向下延伸七寸。罕见的是无目之上嵌有幕板。无目在落挂下端。通过无目来固定吊束是很常见的手法。

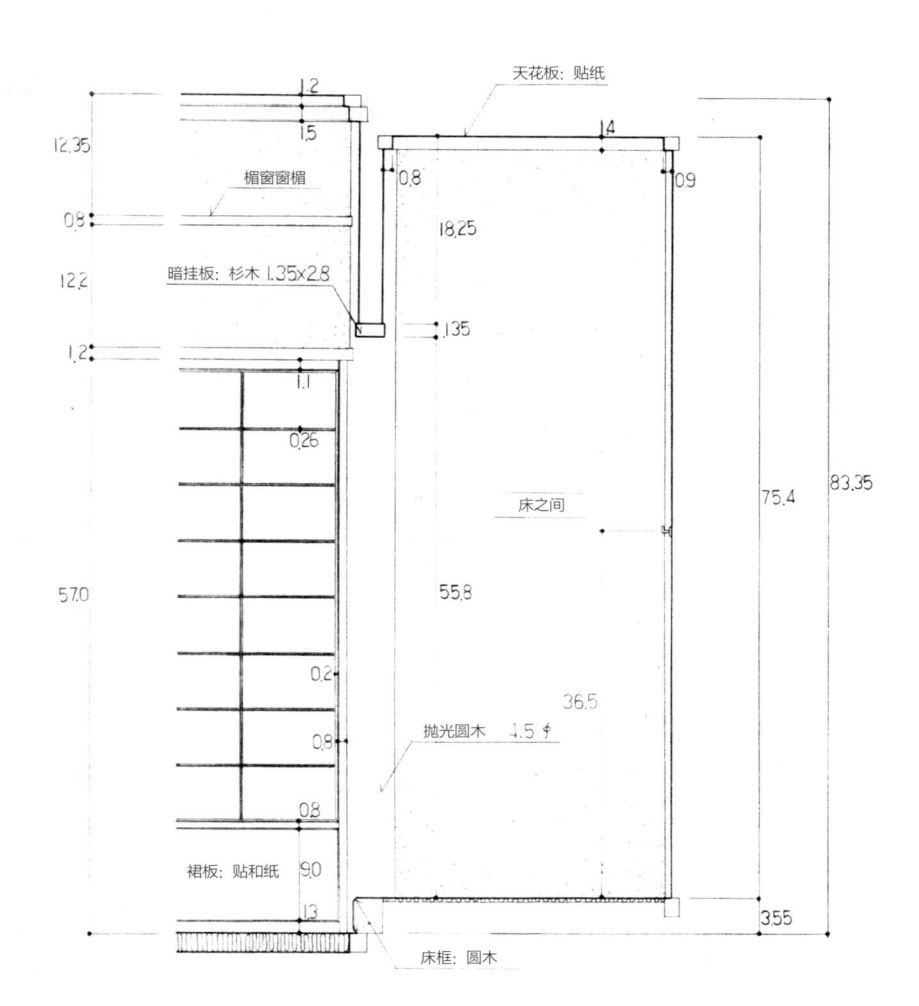

床之间的截面图　比例尺1:20

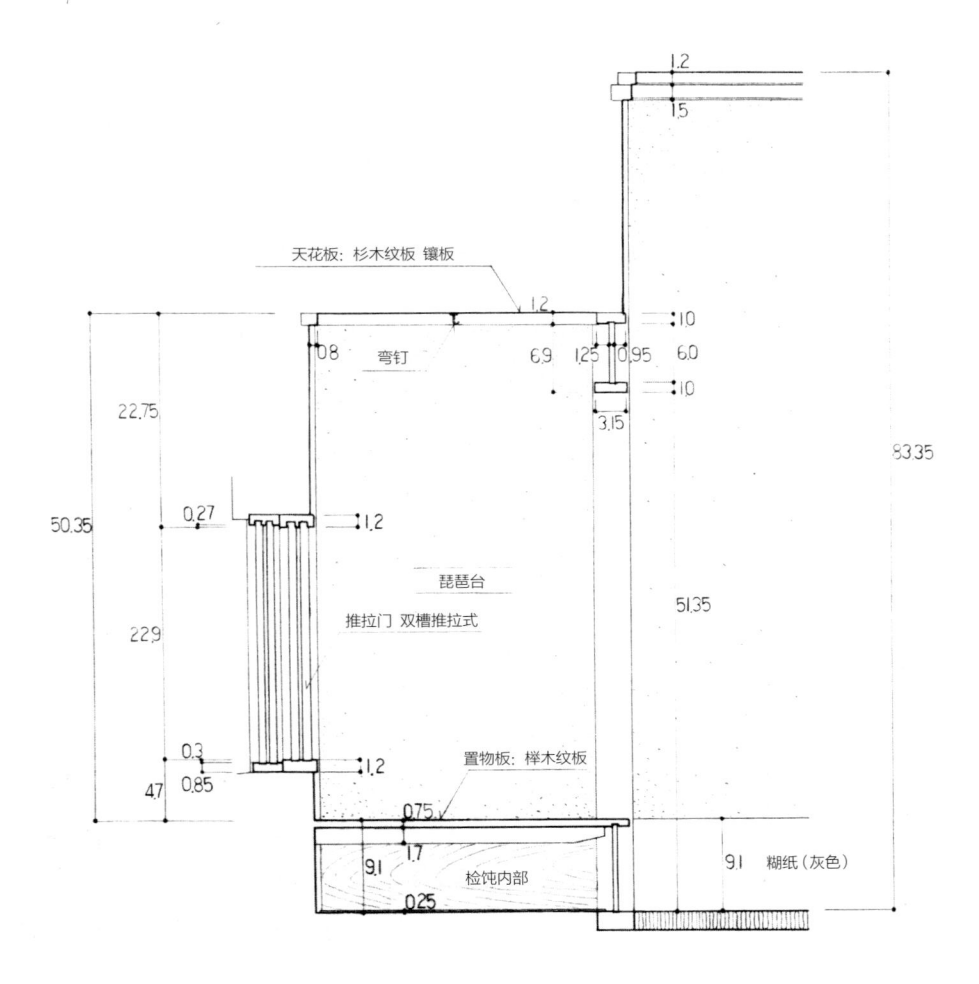

松之间 床胁的截面图　比例尺1:20

大和　实测图

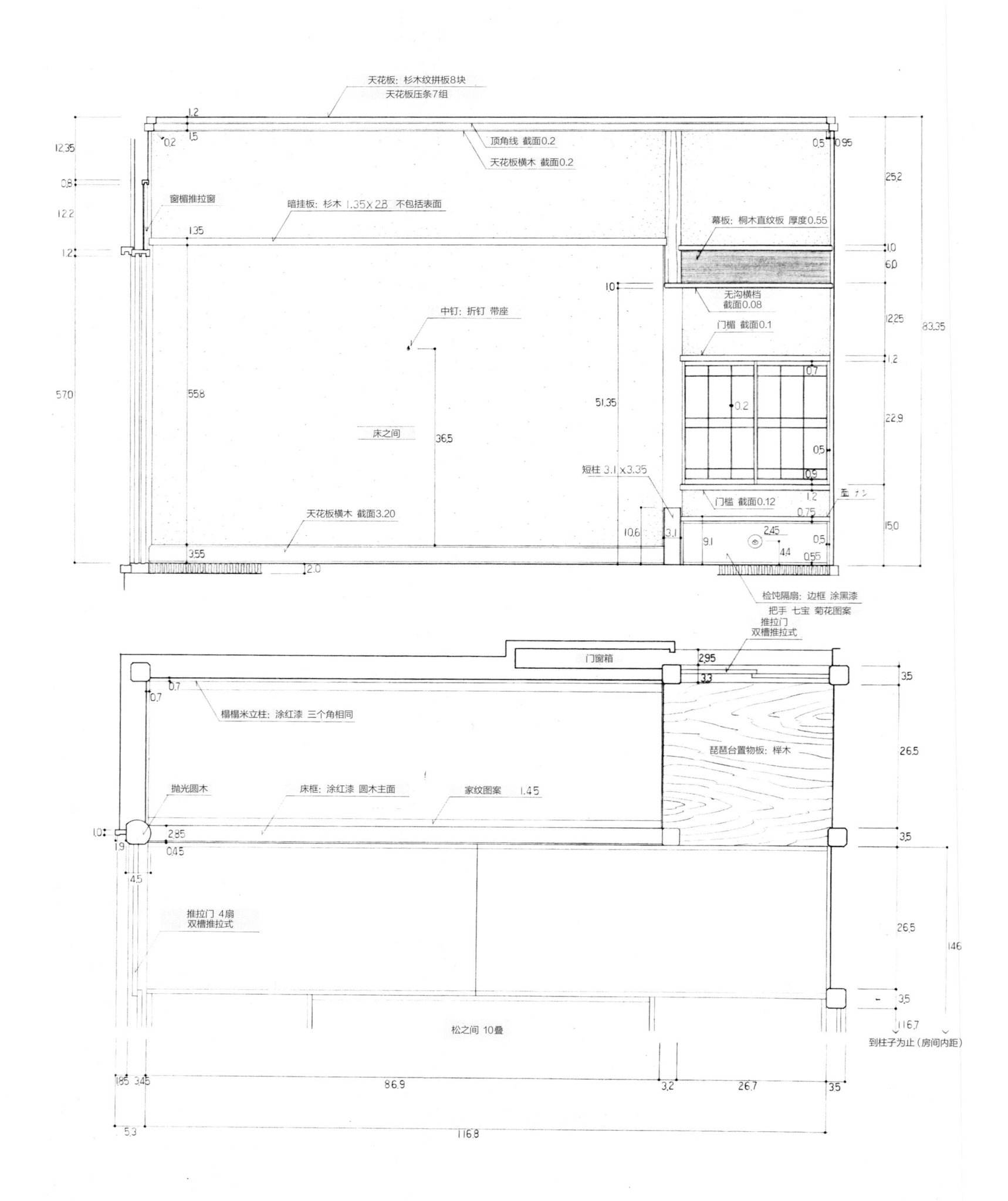

松之间 床之间的正面图和平面图 比例尺1:20

大和 实测图

松之间 床之间和琵琶台的交界部分详细图 比例尺 1:3

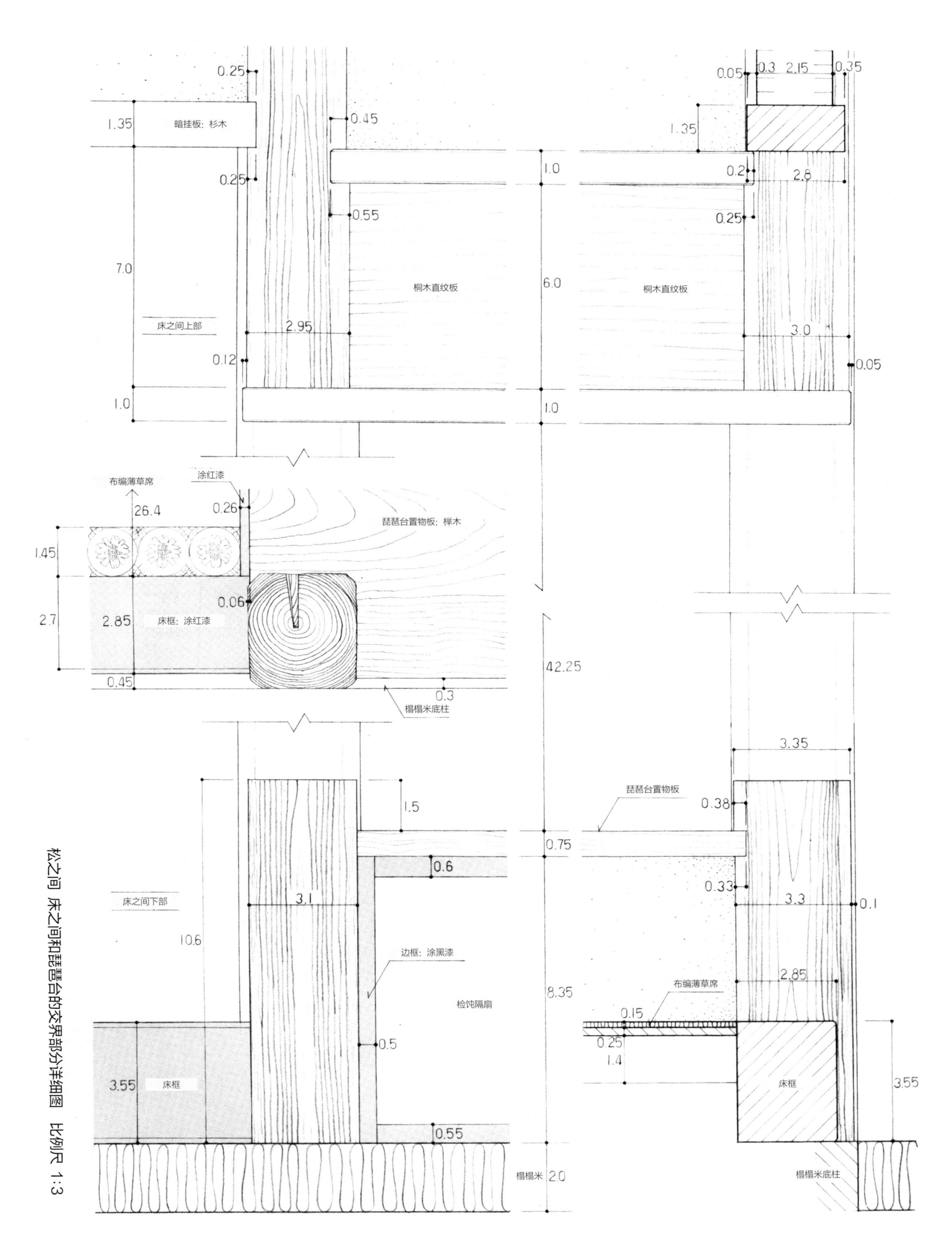

大和 实测图

结语

说到和风建筑的细节组成部分，一部分的人在脑海中首先会浮现出"床之间"。床之间之于"座敷"是不可或缺的。可以说构建床之间也就是构建整间座敷。

座敷中的床之间

毋庸置疑，床之间产生于书院造建筑。有付书院和棚，就是典型的床之间形式。如果床之间中采用了角柱、长押、棚、付书院等结构，就是更正规的书院造风格的床之间了。但随着时代的变化，床之间中不采用长押的做法则成为惯例。后来，床之间中还采用了押板。

将书院造风格的结构正规的床之间形式进行极度简化的便是追求极简装饰风格的茶室建筑。茶室中不再设置押板，而是设上段。用于摆放装饰物、起到装饰作用的场所被称为"床之间"。也就是说，茶室的床之间是将书院造建筑中具备押板、棚、付书院的上段空间压缩后的成果。人们坐着的"座"成为用于"装饰"场所的要素。

床之间的付书院

床之间中的棚

茶室中的床之间

这样的床之间也普及到了气质温和的数寄屋建筑以及町家建筑的座敷中。简化后的床之间不再遵循书院造建筑的一板一眼，更加注重实用性，是在考虑到房间用途的基础上进行设计和建造的。在不拘泥于形式的要求下，工匠在设计床之间中的组成部分，比如付书院、天袋、地袋时，会更加灵巧地发挥自己的巧思，追求整体的协调。

例如，采用长押环绕床胁至床柱就是一种很新颖的手法。甚至可以将长押延伸至付书院上方，或停在途中，或干脆省略，都会使床之间的整体氛围产生变化。再或者床胁壁的挖空处理初衷是为了配合床胁中棚的安放方式，但是这种处理手法又会反过来对床胁的明亮度、床之间整体的格局和座敷整体的氛围产生很大影响。

床胁处的天袋和地袋

为了符合座敷的作用及风格，工匠在设计床之间时可谓竭尽全力。床之间的形式、布局也变得多种多样。最终，床之间以正规风格的"真"为起点，逐渐向更加自由的"行""草"风格发展。多种多样的创意不断涌现，产生了将地袋、琵琶台等部分组合起来的床胁形式。书院也出现了平书院、付书院以及更加简略的形式等，可谓多姿多彩。再加上对素材的选择及组合的多样化，座敷的整体布局、细节部分的处理手法以及床之间、棚、书院等的融合方式也变得多样。

床柱和长押

在对本书收录的每个典型实例进行重新研究的过程中，我是非常愉悦的。因为这证明了每一个实例都彰显着其独特的匠心。这些实例中，既有让我深受感动的实例，也有我觉得如果换作我来做，并不会采取某些手法的实例。但是，人各有所好，不应妨碍个人的选择。所以在书写解说文时，我也极力地控制个人的主观意见。

中村昌生

琵琶台

图书在版编目(CIP)数据

日本建筑集成：全九卷 / 林理蕙光编著. —— 武汉：华中科技大学出版社, 2022.12
ISBN 978-7-5680-8575-5

Ⅰ.①日… Ⅱ.①林… Ⅲ.①建筑史–日本–图集 Ⅳ.①TU–093.13

中国版本图书馆CIP数据核字(2022)第126369号

日本建筑集成（全九卷）
Riben Jianzhu Jicheng

林理蕙光 编著

出版发行：	华中科技大学出版社（中国·武汉）	电话：(027) 81321913
	华中科技大学出版社有限责任公司艺术分公司	(010) 67326910-6023
出 版 人：	阮海洪	

责任编辑：莽 昱　康 晨　刘 韬　　　书籍设计：唐 棣
责任监印：赵 月　郑红红

制　　作：北京博逸文化传播有限公司
印　　刷：广东省博罗县园洲勤达印务有限公司
开　　本：787mm×1092mm　1/8
印　　张：268.25
字　　数：650千字
版　　次：2022年12月第1版第1次印刷
定　　价：4680.00元 (全九卷)

本书若有印装质量问题，请向出版社营销中心调换
全国免费服务热线：400-6679-118 竭诚为您服务
版权所有 侵权必究